由淺入深

循序漸近

環環相扣

直接核心

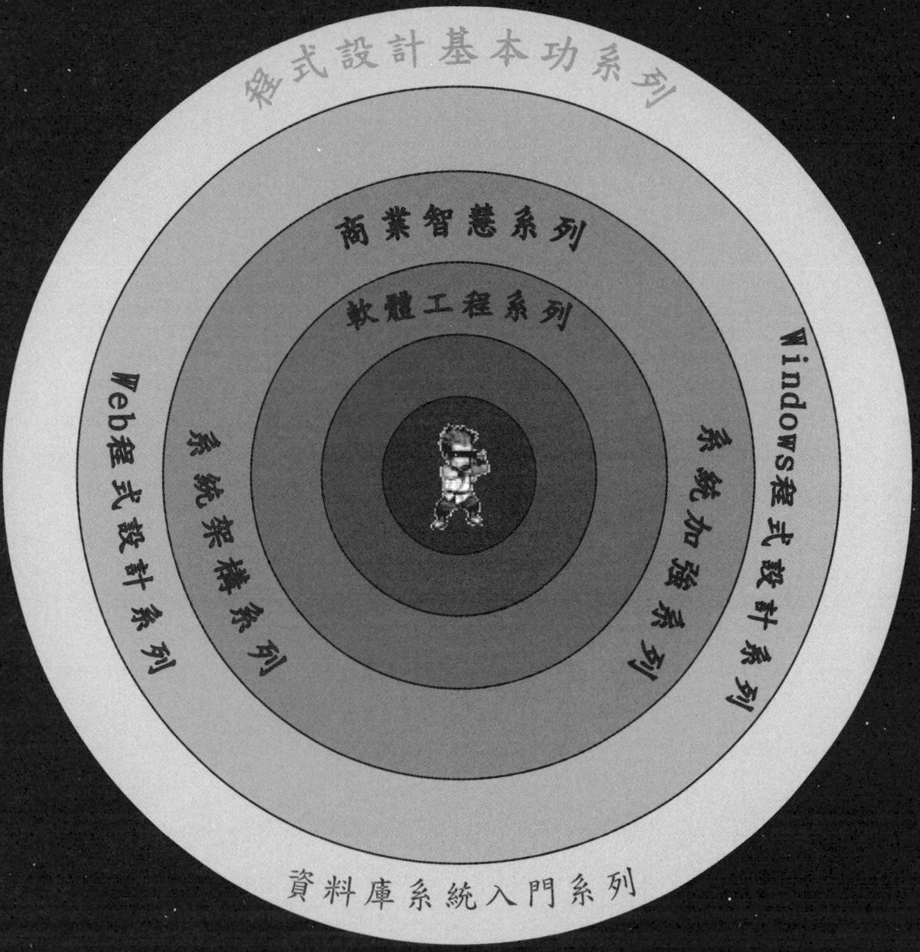

程式設計基本功系列

商業智慧系列

軟體工程系列

Windows程式設計系列

系統加強系列

Web程式設計系列

系統架構系列

資料庫系統入門系列

最適合初學者的一本書

VisualBasic 2005 初學入門

您還不會寫程式嗎？　　就從本書開始吧！

真心推薦

全國最認真的班主任：台中北訓 徐偉城 主任 jimmy@bsnet.com.tw

想學程式設計的學生有福了~

胡老師終於要出書了!! 當他跟我講這個好消息時，第一個想法是同學們有福了!因爲同學們不用花費大筆的學費，就可以輕鬆學會程式設計，而且將會學得比別人更好!

沒有教不會的學生，只有不會教的老師~

這句話從胡老師的身上得到啓示，也從我執行政府職業訓練的多年經驗中得到證明。台中北訓電腦中心從一個沒沒無聞的電腦補習班，躍身成爲連續兩年(92年及 93 年)打敗資策會，恆逸資訊....成爲全國第一的電腦教學單位，這就表示胡老師教出來的學生非常具有競爭優勢，而且在職場上可以馬上應用。

最容易上手的程式設計叢書~

胡老師的程式設計書籍，非常適合初學者入門，也提供有經驗但急於想突破瓶頸的學員一個最佳的學習管道。書中以循序漸進，深入淺出的方式，慢慢引導學員一窺程式究竟，讓不具基礎的學員也能很快上手。

最後，非常感謝胡老師連續幾年在我們這裡授課。在此衷心地向各位推薦，並保證這絕對是物超所值的好書，相信胡老師將畢生心血所萃練出來的寶典，一定能夠讓您在程式設計領域中無往不利，成爲菁英中的菁英!

徐偉城 **2006.3.10** 於台中北訓電腦國際認證中心

十年難得一見的程式奇才：謝志豐　liebaba2000@yahoo.com.tw

我是在一次試聽課上認識胡老師的，第一次上了老師的課，感覺到程式設計居然可以學得那麼輕鬆有趣。老師由淺漸進的教法，讓我感到不再對程式語言有任何距離，好像是直接跟電腦交談一樣，於是毫不猶豫的，參加了胡老師帶的職訓班。

胡老師是非常重視實務及實作的，上課期間，透過胡老師引導式的教法，一步一腳印，就可以把基礎功打好，也奠定日後程式語言的發展實力。在此非常感謝胡老師的指導，聽說胡老師要出書，我很樂意也非常有意願的想要推薦，對於程式初學者或是進階者，千萬不要錯過「跟胡老師學程式」喔！

- **現任：音象科技製作部程式課課長**
- **臺灣人壽臺灣阿龍活動 Flash Game 撰寫**
- **HiCookie 遊戲城多人連線遊戲程式**

全天下最笑容可掬的女人：高翔燕　amy381105@pie.com.tw

親愛的有緣看到此文的人：

我已經是一個五六十歲的女人，但仍然是個好奇寶寶，又是家庭主婦，頗有時間，曾和胡老師學了前後兩個階段的網路資料庫課程，覺得很歡喜。現在個人已經很輕易的會做網頁，一般的資料庫，化繁爲簡，不管一堆什麼樣的表格，很快的就可以長出眼睛般的快速找到。

現在的我則想要進一步的架設網站，將資料送上網路，這該是多麼的好玩，也可以幫更多的人省去更多重複和錯誤的無聊時間。下個時代的人期望著我們快速的接上，經過這一代的陣痛，他們可以每一個人都是科學家，藝術家，享受著非凡的生活！

感謝胡老師，有他這樣大格局的人出現，著眼在眾人都能會程式設計，可以掌控電腦，變出很多的機器人來爲我們人類服務！

感恩之餘，趁胡老師出新書之際，大聲的喊出來，大家一起來學程式設計！

- **台中市微笑生活協會會長**
- **臺灣郭林氣功創辦人**

關於胡老師

胡啓明，大家都叫他胡老師，台灣南投人，西元 1967 年生於南投埔里，滿月時移居日月潭，自幼生長在山明水秀、風光明媚的日月潭，胡老師不僅氣質出眾、靈氣逼人，舉手投足更是充滿著與眾不同的超凡魅力。

胡老師小時候，父母親在日月潭經營遊艇生意，小學五、六年級開始，胡老師便成爲遊艇船長，每逢例假日，日月潭就會出現一艘無人(也有人說是無頭)駕駛的鬼船，後來經警方深入追查後發現，原來是胡老師太矮了，由船外望進去根本看不到他的頭。

胡老師的求學過程並不順利，由於身材矮小、體弱多病，加上是家中獨子、勢力孤單，與人吵(打)架輸多贏少，國中開始就出現偏差行爲，時常與一堆自以爲是不良少年的人混在一起，還自以爲很酷、很有勢力，其實.....遜斃了。

不幸的事終於發生了，西元 1985 年左右吧，胡老師二專聯考失利之後(數學只考 2 分、總分不到 100、滿分是 600 分)，與朋友租車欲前往台北散心，但車子還未出南投，就在草屯平林橋魔鬼彎撞電線桿，全車四個人一個昏迷了一個月、一個下顎斷裂、一個縫了一百多針，胡老師算是最輕的，只有多處挫傷、骨折而已，到現在胡老師還是沒有辦法用力投球。

入伍當兵是胡老師人生的轉折點，兩年軍旅生涯不僅讓胡老師變得成熟懂事，還戒掉了 9 年的煙癮(國中二年級開始)與 7 年的賭癮(高中一年級開始)，退伍後的胡老師開始奮發向上，第 1 年就考上南開技術學院夜間部二專、電子工程科計算機工程組，從那個時候起，胡老師便立志要爲台灣的資訊產業盡一分心力。

原本想繼續升學，但總覺得實務經驗比學歷更重要，二專畢業之後胡老師毅然投身 IT 業，任職於台中市財神百貨、擔任 MIS，負責硬體維修、網路架設維護，以及 MIS 系統的開發，一年(多)後公司倒閉(不是胡老師的錯喔！)，只好另謀它途，因緣際會胡老師進入了電腦補教業，展開了坎坷(豐富)的 10 年講師生涯。

一開始胡老師什麼都教、那兒都去，BCC(電腦概論)、Office、程式設計(Dbase、Clipper、C、C++、VB...)、網路工程...，連趨勢科技的防毒座談都講過，台中、彰化、員林、南投、...，連新竹都去過，巨×、中×、資策×、北×...，連竹科工研院都到過。

後來覺得不可能將所有的技術都研究徹底，到處教也太累了(套一句講師界的順口溜：簡直是拿命在換！)，決定專攻程式設計、挑戰電腦補教界至高無上的領域，於是開始專心於「行政院科技人才培訓及應用方案」之「程式設計班」系列，同時擔任企業 e 化顧問，至今已有 6~7 年。

你還不會寫程式嗎？

有一個美國人問一個日本人:「你們國家還有多少文盲呢？」，日本人不屑的回答:「你指的是我們國家還有多少人不會寫程式嗎？」，言下之意是日本早就沒有不識字的文盲了，日本的新文盲是「不會寫程式」。

據說程式設計已經成爲日本國民教育的必修課程，因爲日本深切的了解，e世代的國家競爭力主要來自於國民的資訊水準，台灣呢？前陣子經濟不景氣，引發了一陣失業潮，失業人口以中高齡者爲主，失業原因大多是不會使用電腦。

幾年前胡老師買了幾本原文書，發現竟然有部份作者是一般的平民，其中有一位是記者，這傢伙用 Asp 架設自己的網站，用來和民眾交流新聞資料，民眾可以在網站看到最新的新聞，也可以上傳最新的新聞事件，台灣的記者大人啊，你跟人家有的拼嗎？

這幾年台灣的國小學生開始學電腦了，有電腦概論、Office、上網、影像處理...等 e 世代國民生活須知，國中呢？Office 進階、進階上網技巧、影像處理高階技能....，高中呢？網路原理與應用、區域網路的架設、網頁設計、網站架設....，預計台灣學生最慢可以在高中畢業以前學完所有的資訊基本技能。

大學呢？還有資訊必修課程嗎？不知道！就算沒有，大學生還是會自我提升競爭力，而資訊素養是最不可或缺的要件，你可以上 104 看看，已經有企業要求非資訊科系的應徵人員(比如統計系)，要有基本的程式設計能力，因此程式設計勢必成爲大學生(甚至是高中生)的必修科目，所以說，10~20 年後的大學畢業生，應該是人人都會程式設計了，而一般公司的應徵條件也應該會由「熟電腦操作」提升爲「會程式設計」。

30 年前我們的父執輩因爲不識字，只能做一些工友、工人...等勞力密集工作，這幾年我們的大哥大姐因爲不會操作電腦，只能幫人家洗碗、按摩、打掃...，10(20)年後不會寫程式的人要幹嘛呢？沒有特異功能的話，可能就是服務生、業務或警衛...囉，那 20(30)年後呢？恐怕連業務、服務生都要會程式設計囉。

胡老師並非危言聳聽，也無法預測未來，只是將社會的發展歷程加以歸納、分析，並提供你一些建議而已，就算預言沒有實現，學程式也絕對只有好處！

想想看，如果你是保險公司老闆，手下有兩個同樣優秀的業務，其中一個只會拉保險，另一個除了拉保險之外，還抽空和胡老師學了一整套商業程式設計，具備「使用資訊科技協助業務發展」的觀念與技術能力，請問你會選誰當經理呢？

你呢？今年幾歲？具備什麼特異功能，讓你的老闆非用你不可？跟胡老師學程式吧！增加自己的附加價值，讓自己立於不敗之地。

關於跟胡老師學程式

從第一天上課開始(1995/10 的 Clipper 是胡老師的處女秀)，胡老師就找不到一本書，可以完全依照書本內容來安排教學進度，於是胡老師開始編講義。

一開始講義是編給胡老師自己看的，胡老師擷取書本的關鍵重點，並加入自己的想法，編排出適合上課的內容大綱，只有胡老師看得懂，很多同學覺得胡老師課上的不錯，要求複製，但結果是...看不懂。

日子久了，經驗一多(教學、編講義、看書、實務...的經驗)，講義的內容越來越豐富了，上胡老師的課，幾乎每個學員都會要求複製一份講義(自費的喔)，上起課來不僅輕鬆愉快(不用一邊聽課一邊整理筆記)，下課複習又很方便，於是胡老師的學生越來越多了，名氣也越來越大了，最佳講師的名號也不脛而走(這是作夢夢到的)！

1999 年胡老師首次主持「行政院科技人才培訓及應用方案(那時候叫行政院大專青年第二專長訓練)」之「程式設計班」，這種班級的時數比較長(600h~900h)，課程內容也比一般補習班要豐富、完整許多，但也引發了另一個問題，根本沒有一套合適的教材，可以完整的支援這種課程，於是胡老師......又開始編這一整套講義了，唉...好講師真是難爲啊！

從 2001 年開始，行政院程式設計班的講義就由胡老師一手包辦，2001 年大約有 6~7 本左右，2005 年已經有 15 本講義了(總共有 20 本左右，拿出來教的有 15 本)，這真是一個浩大的工程啊，除了上課之外，胡老師幾乎把所有的時間都投注在這些講義上面。

還好老天不會虧待認真的人(這是台灣經典連續劇「台灣阿誠」男主角阿誠的銘言)，第一屆與第二屆(2003~2004)「行政院科技人才培訓及應用方案」之「全國優秀學員專題製作觀摩競賽」，胡老師的學生連續兩年得獎，作品的成熟度也明顯高於其他單位(補習班、大學院校...)許多，於是...胡老師準備出書了。

長久以來一直有學員、補習班建議胡老師出書，因爲他們覺得胡老師的講義至少看得懂、可以吸收到一些東西，不像市面上有些書(當然不是所有的書)，內容編排毫無章法可言，跳來跳去的根本看不懂在表達些什麼。但胡老師自認是一個負責的人，除非自己百分之 99 滿意(胡老師對自己的作品抱持著永不滿意、一定可以更好的心態)，否則不會輕易出書。

2006 年是胡老師出書非常恰當的時機，一來因爲胡老師的講義在完整度、詳細度上已達 99%的火候，又適逢 Microsoft 兩大重量級軟體 Visual Studio .NET 2005 與 SQL Server 2005 的問世，再加上熱心的出版商不計商業利益的支持胡老師，於是......「跟胡老師學程式」系列......驚天動地的推出了！

關於商業程式設計系列

胡老師的終極目標是一套完整的程式設計大全集，2006~2007 首先推出「跟胡老師學程式」的第 1 個系列課程「商業(資料庫)程式設計系列」中的第 1 波(2006)和第 2 波(2007)，大約有 20 套課程左右(包括書以及線上課程)。

這兩波課程的目的在於培養學員開發 Windows 以及 Web 平台資料庫系統的能力，並讓學員有能力依據標準的軟體工程方法論，有系統的、循序漸近的開發一套完整而有用的商業軟體，並讓這套系統能夠安全、穩定、容易維護、容易擴充，而且有較佳的效能：

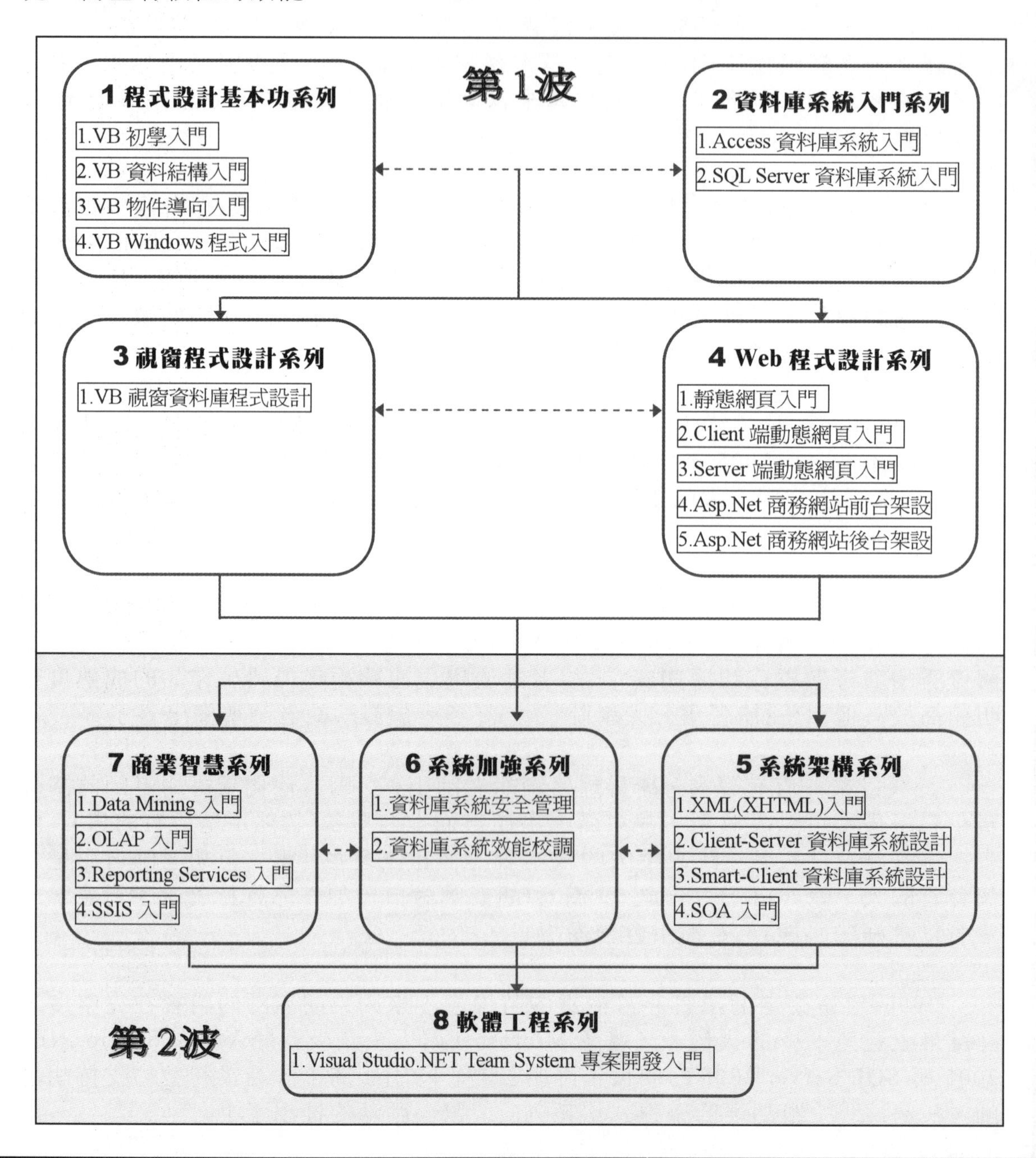

關於程式設計基本功系列

「程式設計基本功系列」是「商業程式設計系列」的第一階段課程，也是整個程式設計領域中最重要的基本能力訓練，本系列總共有 **1.**VB 初學入門、**2.**VB 資料結構入門、**3.**VB 物件導向入門以及 **4.**VB Windows 程式設計入門 等四門課程。

「跟胡老學程式」中的每一個子系列都有其階段目標，「程式設計基本功系列」的目標在於讓學員擁有最基礎、最重要的程式設計觀念與技術，整個系列結束時，學員將能夠開發一個簡單的 Windows 應用程式(如記事本)，也將具備繼續往上學習的能力。

本系列雖然和真正的實務系統開發尚有一小段距離，卻是不可或缺的基礎，套一句胡老師的銘言：「練好基本功，你就會成功」，基本功系列一定要學好啊！切記、切記。

關於本書

「VB 2005 初學入門」是「程式設計基本功系列」的第一本書，也是「跟胡老師學程式」系列的第一本書，是針對完全沒有程式設計基礎的人而寫，目的是培養學員程式設計的最基本功力。

你不用具備任何的程式設計基礎即可閱讀本書，但最好有下列基礎：

1. BCC(**電腦概論**)

   你至少要知道電腦是什麼、硬體是什麼、軟體是什麼、硬體是如何組成的...等電腦基本概念。

2. **基本的電腦操作技能**

   你必須具備開機、關機、啓動某個軟體、管理磁碟中的檔案、上網、收發 eMail....等電腦基本操作技能。

3. **基本的軟體使用能力**

   你至少要有一個以上的軟體使用經驗，比如說 Word、Excel、Power Point、PhotoImpact....等。

本書不僅非常適合程式初學者，對於有經驗的程式設計師，但功力未達究竟者，也非常的有幫助，就算你已經閱讀其他相類似的書籍，本書還是很值得參考，因爲本書可以協助你整合完整的程式設計觀念與技術。

感謝

首先要感謝我的父母親，沒有他們就沒有這本書，我也要將這本書獻給遠在天國的摯愛母親，媽：您的兒子出書了，他沒有辜負您的期望，也沒有被現實擊倒，您的兒子已經實現他的理想了，您安息吧，媽！

我還要感謝我的家人，是你們讓我有堅持下去的勇氣與力量；我要感謝南開工專的老師們，是您們幫我建立程式設計的基本素養，以及做學問的良好態度；我要感謝北訓、普民、華彩....等教育中心，是你們給我機會，讓我能夠成長、茁壯；我要感謝我的學生，沒有你們這本書不可能寫的這麼精彩；我要感謝弘智文化的李茂興李大哥，沒有您的支持，這本書的出版恐怕還遙遙無期；我要感謝我的學生簡佳達，沒有你我不可能認識李大哥。

我也要感謝曾經拒絕我的人、公司、教育中心、出版社.....，是你們讓我看到自己的缺點，讓我可以不斷的修正自己，沒有你們我不可能擁有如此堅強的奮鬥意志；感謝所有義氣相挺(沒有酬勞)、為我寫推薦序的好朋友們，你們的真心誠意必能感動所有的讀者，也將為自己帶來好運；感謝所有關心我的人；感謝...感謝...。

本書的範例光碟

本書的範例光碟包含下列內容：

- 本書的所有範例程式
- 本書的所有實作習題執行檔
- Visual Basic 2005 Express 中文版

胡老師將會在後續章節陸續介紹這些內容的使用方式。

第 1 章

程式設計導論

您好！我是胡老師，很高興您購買本書，您一定是很想學好程式設計才會買這本書，不過學程式並不能急，需要一步一步了解程式設計的來龍去脈，才有可能學得好。

一開始我想先和您談談程式設計的基本概念，包括程式、程式設計以及程式語言，這些東西乍看和寫程式無直接關聯，但卻是最基礎、最重要的核心觀念，將這些觀念映在腦海中，有助於寫程式時的邏輯想像，什麼意思？機緣成熟時您自然明白。

畢竟詞彙與概念是學習一門學問(技術)的最基本功夫，學氣功要先知道什麼是氣、什麼是功、什麼又是氣功、學氣功的目的又在那兒？如果您學了 10 年的氣功，卻說不出何謂氣功，可是會讓人笑掉大牙的。

只要您相信胡老師，願意跟著我一步一步、實實在在的練習所有的功課，將來必定有所成就，學東西千萬不要自作聰明喔，切記！切記！

1-1 電腦扮演的角色

電腦在人類世界中扮演什麼角色？我的意思是說，您買電腦幹嘛？

打電動？又不是小孩子，上網？不算最主要的原因，處理公司資料？對了！因為公司的資料太多、不容易處理，因此您(或您的老闆)就「請」一台電腦到公司幫忙，不是嗎？

「請一台電腦到公司幫忙」和「請一位員工到公司幫忙」，這兩件事的本質差不多，都是因為公司的業務(工作)太多、人手不足，因此添加人手，讓公司的業務能更有效的處理。

既然「請一台電腦到公司幫忙」和「請一位員工到公司幫忙」兩件事的本質一樣，那麼「電腦」和「員工」的本質也應該相同，兩者都扮演「幫忙公司處理業務」的角色，因此，**電腦就是員工！**

1-2 程式語言

既然電腦就是員工，身為老闆的您，就可以命令電腦做任何事，但下的命令總得電腦聽得懂才行，**程式語言**(Programming Language)是專門用來和電腦溝通的語言，對電腦下命令，必須使用程式語言。

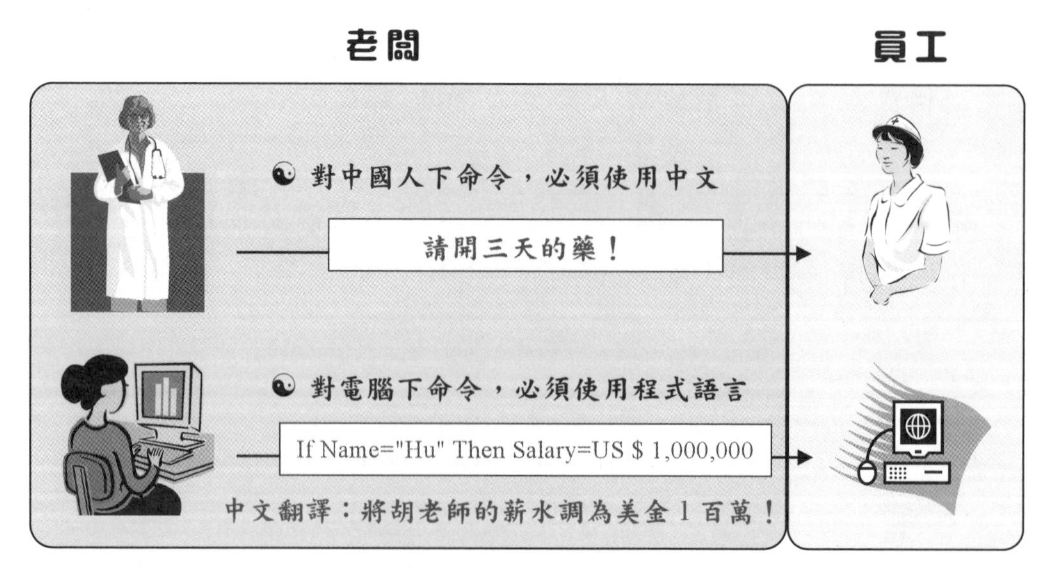
老闆
員工
對中國人下命令，必須使用中文
請開三天的藥！
對電腦下命令，必須使用程式語言
If Name="Hu" Then Salary=US $ 1,000,000
中文翻譯：將胡老師的薪水調為美金1百萬！

圖解 1-1：程式語言基本概念圖

1-3　程式

要交待員工做事，我們會事先將執行業務的方法流程條列出來、並加以歸檔，再請員工依檔案內容執行業務。命令電腦處理資料，也必須將處理資料的方法用程式語言加以敘述，並將敘述內容存檔，這檔案便稱爲**程式**(Program)，一般而言，程式也可以稱爲**軟體**(Software)。

一般程式檔的副檔名爲.Exe，我們只要在檔案總管中雙按.Exe，或是啓動 Windows 開始功能表中的程式捷徑，就可以命令電腦執行.Exe 中的程式敘述：

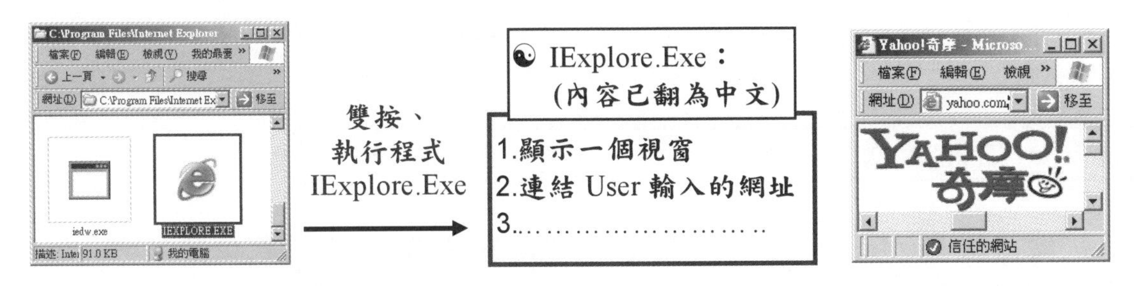

圖解 1-2：程式的運作流程

1-4　程式設計與程式設計師

命令電腦處理資料，必須有系統的使用程式語言、敘述一連串處理資料的方法，讓電腦精確的幫我們處理資料，如果程式語言敘述的語法不對(講錯話了，電腦根本聽不懂)，或者敘述表達的方式不正確(表達方式不適宜，讓電腦會錯意了)，都會造成電腦無法正確的處理資料。

因此我們必須學習程式語言的正確用(講)法(就好像學習英文的基本文法一樣)，還要學習如何將原本用國語表達的敘述(因爲我們會先用熟悉的語言表達對電腦下的命令)、轉換爲適當的程式語言敘述，這門學問(技術)就叫做**程式設計**(Programming)，負責設計程式的人，則稱爲**程式設計師**(Programmer)。

1-5　各式各樣的程式語言

程式語言自發明至今，經歷了多次的演化，發展出各式各樣的語言，這些語言可以簡單分爲下列幾種：

- 機器語言
- 低階語言
- 高階語言
- 中階語言
- 特定應用語言

程式語言

機器語言、低階語言、
高階語言、中階語言、
特定應用語言

圖解　1-3：程式語言的種類

且聽胡老師慢慢道來：

1　機器語言

機器語言(Machine Language)(又稱**電腦語言**)是第一代程式語言，也是電腦的原生語言，之所以稱爲機器語言是因爲電腦實際上是一部機器，而機器語言是以電腦內部的資料結構形成的，欲了解機器語言，必先了解電腦內部的資料結構。

電腦內部用一條一條的電子線路來記憶資料，每一條電子線路都只能記憶(理解)0(代表線路不通)與 1(代表線路通)兩種資料(符號)(人腦遠比電腦複雜得多，可以記憶各種形式的符號)，所以電腦語言只有 0 與 1 兩個符號，所有的機器語言敘述皆由 0、1 所組成：

☯ 英語(國)人的大腦只具備辨識英文符號的能力，你必須用英語和他溝通

Sing a song，or die！ →

☯ 中語(國)人的大腦只具備辨識中文符號的能力，你必須用中文和她溝通

給我藥，否則有妳受的！ →

☯ 電腦的大腦(CPU)只具備辨識機器符號的能力，必須用機器語言和它溝通

11010001，01101000 →

中文翻譯：馬上開機，不然吃鐵球！

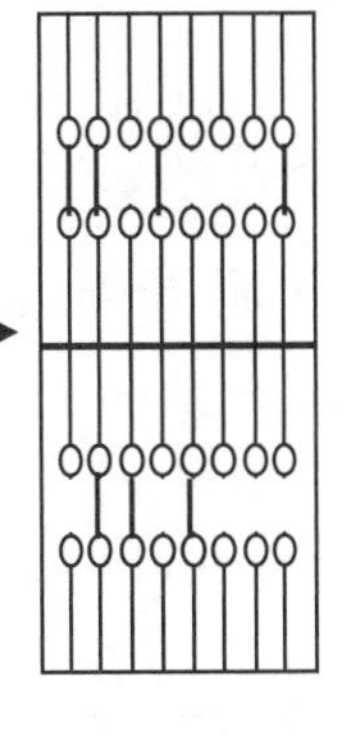

圖解 1-4：語言概念圖

2　低階語言

由此可知，命令電腦做事必須使用 0、1 形式的機器語言，當人類剛發明電腦時，便是將命令(程式)內容記錄在打孔卡片上面(有打孔表示 1，沒有打孔表示 0)，然後將卡片插入電腦中執行。

但這樣下命令實在麻煩，當時的程式設計師甚至必須背誦一個位元組中不同 0、1 組合所代表的意義(比如說 00000001 代表 a，00000010 代表 b...等)，於是科學家發明了「第二代程式語言：**低階語言**」，目的是讓人類能夠更方便的命令電腦。

低階語言是最早被開發出來的程式語言(除了機器語言之外)，最具代表性的低階語言為**組合語言**(Assembly Language)，低階語言具有下列特色：

1. 學習困難度

低階語言的語法比較接近機器語言，很難學。

2. 撰寫程式的能力

低階語言的指令通常用來命令電腦執行細微的動作，比如說將磁碟機的讀寫頭移到某一個磁區，只要電腦的硬體能力所及，低階語言都有相對的指令。

3. 撰寫程式的方便性

既然低階語言的指令是用來執行細微的動作，因此一個指令只能要求電腦做一丁點兒的事，用低階語言開發程式，往往是寫了一大堆，卻只能執行少許的功能。

4. 程式的執行速度

由於低階語言的指令大都是直接去控制硬體的，因此用低階語言開發的程式，執行速度是所有語言中最快的。

5. 適合開發的程式種類

低階語言可以開發所有類型的程式，但比較適合開發低階的硬體控制程式，如硬體驅動程式(Driver)、作業系統(如 DOS)、掃毒軟體等，而比較注重執行速度的程式，比如說 GAME，也適用低階語言。

3 高階語言

由於低階語言不容易學習，開發程式的困難度又很高，因此科學家發明了**高階語言**，高階語言的種類非常多，具代表性的有 Visual Basic(簡稱 VB) 、Visual C#(讀音為 C-Sharp)、Java 、Fortran、Pascal.........等。

1. 學習困難度

高階語言的語法比較接近人類語言(英語)，遠比低階語言容易學習。

2. 撰寫程式的方便性

高階語言的指令是由數十、數百個低階語言指令組合而成，一個指令便可以要求電腦做一大堆的事，因此用高階語言開發程式會比低階語言方便，所花的時間也比較短。

3. 撰寫程式的能力

高階語言指令既然由低階語言的好幾十(百)個包裝而成，因此只能命令電腦做大動作，比如說「讀取 C:\VB 2005.DOC」，相對的無法執行較細微的動作，如「讀取 C:第 38 號磁區」。

4. 程式的執行速度

高階語言在形式上與機器語言相差很多，執行高階語言程式，必須經過層層的轉換，才能以機器語言的形式執行，因此速度比低階語言慢。

5. 適合開發的程式種類

大部份的程式都可以使用高階語言開發，但高階語言較適合開發高階的商業應用軟體，比如說公司內部的管理資訊系統(MIS)、ERP(企業資源管理系統)、………..等。

4　中階語言

低階語言功能強大卻很難學習、開發時間又長，而高階語言雖然容易學習而且可以快速開發程式，但能力卻有所不足，於是科學家又發明了中階語言，目的是讓程式設計師擁有一套能力強、又容易學習的程式語言，就是**中階語言**，其代表爲 C、C++。

1. 學習困難度

比起低階語言，中階語言的語法顯得較人性化，也比較容易學習，但和高階語言相比，欲顯得簡潔了些，學起來可能吃力一點。

2. 撰寫程式的能力

中階語言的指令包羅萬象，有幾個低階語言指令包裝而成的指令(能執行較細微的動作)，有幾十(百)個低階語言指令包裝而成的指令(能執行較多的動作)，其功能幾乎與低階語言不相上下。

3. 撰寫程式的方便性

用中階語言開發程式，雖不如高階語言方便快速，但比低階語言方便多了。

4. 程式的執行速度

與低階語言有得拼。

5. 適合開發的程式種類

中階語言功能強大，開發程式又比低階語言方便迅速，因此以前用低階語言開發的程式類型，現在幾乎全都改用中階語言，比如說作業系統(Windows 系列、Unix(Linux)都是用 C 或 C++開發的)、硬體驅動程式(印表機驅動程式...等)、Game(一般用 C++)....等。

5　特定應用語言

特定應用語言用來開發特定類型的應用程式，比方說 **Visual Foxpro** 專門開發資料庫應用系統，**Visual Fortran** 用來開發學術研究中的統計分析系統，COBOL 則是專業的商用語言，早期有很多銀行使用 COBOL 來開發公司的 MIS 系統。

1. 學習困難度

特定應用語言的語法與高階語言一樣，都很人性化，並不難學。

2. 撰寫程式的能力

就某一種特定應用而言，特定應用語言提供最佳的指令，只要幾行指令就可以完成一個複雜的功能，就某一種特定應用而言，特定應用語言的能力是最強的，在資料庫系統中，Visual Foxpro 擁有比 VB... 等高階語言更強大的指令。

3. 撰寫程式的方便性

一般而言、用特定應用語言開發特定應用程式，會比用其他語言方便而快速，比如說用 Visual Foxpro 開發商業進銷存系統要比用 C++、VB 等中高階語言來得方便而快速。

4. 程式的執行速度

大體來講(不是絕對)，用特定應用語言開發的程式，速度和高階語言差不多，但遜於中低階語言。

5. 適合開發的程式種類

除了特定應用之外，特定應用語言並不適合(甚至不能)開發其他應用程式，比如說用 Visual Foxpro 來開發 Game？It's impossible！

6　程式語言階層圖

爲讓您更加了解程式語言的階層性，胡老師特別製作下圖，本圖省略了特定應用語言，因爲它不算正統的程式語言，以初學者而言，胡老師也不建議學習，一來它所具備的功能，用其他類型的語言也可完成，以 Visual Foxpro 而言，近幾年幾乎完全被 VB 所取代，二來它並非正統語言，不適合用來打造程式設計基礎，三來當您學好任何一種正統語言時，特定應用語言將一點也不難。

人類語言(以英語為代表)	
中文意義	英文表示方式
如果 a>1，就將 a 設爲 1	If a>1，then set a = 1.

高階語言(以 VB 為代表)	
中文意義	VB 表示方式

如果 a>1，就將 a 設爲 1	If a>1 then
	a = 1
	End If

中階語言(以 C++為代表)	
中文意義	C++表示方式
如果 a>1，就將 a 設爲 1	If(a>1) a = 1;

低階語言(以組合語言為代表)	
中文意義	組合語言表示方式
如果 a>1，就將 a 設爲 1	Cmp a，00000011 Pop a，00000001 .....(亂扯的，別當真！)

- 高階語言接近人類語言，容易學習，但功能稍嫌不夠、速度慢了點。
- 中階語言介於高低階語言之間，比高階語言難點，但比低階語言好學，而且功能、速度直逼低階語言。
- 低階語言接近機器語言，不容易學習，但功能強大、速度最快。

機器語言	
中文意義	機器語言表示方式
如果 a>1，就將 a 設爲 1	00001101 .....(亂扯的，別當真！) 11000000

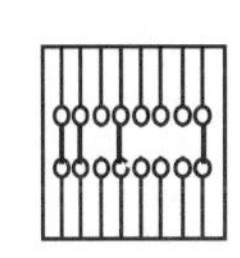

圖解 1-5：程式語言的階層圖

1-6 程式設計的應用

就理論而言，程式設計的目的在於命令電腦幫我們處理資料，就實務而言，程式設計可以應用於各行各業，我們可以將程式概分爲**作業系統**(Operating System)與**應用程式**(Application)兩大類。

作業系統指的是每一台電腦都要安裝的程式，沒有作業系統，您的電腦將無法執行任何作業，常見的作業系統有 Windows XP、Windows Server、Linux 以及 Unix..等。

應用程式指的則是專用於某一種領域的程式，常見的應用程式有下列幾種：

☯ 商業程式(資料庫應用程式)

各行各業在進行商業活動或是內部管理作業時，都必須處理一些例行性的資料，用程式處理這些資料，可以降低資料的處理成本、並提高處理效能與正確性。

公司內部的 **MIS** 系統(Management Information System)、**ERP** 系統(Enterprise Resource Planning System)，進銷存系統、會計系統、人事薪資管理系統...，以及一般的網站(如 Yahoo、購物網站、社群網站....).....等，都在商業程式的範疇中。

☯ 休閒程式

休閒程式指的是消遣用的程式，也就是俗稱的遊戲程式(Game)，如天堂、三國演義、魔獸世界.....等。

☯ 文書處理程式

用來處理公司文件的程式，如 Word、Page Maker...等。

☯ 財務處理程式

用來處理公司財務資料的的程式，如 Excel、Lotus...等。

☯ 美工繪圖程式

用來製作美工圖形的程式，如 PhotoShop、PhotoImpact、……等

☯ 嵌入式系統

嵌入式系統應用於硬體的自動控制，如洗衣機、音響、卡拉 OK...等硬體的控制。

☯ 其他應用

如多媒體影音程式、掃毒程式...等，種類繁多，無法一一列舉。

應用程式只有在我們想透過電腦進行某種應用時才有必要安裝，比如說您想用電腦處理公司的文件，就必須安裝 Word 或是其他文書處理程式。

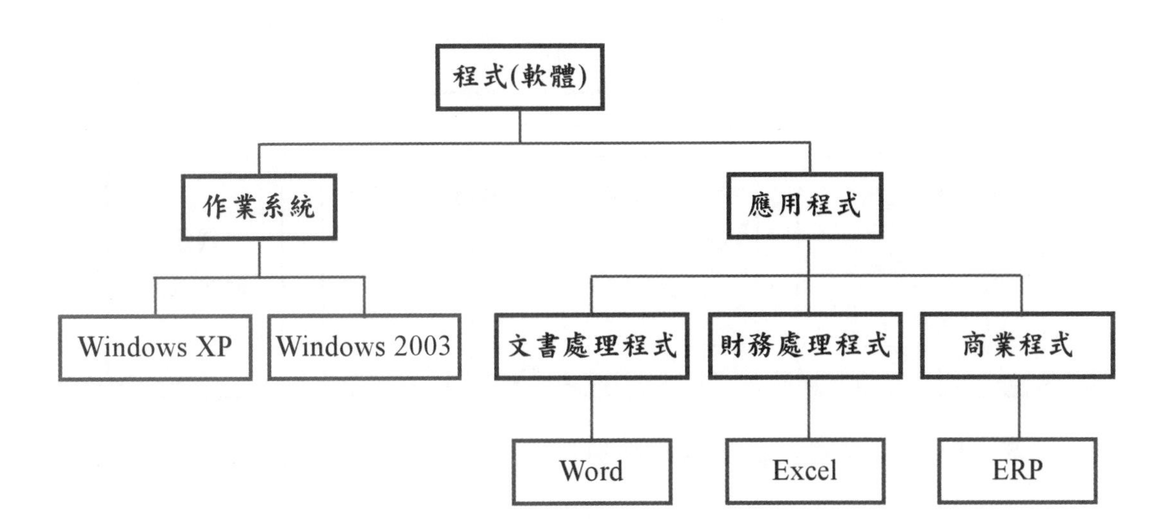

圖解　1-6：程式的概略分類圖

1-7 依應用選擇程式語言

VB、C#、Java.....這麼多的程式語言，我到底該學些什麼？還是全部都給它學好了？

選擇程式語言不如選擇程式設計的應用領域，畢竟學程式設計的真正目的在於開發某一種類型的應用程式，程式語言只是爲達目的所必須學習的其中一項技能而已，除了程式語言之外，每一個應用領域都還有其他相關知識要學，以下是程式設計的學習路徑簡圖：

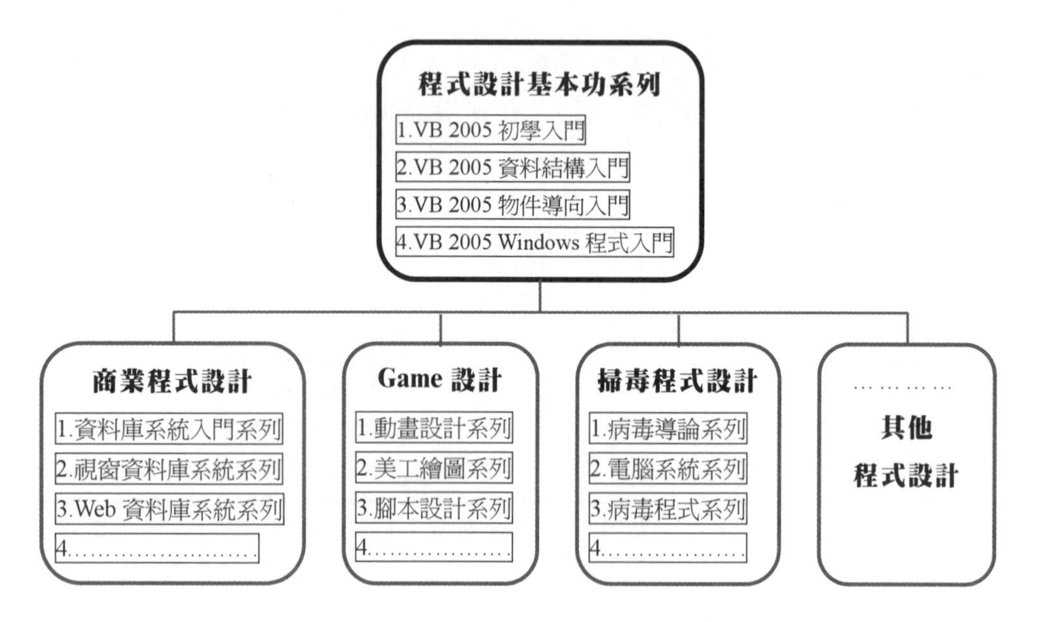

圖解 1-7：程式設計學習路徑簡圖

由此可知，不同類型的應用程式設計，學習路徑雖不大相同，但同樣必須具備程式設計與設計語言的基礎能力。

確定學習程式設計的目的之後，程式語言就很容易選擇了，想設計 Game？最好學 C++，因爲 Windows 平台上 99%的 Game 是 C++開發的，當然也有一些線上遊戲是用 Java 寫的，另外 VB 和 C#也可以設計 Game，但目前仍以 C++爲主流。

想架設一個商業網站？建立公司的 MIS 系統？VB、C#和 Java 都可以考慮？以目前的市場而言，大型的商業程式(數百萬、數千萬以上)以 Java 爲主流，中小企業則以 VB 爲大宗，C#則有大小通吃的態勢，未來的市場則看好 VB 和 C#，因爲微軟的.NET[1]架構已經越來越適合大型商業程式，而中小型程式原本就是微軟的強項，在 2005 年，.NET 的全球佔有率已經超越 Java 了(這是微軟自己說的)。

初學者，想進入程式設計這個行業？對程式設計有興趣，但並沒有什麼特定的應用領域？聽了胡老師的話，覺得非學程式設計不可，但不知道該走那一條路？

學 VB 商業程式設計吧！一來 VB 是最接近人類語言(英語)的一種程式語言，易學易用，而且功能越來越強，最新版本(VB 2005)的功能已經不輸其他語言了；二來 VB 是全世界使用人口最多的程式語言，學好 VB 不怕找不到工作；三來商業程式設計的應用範圍最爲廣泛，不怕白白浪費大量的學習時間與金錢。

程式設計和程式語言是萬變不離其宗，學好某一種語言之後，其他語言將可以很快上手，因爲程式設計的基本觀念與運作方式都是相同的，不同的只是程式語言的語法而已。

初學者最好先選擇應用程式類型，然後選擇一種程式語言貫穿這個應用，徹底學好這門應用之後，如果還有不足(程式語言先天的功能不足)，才有必要學習別的語言，畢竟我們不大可能會同時使用兩種語言來開發同一類型的應用程式。

---

[1] .NET 到底是什麼？在「跟胡老師學程式」系列中會陸續介紹

1-8 本章摘要

本章胡老師說明了什麼是程式、什麼是程式設計、什麼是程式設計師、什麼是程式語言...，這些都是程式設計領域中最基本的詞彙與觀念，您一定要了解其意義，最好可以背起來，讓這些觀念與您合為一體，不僅讓您顯得專業一些，也有助於程式設計時的邏輯想像。

本章將程式語言分為高、中、低以及特定應用四個階層，這是胡老師個人的分類方式，程式設計界並沒有很標準的分類方式，比如說就有人將程式語言概分為高低兩階而已，在這種分類方式中，C 和 C++都算是高階語言，但如何分類並不是最重要的，最重要的是您必須大略了解每一種語言的特色，以及為何要學習這種語言。

學習程式設計的目的在於開發某種類型的應用程式，正式學習程式設計之前，您應該先鎖定應用程式類型，然後集中注意力研習用得到的所有技術，這樣才會有所成就，如果您沒有目標，東學學、西摸摸，到頭來將落得「什麼都會、但什麼都不大會」。

如果您還沒有目標，只想先學看看，可以試試胡老師的「程式設計基本功系列」，因為這是任何類型的應用程式都不可或缺的基礎能力，打好根基之後，如果還是沒有目標，不妨學習商業程式(資料庫應用程式)，有下列幾個原因：

- 商業程式是程式設計市場佔有率最高的應用，大約 45%左右，找工作比較容易。
- 商業程式和商業運作相結合，會寫商業程式的人一定很了解商業流程，因此後續發展會有比較大的空間，在胡老師的友人中，就不乏一開始為公司寫程式，後來成為公司總經理的例子。
- 資料庫相關技術不僅應用於商業領域，其他領域也有可能用到，轉換(其他應用程式)跑道的機會比較大

加油！在程式設計的學習路上，讓胡老師陪伴您、協助您！

1-9 習題

子曰：「學而時習之，不亦說乎，……」，不管學什麼東西，聽老師講只能有一些模糊的印象而已，回家後一定要時常複習，印象才會越來越深刻，而複習功課的最佳方式就是做習題，習題者，用來複**習**的課**題**也！

比如說學氣功好了，聽老師講解、看老師示範，您只是知道該怎麼練而已，一定要自己依樣畫葫蘆，照老師的交待每天練功，才有可能有所成就，畢竟別人(老師)所講所做都是別人(老師)的，只有靠自己的努力勤加練習才能有所得，所得的東西也才是真正自己的。

胡老師的習題非常多，而且和課程內容相呼應，只要您耐心的做完每一題，就等於將課程內容從頭到尾複習了一次，透過習題，您將可以檢視自己的學習成果，是 100%吸收(所有的習題都會)？還是只吸收了 50%(只會一半)？

胡老師還特地將習題分級，加註於習題標題後面的()中：

☯ 等級 1：基本觀念題

用來打造程式設計的基本觀念，這是最重要的題目，因爲觀念正確才有可能寫出正確的程式，建議您一定要完成等級 1 的所有習題(可以背起來最好)，這種等級的解答在書本中都找得到，並不難寫。

☯ 等級 2：實作模仿題以及進階觀念題

等級 2 包含進階觀念題(比較難表達的觀念題)，以及基本的程式設計實作題，這種實作題和課程範例很類似，只要模仿課程範例即可完成。

☯ 等級 3：實作創造題以及高階觀念題

等級 3 包含高階觀念題(很難表達的觀念題)，以及進階的程式設計實作題，這種實作題沒有課程範例可供模仿，您必須將多個課程範例組合起來，或是自行想像、創造。

胡老師習慣將程式設計的學習流程規劃爲三個階段：1.了解 2.模仿 3.創新。觀念題讓您了解程式設計的原理，模仿題培養您基本的程式設計功力，創造題則激發您的潛力，讓您可以超越課程內容的限制，自行揮灑一片天。

等級 1 的習題建議您務必完成，其他習題如果答不出來，可以參考習題解答(另外付費)，另外還有線上課程(另外付費)，在線上課程中，胡老師用解說習題的方式幫同學做課程總複習，並補充一些書本沒有提到的觀念與技巧，凡此種種，都可以協助您順利的學好程式設計，只要您有心，絕對沒有學不會的技術。

如果您是程式設計的初學者，建議您依照下列(下頁)流程，一步一步的慢慢學習，雖然很花時間、很累，但程式設計和別的電腦技術不同，一定要下很大的功夫才可能有所成就：

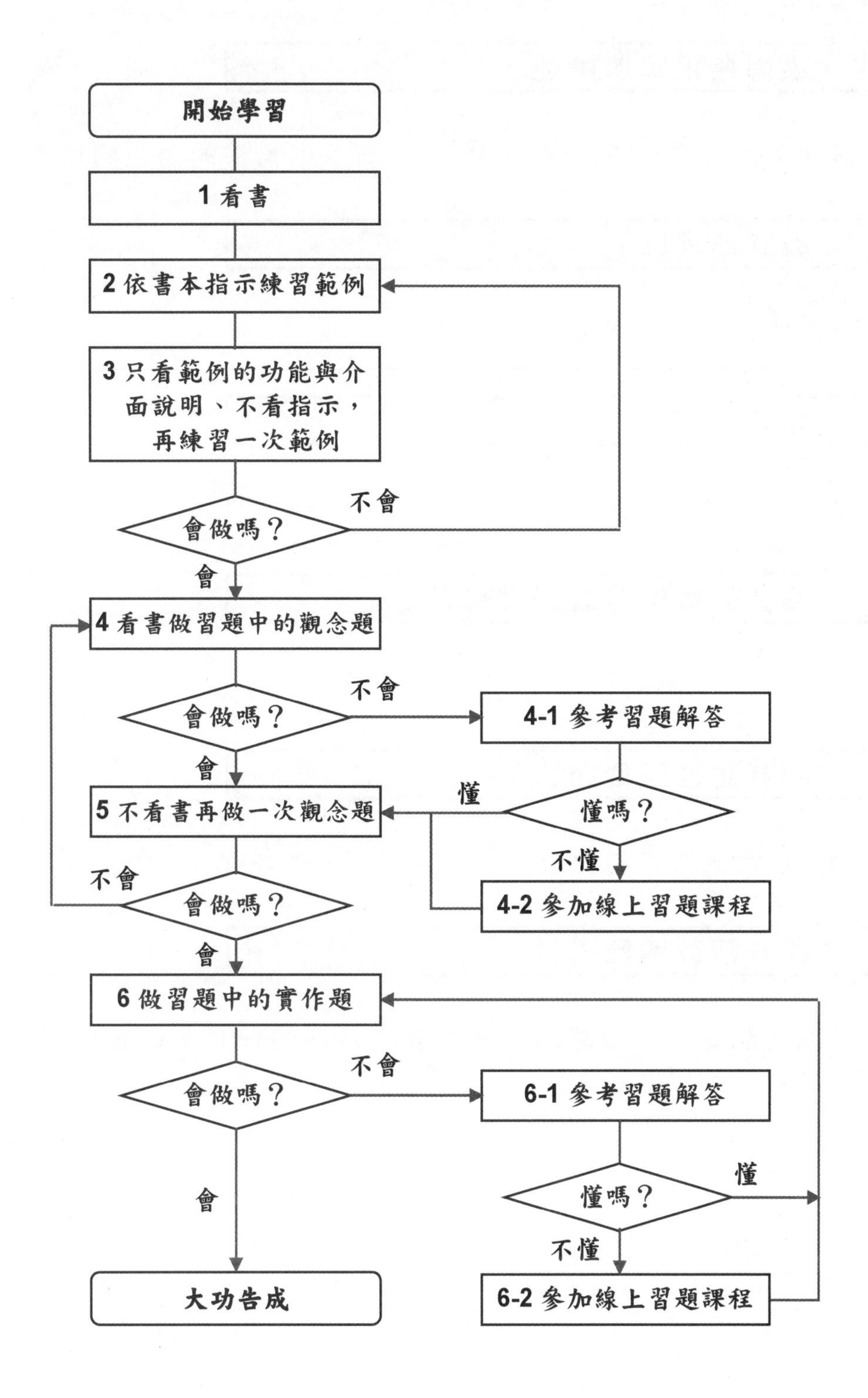
開始學習
1 看書
2 依書本指示練習範例
3 只看範例的功能與介面說明、不看指示，再練習一次範例
會做嗎？
不會
會
4 看書做習題中的觀念題
會做嗎？
不會
4-1 參考習題解答
會
5 不看書再做一次觀念題
懂
懂嗎？
不懂
4-2 參加線上習題課程
不會
會做嗎？
會
6 做習題中的實作題
會做嗎？
不會
6-1 參考習題解答
懂
懂嗎？
會
不懂
大功告成
6-2 參加線上習題課程

1 電腦所扮演的角色(1)

請說明在人類世界(現實生活)中，電腦所扮演的角色爲何？

2 程式語言(1)

請說明什麼是程式語言？

3 程式(1)

請說明什麼是程式？

4 程式設計與程式設計師(1)

請說明什麼是程式設計？什麼是程式設計師？

5 程式語言的種類(1)

請說明程式語言的種類，以及其適用的領域？

6 程式設計的應用(1)

請問您想走那一種應用程式設計，是商業程式？Game？或是辦公室應用程式？爲什麼？

1-10 關於習題解答

本書並沒有附習題解答，一來因為做習題的目的就是要讓同學複習課題，同學應該先行尋找答案，才能夠真正達到複習的效果，如果太輕易獲得解答，習題不僅失去意義，同學可能也不太會珍惜解答(有問題能獲得協助是一件很寶貴的事喔！)。

二來是就程式設計而言，解答不見得對您真的有幫助，如果解答只有程式內容以及簡單的註解而已，有些同學根本看不懂。因此胡老師另外編製一本習題解答以及對應的線上課程，很詳實的將習題做出來的過程，包括了解、規劃、建立...等邏輯思惟以及實作過程完整的呈現出來，讓您真正了解習題是怎麼做(想)出來的，這樣您才可以依樣畫葫蘆，真正有能力靠自己解決問題。

習題解答既然編成另一本書(課程)，當然必須另外付費，畢竟習題解答必須花費胡老師大量的時間與精力，收點費用應該是很合理的，學東西千萬不可貪小便宜，否則會因小失大喔！

1-11 關於練功房網站

練功房(www.Lan-Kung.tw)是胡老師用來服務讀者的網站，初期主要提供兩種服務，第一是書本的刊誤，當胡老師的書本內容有變更(錯誤)時，會公布在網站中，供讀者免費瀏覽，對於有問題的內容(胡老師搞錯了)，讀者也可以在網站中提出，胡老師會儘可能的協助讀者。

練功房另外提供書籍訂購的服務，凡消費金額(包括預訂)累計至3,000[2]以上的讀者，將成為練功房的超值會員，不僅享有10%左右[3]的購書優惠，並擁有推薦人的權益，只要推薦別人上練功房訂購書籍，即可獲得10%[4]左右的推薦獎金。

未來練功房還會推出線上課程(另外收費)，胡老師會錄製影音課程讓學員進一步的將程式學得更好，超值會員推薦別人來上課同樣有獎金。

---

[2] 確定金額請參考練功房之相關說明
[3] 確定折扣請參考練功房之相關說明
[4] 推薦獎金的確實金額請參考練功房之相關說明

第 2 章

Visual Studio

程式語言讓我們可以寫程式命令電腦，但寫好的程式總要存檔吧！Visual Studio 是一套軟體，用來協助您開發程式，將編寫好的程式儲存為程式檔。

2-1 Visual Studio 是一種編譯器

1 編譯器是什麼？

由於電腦只認識 0、1 兩種符號，而程式語言卻是英數符號的組合，因此由程式語言編寫的程式，必須先翻譯爲機器語言，電腦才看得懂，而用來將程式語言翻譯爲機器語言的應用程式就稱爲**編譯器**(Compiler)，而 Visual Studio(簡稱 VS)就是一種編譯器。

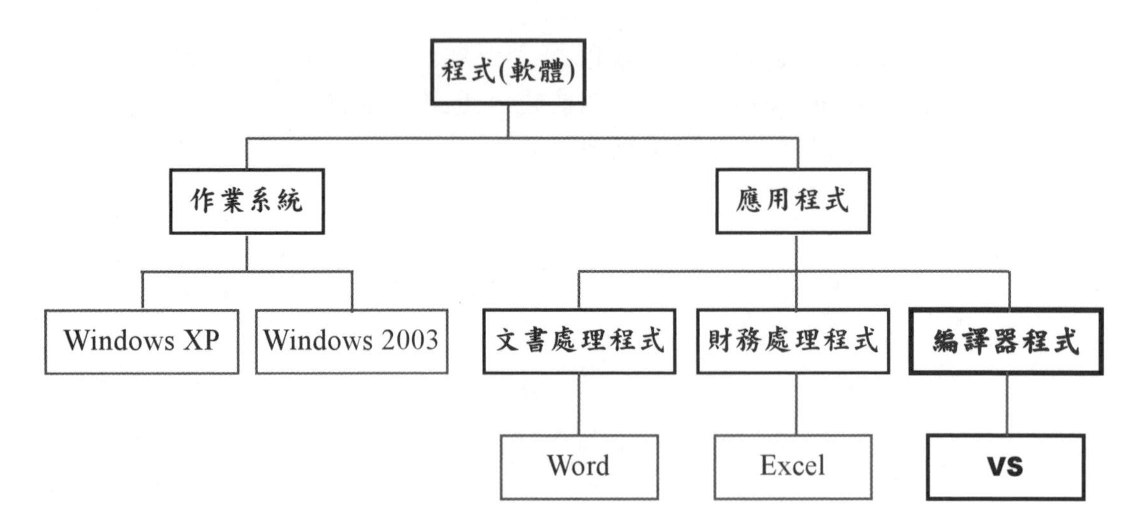

圖解 2-1：編譯器階層圖

2　常見的編譯器

基本上每一個編譯器都用來翻譯(編譯)某一種特定的程式語言，下表是常見的編譯器與語言的對照：

編譯器	程式語言
Visual Basic 6.0	VB 語言
Visual Studio(簡稱 VS)	**VB 語言** **C#語言、C++語言以及 J#語言**
Turbo C，MicroSoft C、Borland C	C 語言
Visual C++，Borland C++	C++語言
Visual FoxPro	FOXPRO 語言
Visual J++、J Builder	JAVA 語言
DELPHI	PASCAL 語言
Visual Fortran	FORTRAN 語言

編譯器就像是翻譯人員一樣，用來將某種語言翻譯為另一種語言，比如說陳水扁總統和美國總統布希會談時，必須請蕭美琴小姐將布希總統講的話翻譯為國語，這樣陳水扁總統才聽得懂，蕭美琴所扮演的角色就像是 VS 一樣。

不嘻　　宵美禽　　沉水貶

How do you do！

你好！

胡老師　　電腦

If Name="Hu" Then

Salary=US$ 1,000,000

11010001

01101000

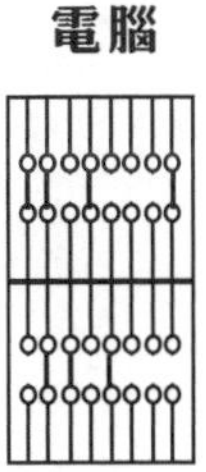

中文翻譯：將胡老師的薪水調為美金 1 百萬

圖解　2-2：編譯器扮演角色圖

3　VS 的跨語言特色

一般而言，一套編譯器只能編譯某種特定的程式語言，Visual C++只能編譯 C++、VB 6.0 只能編譯 VB... 依此類推。但 VS 卻可以編譯譯所有的.NET 語言，包括 VB、C#(這兩種語言是.NET 的主流)、C++以及 J#。VS 讓我們使用不同語言開發不同類型的程式時(比如說用 VB 開發商業程式、用 C++開發 Driver)，不用學習(購買)兩套不同的編譯器軟體。

VS 之所以可以編譯多種語言，是因為 VS 包含了各種語言的編譯器，當我們使用 VB 開發程式時，VS 會自動幫我們呼叫 VB 編譯器來編譯程式，使用 C#時則呼叫 C#編譯器，... 依此類推。

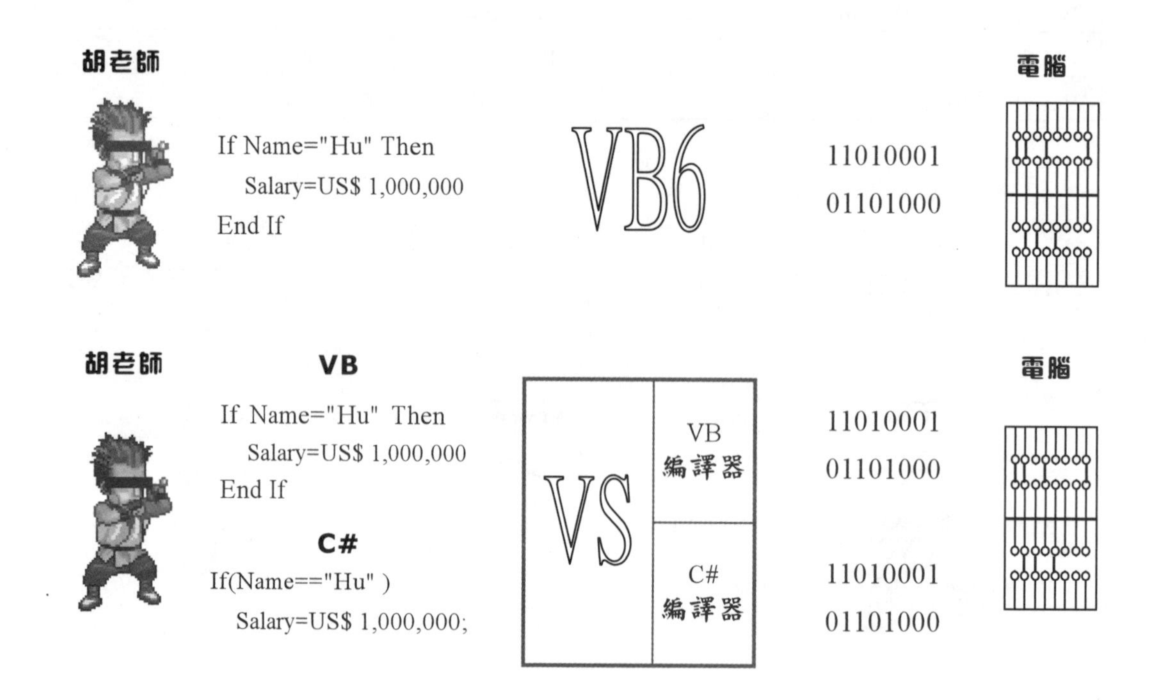

圖解 2-3：VS 的跨語言特色

2-2　Visual Studio 是一種程式開發工具

1　程式開發工具是什麼？

程式指的是副檔名為.EXE 的可執行檔，和其他類型的檔案一樣，程式也必須透過某個軟體程式來建立。比如說.doc(文件檔)必須用 Word(文書處理程式)來製作，.xls(活頁簿檔案)則要用 Excel(財務管理程式)來製作，而用來製作程式檔的軟體程式則稱為**程式開發工具**(Program Development Tool)。

2　編譯器一般還具備製作程式檔的功能

前一節講過，編譯器可以將程式語言翻譯為機器語言，而一旦編譯成功，編譯器還會將結果儲存為程式檔案，製作成程式檔之後，就可以執行該程式、命令電腦幫我們處理資料，因此編譯器又可扮演程式開發工具。

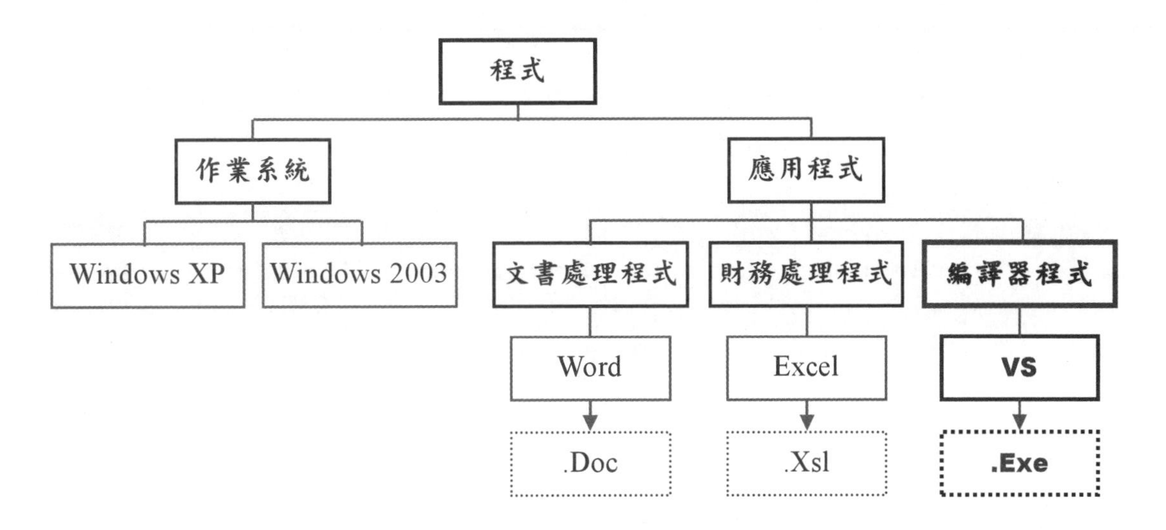

圖解 2-4：編譯器產生檔案圖

2-3 VS與VB的版本

Visual Studio(以下簡稱 VS)自 2002 年推出以來，從 1.0、1.1(那時候叫 VS.NET)，進化到 2005 年的最新版本 VS 2005。VS 2005 在功能、效能...各方面往前躍進了一大步，光是元件(Controls)就比以前多了 40~50 個，可說是程式開發工具史上前無古人的一項偉大成就。

VB 2005 是伴隨著 VS 2005 開發的新時代程式語言，其版本和 VS 一致，從 1.0、1.1(那時候叫 VB.NET)到最新版 VB 2005。在 VB 6.0 之前，VB 一直被其他語言的使用者戲稱爲玩具，因爲 VB 的語法不如其他語言完整、嚴謹。

不過從 VB.NET 1.0(即 VB 2002)開始，VB 開始提供最先進的程式語法，其中最重要的是完整的物件導向機制，物件導向將 VB 推向先進語言行列，和 C#、C++、Pascal(Delphi)、Java 等先進語言並駕齊驅，VB 程式設計師終於可以抬頭挺胸了，Ya！

2-4 VS的版本等級與MSDN

爲滿足不同使用者的需求，微軟將 VS 2005 包裝爲下列幾個等級，您可以依經濟能力和需求選擇適當的版本：

功能	Express Editions	VS Standard	VS Professional	VS Tools for Office	VS Team System
語言支援	VB、VC#、VC++和 J#各有一套 Windows 開發工具，而 Web 開發工具 VWD 則有 VB 和 VC#兩個版本	所有的語言	所有的語言	VB 和 VC#	所有的語言
Windows 開發工具	VB、VC#、VC++和 J#	有	有	有	有

功能	Express Editions	VS Standard	VS Professional	VS Tools for Office	VS Team System
Web 開發工具	VB、VC#	有	有	有	有
行動裝置開發工具	無	有	有	無	有
Office 程式開發支援	無	無	無	Excel、Word、InfoPath	Excel、Word、InfoPath
資料庫連結	單機	完整	完整	完整	完整
報表	SQL Server Reporting Services	SQL Server Reporting Services	SQL Server Reporting Services /Crystal Reports	SQL Server Reporting Services /Crystal Reports	SQL Server Reporting Services /Crystal Reports
64 位元程式編譯支援	無	無	有	有	有
SQL Server 的整合	無	無	有	有	有
偵錯	單機	單機	完整	完整	完整
專案管理、分析及測試	無	無	無	無	有
定價	免費(微軟表示免費期限只到 2006/11 ???)	US$ 299	NT$ 28,890	NT$ 28,890	NT$197,690 ~ NT$395,290

注意事項

上表只是簡單的說明而已，詳情請洽台灣微軟或是 MSDN 網站：
http://www.microsoft.com/taiwan/msdn/vs2005/howtobuy/default.mspx

除了直接訂購之外，您也可以訂閱 **MSDN** 來取得 **VS**，訂購 **MSDN** 的好處是除了 **VS** 之外，還可以取得其他輔助軟體，如作業系統、資料庫系統...等，不過這些輔助軟體都有使用限制。**MSDN** 也分爲多種版本，可以滿足不同需求的使用者：

MSDN 版本 / 包含內容	Team Suite With MSDN Premium	Professional Edition With MSDN Premium	Professional Edition With MSDN Professional
VS Team Suite、VS Team Editions	o		
VS Professional	o	o	o
MSDN 線上指引及新聞群組	o	o	o
Microsoft 主要作業系統	o	o	o
SQL Server 及 SQL Reporting Service (Developer Editions)	o	o	o
全系列 Windows Server System	o	o	
生產力應用程式(包括 Office/Project/Visio)	o	o	
原價(一年份)	NT$395,290	NT$90,390	NT$72,390
續訂價(適用於舊訂戶)	NT$126,590	NT$43,290	NT$32,590

注意事項

上表只列出最主要的 MSDN 版本以及最主要的軟體名稱，進一步的說明以及輔助軟體的使用限制，請洽台灣微軟或是 MSDN 網站：

http://www.microsoft.com/taiwan/msdn/vs2005/howtobuy/subscriptions/default.mspx

http://www.microsoft.com/taiwan/msdn/vs2005/howtobuy/subscriptions/faq/default.mspx

http://www.microsoft.com/taiwan/msdn/vs2005/howtobuy/subscriptions/subscribe/default.mspx

若想訂購 MSDN，必須透過微軟經銷商，詳情請洽微軟。

2-5 安裝 Visual Basic 2005 Express 中文版

本書光碟附送了 Visual Basic 2005 Express(簡稱 VB 2005 Express)中文版[1]，這是 VS 2005 的簡化版，只能編譯 VB、只能開發 Windows 程式。本軟體為微軟免費提供，目的是讓初學者不用花大錢，也可以學習最先進的程式設計技術，在此要感謝台灣微軟開發工具經理胡德民先生的熱情協助，也希望各位學員在學成之後，多多支持原版光碟。

在安裝 Visual Basic 2005 Express 之前，你必須先檢查你的系統環境，看看是否符合 Visual Basic 2005 Express 的安裝與執行需求：

☯ Operating System(作業系統)：必須是下列其中之一

- Windows 2000 Service Pack 4
- Windows XP Service Pack 2 (胡老師目前的環境)
- Windows Server 2003 Service Pack 1
- Windows x64 editions
- Windows Vista

☯ Processor(CPU、中央處理器)

- 最低需求：Pentium 3(4) 600(MHz)以上
- 建議：Pentium 3(4) 1.0(GHz)以上

☯ RAM(記憶體)

- 最低需求：192 MB 以上
- 建議：256 MB 以上
- 搭配 SQL Server Express 2005：512 MB 以上

☯ Hard Drive(硬碟)

- 最小安裝：500 MB，包括 VB Express 2005 和 .NET Framework 2.0
- 完整安裝：1.3 GB，除了 VB Express 2005 和.NET Framework 2.0 之外，還包括 MSDN Express Library 2005 和 Microsoft SQL Server 2005 Express Edition

[1] 你也可以上「http://www.microsoft.com/taiwan/vstudio/express/」，自行下載 VB 2005 Express

以下是 Visual Basic 2005 Express Edition 的安裝步驟：

1. **將**「Visual Basic 2005 Express Edition」**光碟置入光碟機**

2. **載入安裝元件：**接著會出現下列訊息盒，告知安裝程式正在載入安裝元件，請稍待一會兒

3. **協助改進安裝程式：**接著出現下列視窗，詢問是否願意將安裝經驗提供給微軟

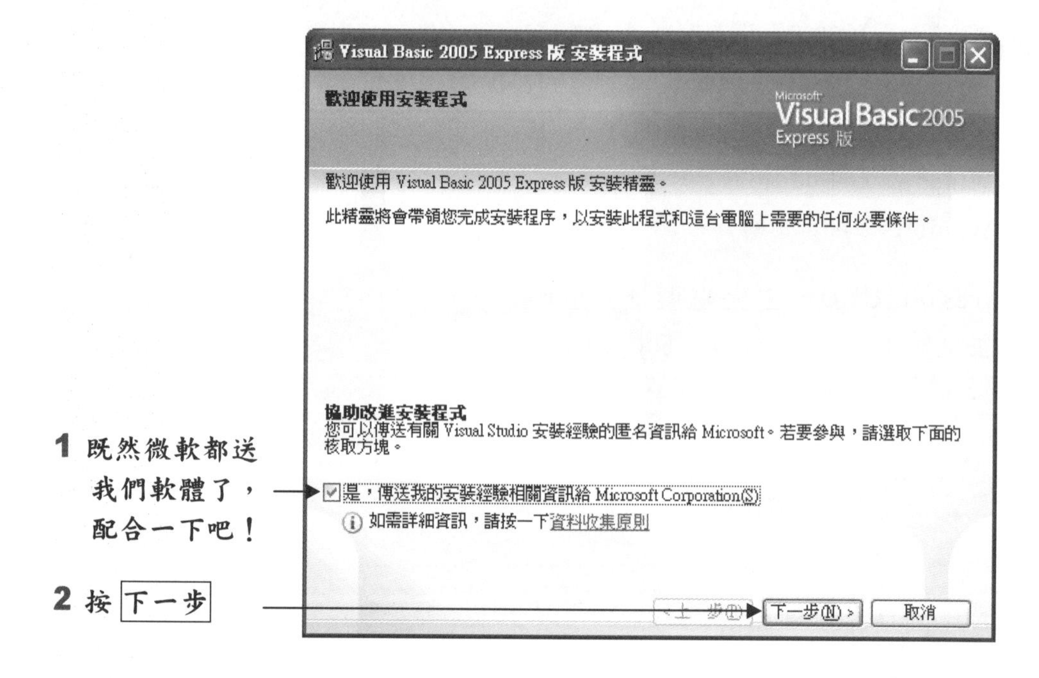

4. **使用者授權合約**：接著出現下列視窗，告知軟體的使用權限

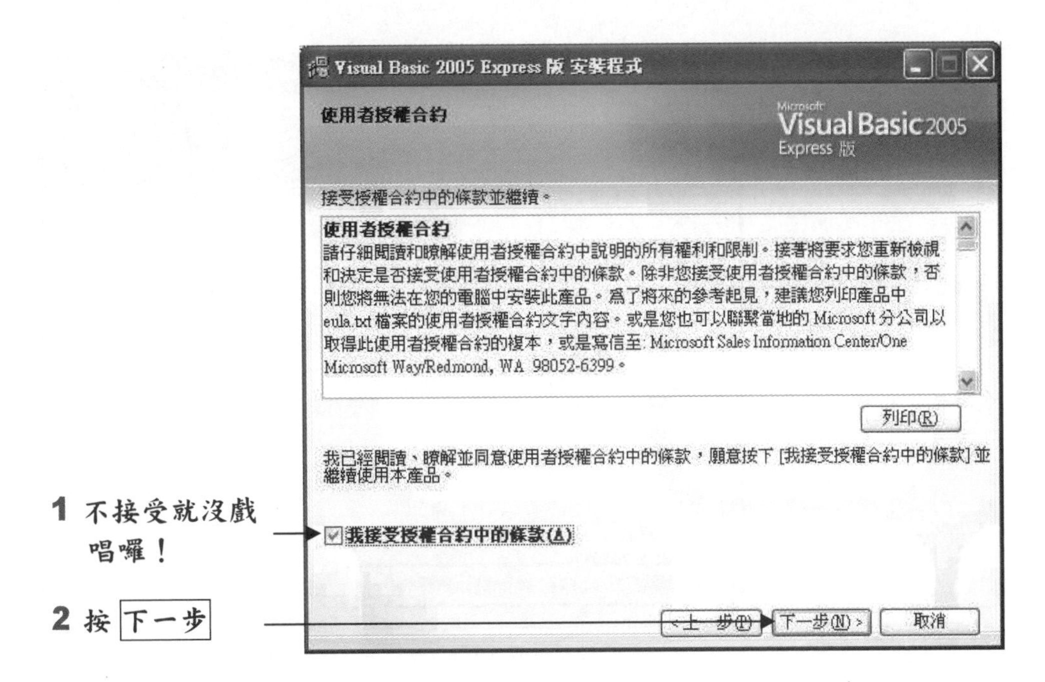

5. **選擇額外安裝軟體**：除了 Visual Basic 2005 Express 之外，你還可以安裝 MSDN 2005 Express(線上說明)與 SQL Server 2005 Express

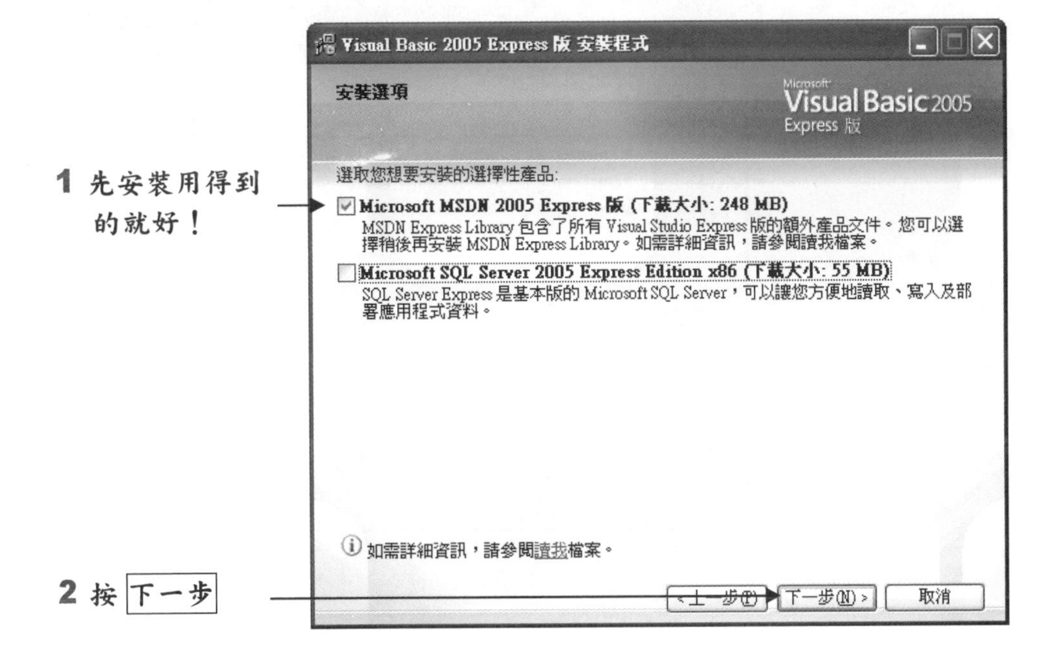

6. 確定安裝位置，開始安裝

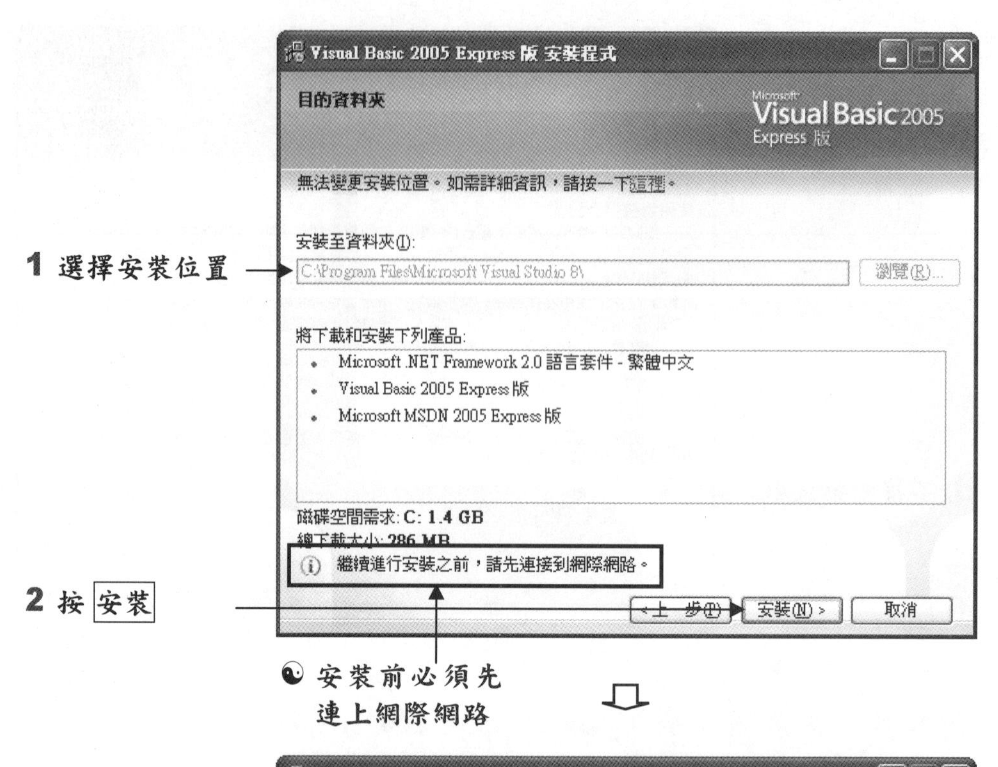

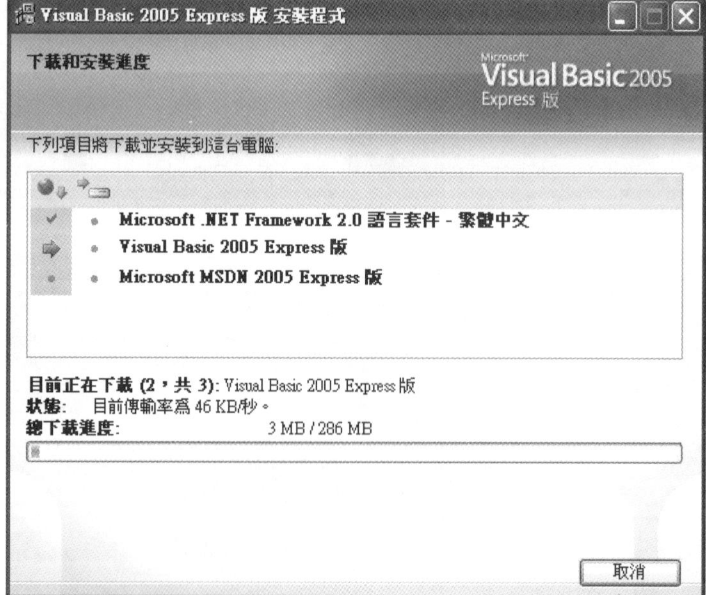

安裝程式會先下載、再安裝

7. 註冊：

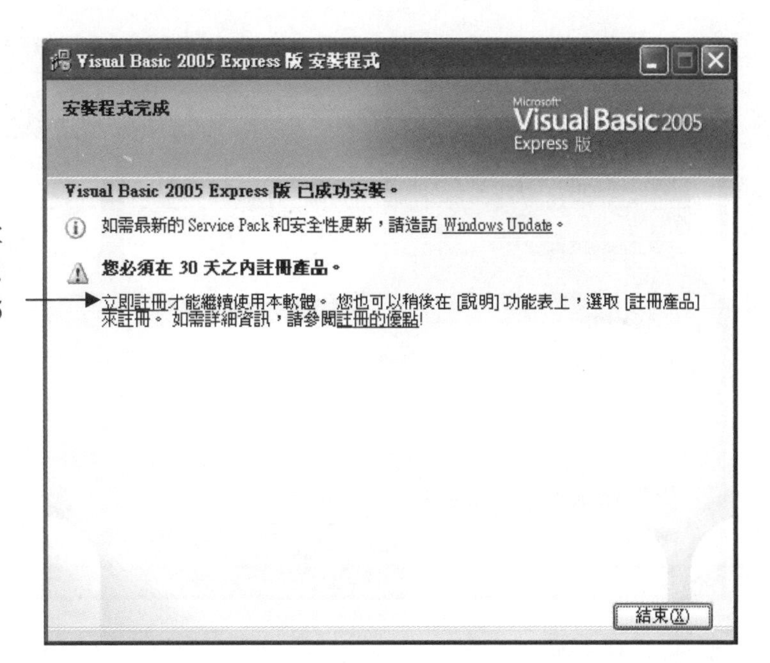

1 30 天內向微軟註冊，才可以使用 VB 2005 Express

2 註冊前必須先登入

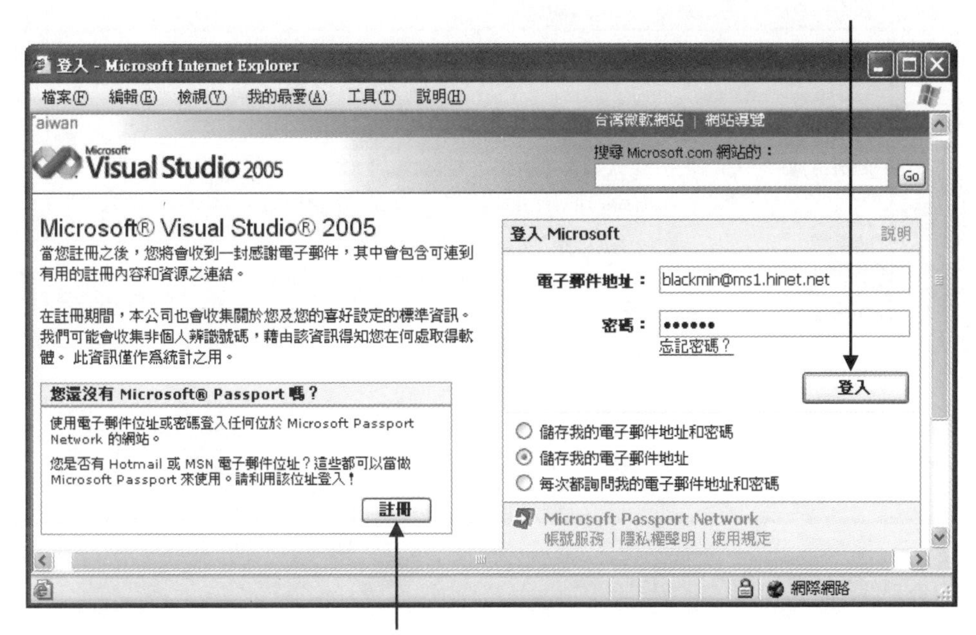

☯ 若還沒有註冊 Microsoft Passport，必須先註冊 Microsoft Passport，才能夠登入、註冊 VB 2005 Express

8. 確認您的基本資料

☯ 輸入必要的資料之後，按 繼續

https://profile.microsoft.com - Microsoft® Visual Basic® 2005 Express Edition - Microsoft Internet Explorer

檔案(F) 編輯(E) 檢視(V) 我的最愛(A) 工具(T) 說明(H)

☑ Visual Studio .NET	☑ Windows Vista	☑ 小組開發、原始檔控制及測試
☐ Visual Studio 2005	☑ Web 開發	☑ 應用程式架構和類型
☐ Visual Studio 6.0 或更早版本	☑ Web 服務	☑ 安全性
☑ 開發工具測試版	☐ Win32 和 COM	☑ 行動電話開發
☑ .NET Framework	☑ SQL Server 和資料存取	☐ 裝置驅動程式開發
☑ Windows Forms 及智慧型用戶端	☑ Windows Server System	☐ Unix 或 Linux 互通性
☐ 內嵌式開發	☑ Microsoft Office 解決方案	☑ 64 位元開發
☐ 遊戲開發/DirectX		

繼續 取消

個人資訊中心

©2006 Microsoft Corporation. 著作權所有，並保留一切權利。 使用規定 | 商標 | 隱私權聲明 Microsoft

網際網路

9. 取得註冊金鑰

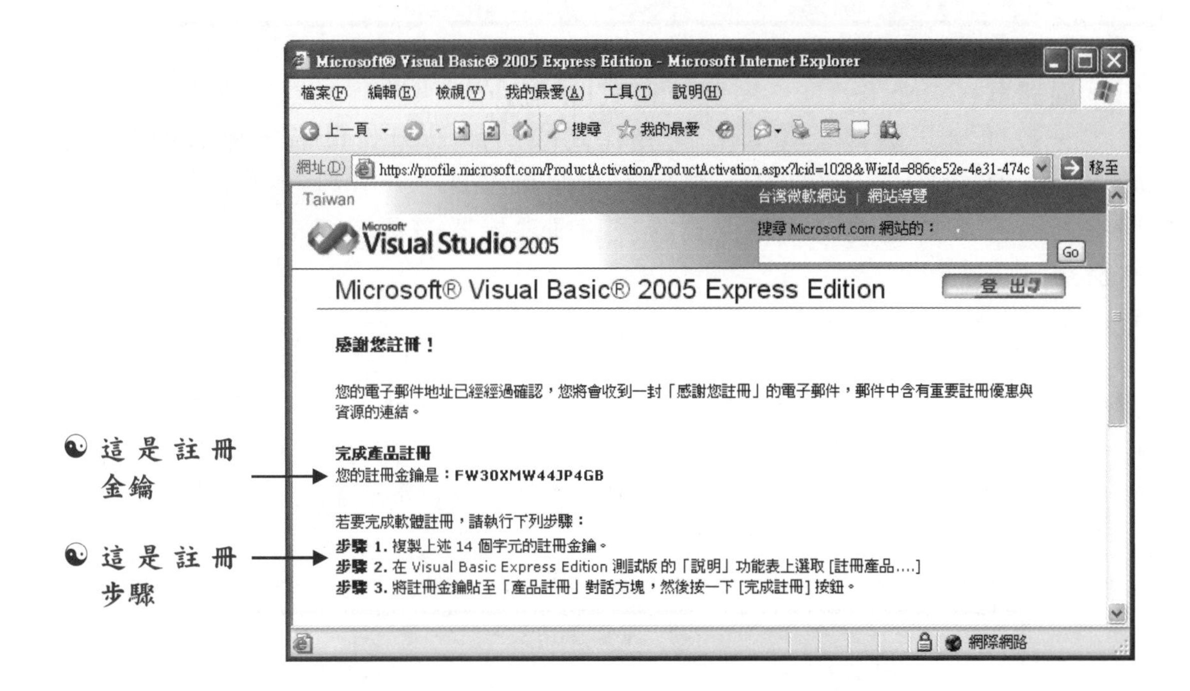

10. **完成註冊**：請先展開 Windows 的開始功能表，然後執行『所有程式/Microsoft Visual Basic 2005 Express 版』。

啟動 Visual Basic 2005 Express 之後，執行『說明/註冊產品』，然後：

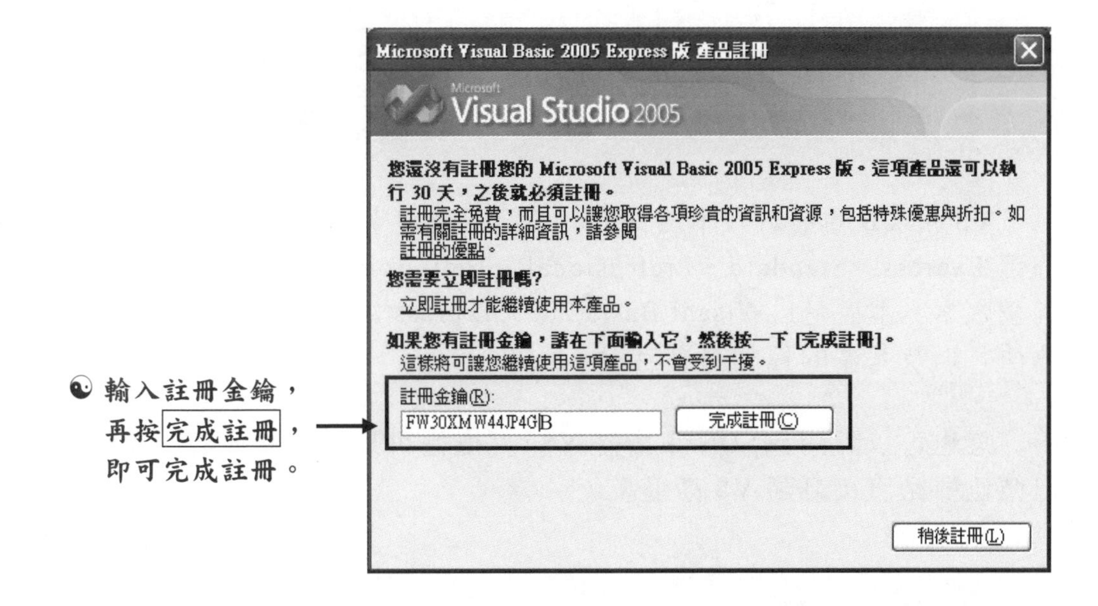

2-6 本章摘要

編譯器(Complier)是一種應用程式(軟體)，用來將程式語言翻譯為機器語言，一般而言，編譯器還具有開發程式的功能，因此也稱為**程式開發工具**(Program Development Tool)，透過程式開發工具，程式設計師可以方便的使用程式語言撰寫程式，並將程式語言翻譯為機器語言，讓電腦可以執行我們的命令。

在胡老師的「商業程式設計系列」中，使用的程式語言為 **VB**，使用 VB 開發程式時必須配合 **Visual Studio 2005**(或是 **Visual Basic 2005 Express**)來編輯程式內容，並將程式內容儲存為原始程式檔(內容為 VB 語言敘述)，再將原始程式檔翻譯為機器語言，形成內容為機器語言的可執行檔。

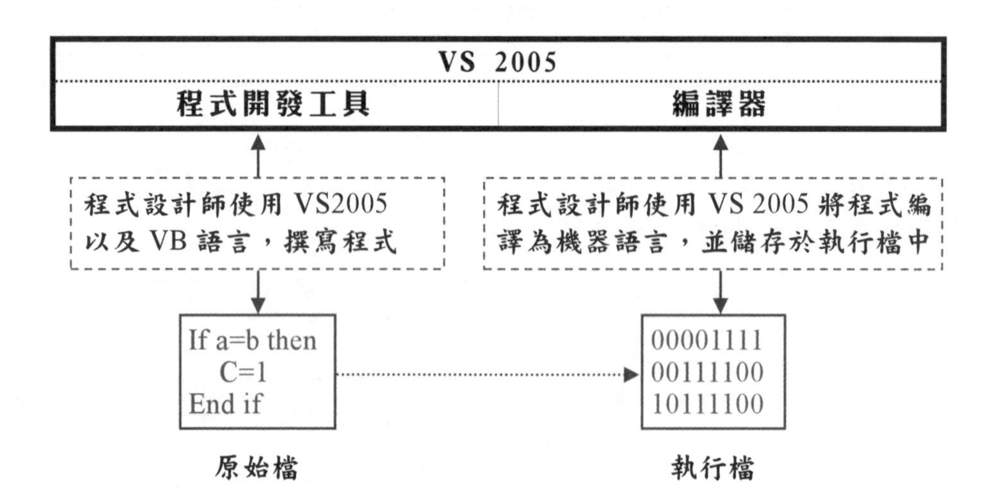

VS 和 VB 的最新版本為 2005，為了滿足不同使用者的需求，VS 2005 又分為 Express、Standard、Prefessional、Tools for Office 以及 Team System 等五種版本，本書是以 Visual Basic 2005 Express 為開發工具，介紹 VB 的基礎語法，以及基本的程式開發流程。

您也可以訂閱 MSDN 來取得 VS，好處是可以取得其他必要的輔助軟體，但價位要比直接訂購 VS 高很多。

2-7　習題

1　編譯器(1)

請說明什麼是**編譯器**(Compiler)？

2　程式開發工具(1)

請說明什麼是**程式開發工具**(Program Development Tool)？

3　Visual Studio 與 VB(1)

請說明 Visual Studio(Visual Basic 2005 Express)是什麼？VB 又是什麼！兩者又有何關聯？

心得整理

第 3 章

用 VB 2005 開發應用程式

凡事皆有流程，做事情只要依流程一步一步、腳踏實地、不急不徐的做好每一個動作，就會有所成就，以李鳳山師父的平甩功而言，其練功流程為：

1. 雙腳與肩同寬，平行站立，全身放鬆

2. 雙手舉至胸前，與地面平行，掌心朝下

3. 雙手前後自然甩動，保持輕鬆，不要刻意用力

4. 甩至第 5 下時，微微屈膝一蹲，輕鬆的彈兩下

每一個步驟都有其功效，步驟的前後次序也有其邏輯脈絡，只要依照這 4 個步驟每次練習 10~30 分鐘，每天 3~1 次，3 個月後必有所感應。

開發應用程式也有流程，本章胡老師將藉由一個簡單的程式，說明使用 VB 2005 Express 開發應用程式時，第一件事要做什麼，第二件事該做什麼…，本章結束時，您將學會使用 VB 2005 Express 開發應用程式的基本技巧。

3-1 再談應用程式

在正式介紹如何開發應用程式之前，胡老師想要先談談應用程式的相關詞彙與觀念，目的是讓您了解基本詞彙的意義，並知道應用程式的運作邏輯，以便依邏輯來開發應用程式。

不了解程式運作的來龍去脈雖然還是可以開發應用程式(跟著老師或書本做就好了嘛)，但這種學習方式並無法培養您的創意，也無法讓您自創程式，因爲您只會抄襲別人的東西。

胡老師再次提醒您，詞彙與基本觀念(理論)是一門學問的核心，唯有掌握核心原理，才有可能看透一切、靈活應用。

1 應用程式的執行環境

應用程式依其執行環境的不同分為 Windows 應用程式、Web 應用程式與 Smart Device 應用程式...等，Windows 應用程式指的是在 Windows 系統中執行的程式，只要您的電腦安裝有 Windows，就可以執行 Windows 應用程式，Web 應用程式則是在瀏覽器中執行的程式，也就是網頁，Smart Device 指的是小型電腦裝置，如 PDA、手機....等。

在不同環境執行的應用程式，開發方式也不大相同，胡老師的「商業程式設計系列」中的 1~2 波，將介紹 Windows 應用程式與 Web 應用程式，而 Smart Device 應用程式將安排在第 3 波以後，另外第 1 波中的「程式設計基本功系列」，是以 Windows 程式爲範例，介紹最重要的基礎觀念與技巧。

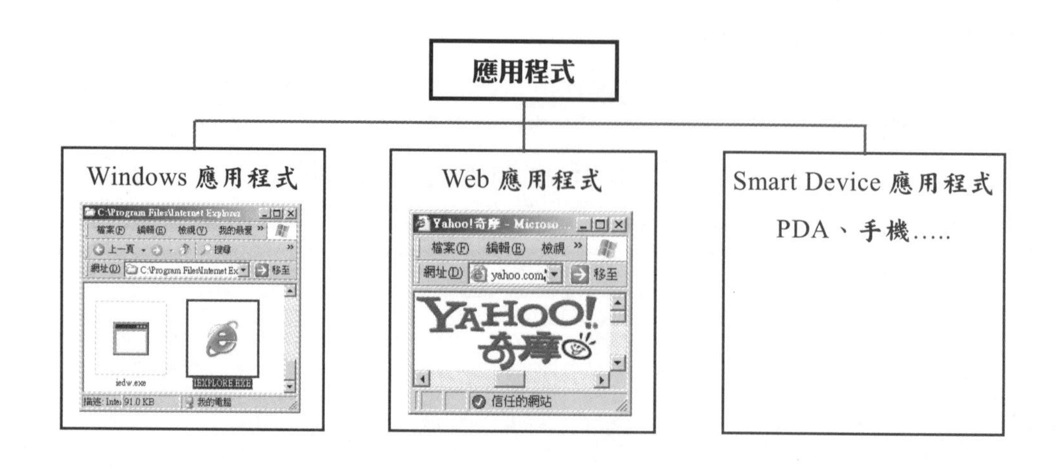

2　應用程式的使用者

應用程式(軟體)是給人用的，使用應用程式的人，稱為應用程式的**使用者**，比如說胡老師正在使用 Word 編輯本書，於是胡老師便是 Word 的使用者，使用者的英文原文為 User，一般習慣用 User 稱呼使用者。

3　應用程式的介面

1. 認識應用程式介面

啓動 Windows 應用程式時，首先看到程式的外觀畫面，這外觀畫面一般稱為**介面**(Interface)，Windows 應用程式的介面是由**視窗**(Window，也稱為**表單**(Form))所扮演，Web 應用程式的介面則由瀏覽器中的網頁呈現。

一個良好的應用程式介面，不僅讓人賞心悅目，也能讓使用者方便使用，進而讓使用者喜歡使用應用程式。

☯ User 透過 Word 的介面，命令電腦執行 Word 程式，以建立文件檔(.Doc)

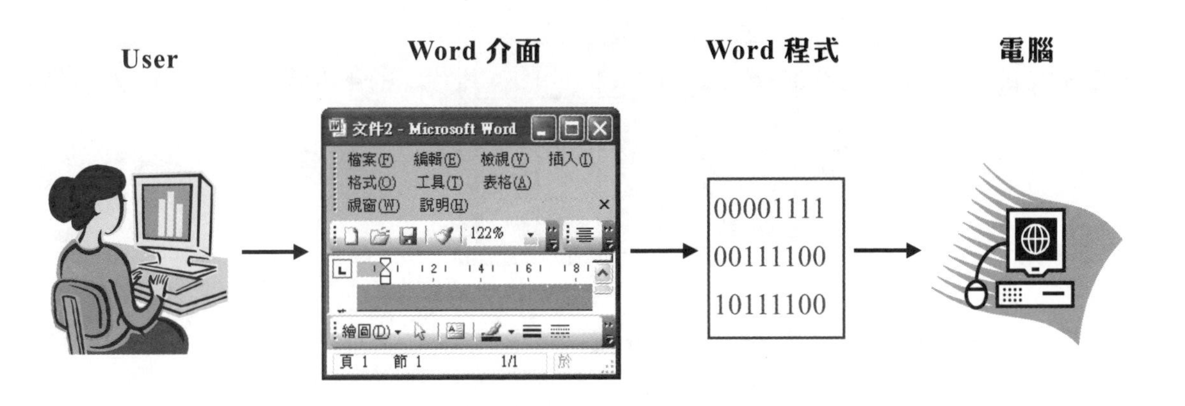

圖 3-1：使用者、應用程式介面與應用程式的關係圖

2. Windows 應用程式的介面

Windows 應用程式的介面，基本上由兩大區塊組成：

1. 應用程式標題區(Title、**抬頭欄**)

每個 Windows 程式都有標題區，用來顯示應用程式的名字，比如說 Windows 的附屬應用程式小算盤，其視窗標題區顯示的就是「小算盤」。

2. 應用程式工作區(Work area)

工作區是 User 工作的區域，User 將在工作區使用應用程式提供的功能。

程式設計師可以在工作區安裝各式各樣的**元件**(Controls、又譯為**控制項**)，讓使用者可以透過元件來使用應用程式，以小算盤而言，工作區中佈滿了按鈕元件，讓 User 可以鍵入運算式的內容，還有文字方塊元件，用來顯示運算式的內容以及運算的結果。

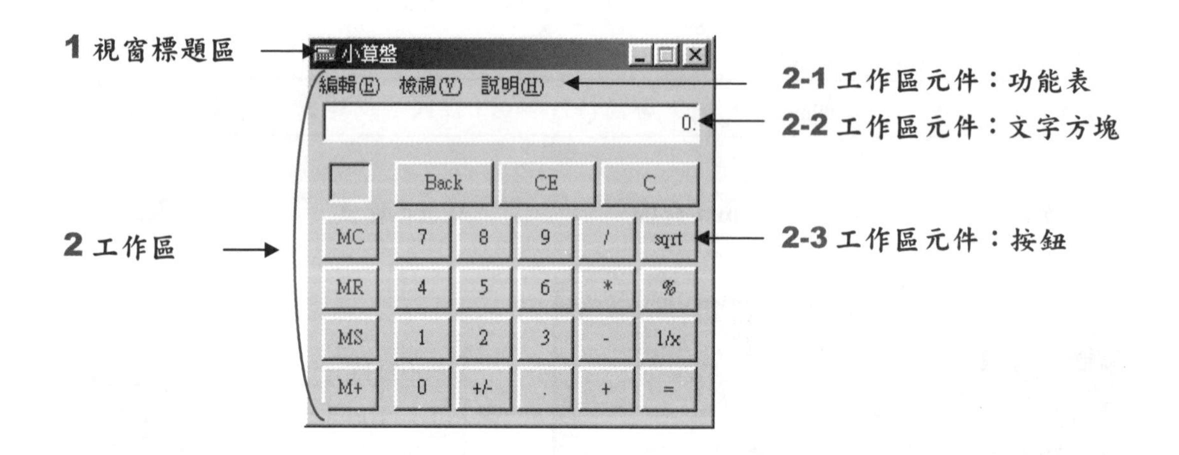

圖 3-2：Windows 程式介面組成圖

4　應用程式的運作方式

就大多數的應用程式而言，被啟動之後會先顯示其介面，然後進入靜止狀態，直到使用者做了某個動作，應用程式才會執行對應的工作來回應使用者。

這種由動作而觸發應用程式執行對應工作的程式運作方式，稱為**事件驅動(Event Driven)**，意思是說使用者對應用程式做了某個動作，就應用程式而言，等於是在內部發生了某個**事件**(Event)，而該事件將驅動應用程式執行對應的程式。

大部份程式(包括 Windows、Web 以及 Smart Device 應用程式...)的運作方式都是事件驅動式，底下胡老師以 Windows 應用程式小算盤為例，說明事件驅動的基本流程：

1 小算盤被啟動之後，會先顯示其介面，然後進入靜止等候(事件)狀態

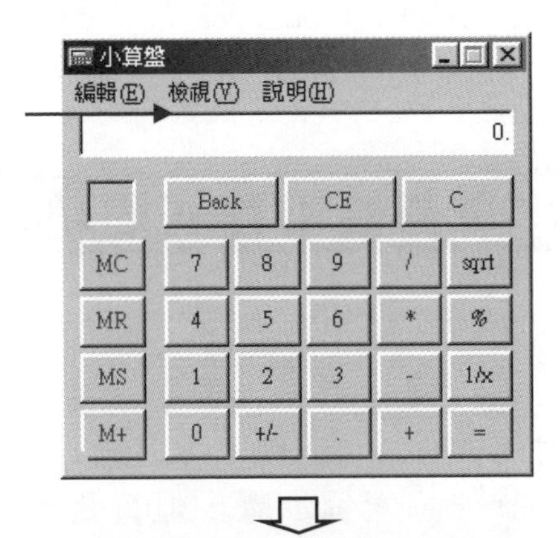

2 當使用者對小算盤做動作(以滑鼠單按 7 時，小算盤會執行對應的程式(在文字方塊顯示 7)以回應該動作

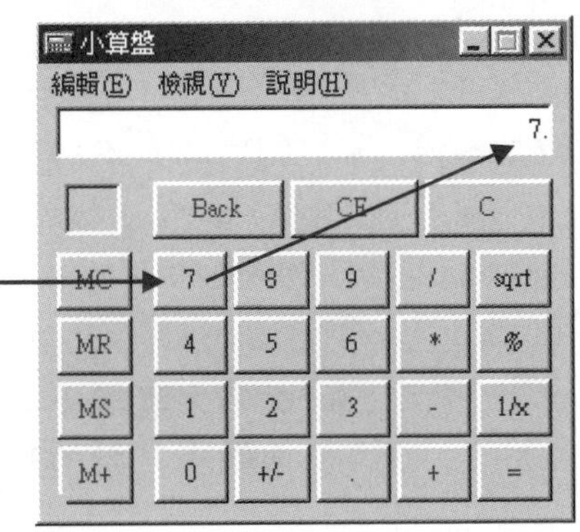

圖 3-3：事件驅動簡單流程

5　開發應用程式的基本流程

既然應用程式的基本運作流程為：

1. 顯示外觀介面

2. 依動作(事件)執行對應的程式

那麼開發應用程式的步驟事無非是：

1. 設計應用程式的介面

2. 為每個需要回應的動作設計程式功能

3. 建立應用程式的介面

4. 為每個需要回應的動作建立程式功能

OK！現在您已更加了解應用程式，而且也知道開發應用程式的基本流程，下一節開始，胡老師將帶領您一步一步的開發第 1 個應用程式！

3-2　規劃應用程式的功能和介面

開發應用程式的第 1 件事，是設計應用程式的介面，但應用程式的介面與功能是連成一體、不可分離的，當程式提供某一個功能時，就必須在工作區安排相對的元件，讓 User 可以透過元件來使用功能，雖然 3-1-5 節將介面與功能的設計分為兩個步驟，但實務上介面和功能最好是一起分析、設計[1]。

介面不僅和功能不可分割，甚至是由功能決定的，以小算盤而言，為了「顯示運算資料」，因此在工作區安排**文字方塊**元件，又為了「讓使用者用按的方式輸入數字 0~9」，小算盤的工作區另外安裝了**按鈕** 0~9。

☯ 文字方塊讓小算盤具備顯示資料的功能

☯ 按鈕讓小算盤具備輸入資料的功能

[1] 在正式的軟體工程中，介面和功能是可以分開設計的。

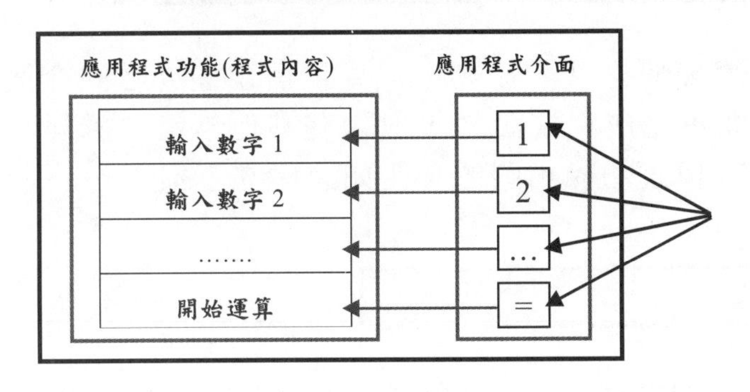

User

透過應用程式介面，使用應用程式提供的功能！

圖　3-4：使用者、介面與程式功能關係圖

基本上，安排功能和介面的方法為：

1. 列出應用程式提供的第一個功能

2. 安裝用來執行第一個功能的元件

3. 重覆步驟 1~2，直到所有的功能及元件都安排完好為止

接下來讓我們開始設計本章範例的功能與介面，首先列出功能：

- 按某按鈕時，將視窗底色變為「紅色」
- 按某按鈕時，將視窗底色變為「綠色」
- 按某按鈕時，將視窗底色變為「藍色」

接著再安排程式介面，我們總共需要三個按鈕，另外還要給應用程式一個名字，嗯…「變色龍」好了，俗又有力！當然、應用程式的名字是程式設計師自己取的，您高興的話，也可以叫「天才變變變」(更俗！)。

- 這個按鈕提供「變綠色」功能
- 應用程式標題欄
- 應用程式工作區
- 這個按鈕提供「變紅色」功能
- 這個按鈕提供「變藍色」功能

變色龍

紅　綠　藍

3-3 建立一個新專案

規劃好程式的功能和介面需求之後，原則上只要依需求建立程式介面、再加入適當功能(撰寫程式)即可完成程式設計，但還有其他事情要處理，這些事情都是和建立介面、加入程式功能相關的，比如說建立專案。

1 認識專案

在 VB 2005 Express 中，**專案**(Project)指的是用來儲存程式的檔案，VB 2005 專案檔的副檔名為.vbproj。但專案檔並沒有辦法執行，必須先編譯為執行檔(.Exe)才能執行，因此我們可以將專案視為「開發階段的程式檔」。

2 建立專案

專案就是程式檔，開發程式必須先建立專案，以儲存程式的內容：

1. 準備動作

為了方便管理日後建立的範例程式，您可以建立一個專用資料夾，用來儲存本書的所有範例，並建立章節子資料夾，以管理每一個章節的範例。請您在 D:(或其他適合之處)建立資料夾「VB 2005 初學入門」(這是書名)，再建立子資料夾「Ch03」(這是章節名稱)：

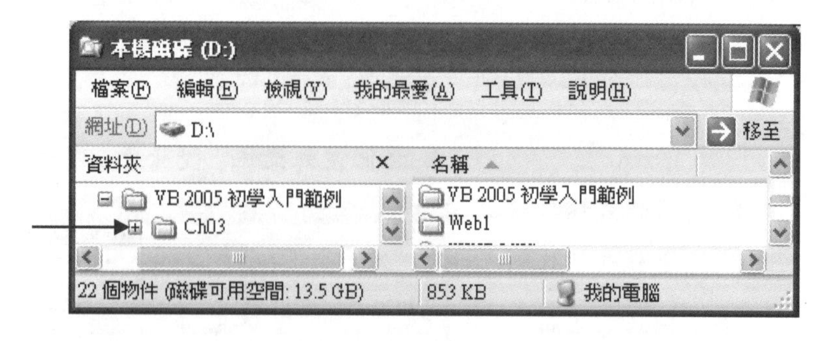

2. 啟動 VB 2005 Express

第 2 章講過，我們將使用 VB 2005 Express 來開發(建立)應用程式，請您執行 Windows 開始功能表的「所有程式/Microsoft Visual Basic 2005 Express 版」，以便啓動 VB 2005 Express。

☯ 進入 VB 2005 Express 了！

3. 建立專案

進入 VB 2005 Express 之後，請執行『檔案/新增專案』[2]，然後：

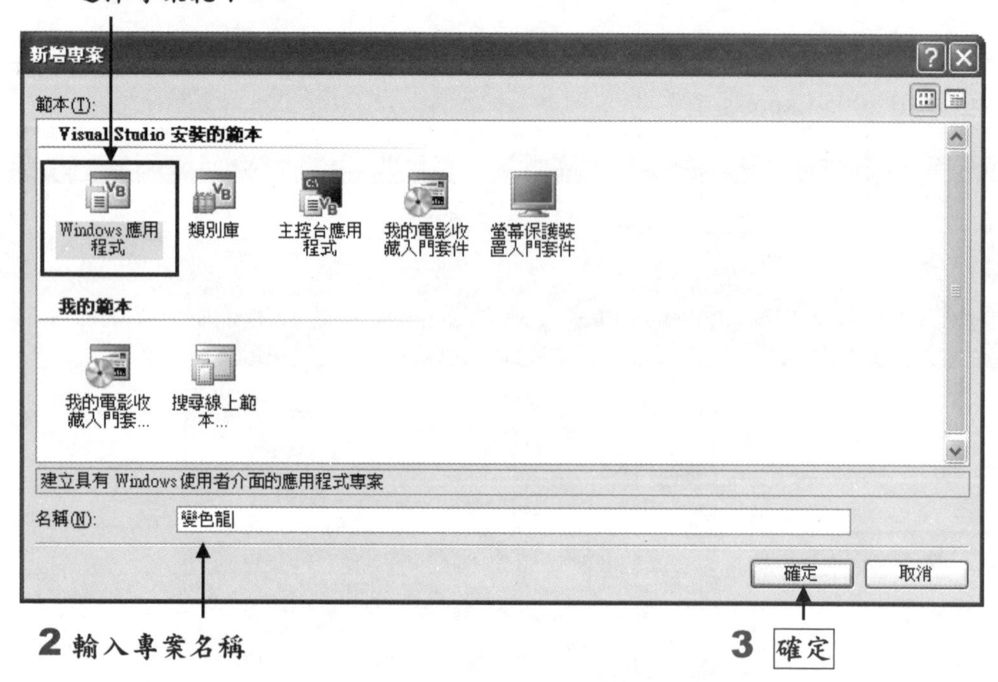

3-4 加入必要的模組到專案中

1 專案與模組

正式開發應用程式時，撰寫的程式往往有成千上萬行，我們不可能將這麼多的程式置於同一個程式檔中，因為檔案太大不好維護管理。想想看一個程式檔若有 10 萬行，而您想修改其中一行，於是您得在 10 萬行中尋找您想要修改的那一行，這是很沒效率的。

取而代之的是將程式切割成好幾個(或好幾十個、好幾百個……)功能獨立的單元(主畫面單元，繪圖單元、列印單元…等)，並將每個單元程式置於單一程式檔中，這樣做的好處是：

---

[2] 『檔案/新增專案』表示「檔案」功能表中的「新增專案」項目

1. 容易維護

檔案內容變小了，而且每個檔案都只儲存相關功能的程式，於是修改程式變得容易多了。

2. 方便多人共同開發

將程式切割成一個一個獨立的單元之後，我們可以將不同單元分配給不同的人開發，以提升程式的開發效率。

這種程式開發方式稱為「模組化」的程式開發，一個程式由好幾個**模組**(Module、即程式檔)所組成，再用專案檔將所有的模組、組合為一個完整的程式。也就是說專案檔並未儲存任何程式內容，專案扮演的角色是指定本專案(程式)是由那些模組(內容為程式的檔案)組合而成。

每一個專案所需要的模組數量與模組類型都不大一樣，以 Windows 應用程式而言，基本上需要的是視窗(表單)模組，因為 Windows 程式是由一個一個視窗組合而成，有些 Windows 程式只有一個視窗(如小算盤)，有些 Windows 程式則有幾十(百)個視窗(如 Word)。

2　加入適當的模組到專案中

專案檔並沒有(也不能有)程式，我們必須將至少一個以上的模組(程式檔)加入到專案，再將程式內容加到模組中。

變色龍專案是一個 Windows 應用程式專案，它只有一個主畫面視窗，因此只要有一個主表單模組就夠了。然而在建立專案時，我們選擇了「Windows 應用程式」專案範本，而 VB 2005 Express 會自動為這種類型的專案加入一個表單模組「Form1.Vb」(VB 2005 的程式模組副檔名為.vb)、用來扮演 Windows 應用程式的主視窗，於是我們不需自行加入模組：

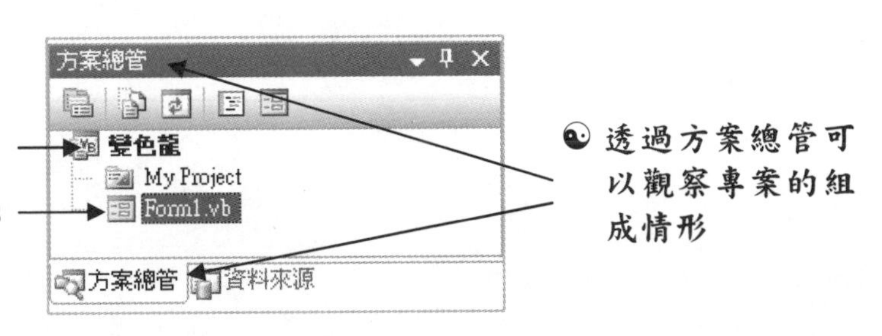

值得一提的是專案中的程式模組(.Vb)，由於內含程式設計師使用程式語言編寫的最原始程式內容(未經編譯的)，因此又稱爲**原始程式檔**(Source File)。

☯ **專案檔**(.vbroj)**：**
組合所有的原始程式檔
(.vb)**，形成一個完整的程式**

☯ **可執行檔**(.exe)**：**
由編譯後的所有程式檔
組成，內容為機器碼

原始檔 Form1.Vb：儲存原始程式
Private Sub Button1_Click(...) Handles Button1.Click   **Text = "紅臉"** End Sub

原始檔 Form2.Vb：儲存原始程式
Private Sub Button1_Click(...) Handles Button1.Click   **Text = "綠臉"** End Sub

☯ **編譯器將專案中所有的原始檔一一的編譯為機器碼，然後將編譯的結果組合為可執行檔。**

Form1.Vb：內容已變爲機器碼
00001111
00111100
10111100

Form2.Vb：內容已變爲機器碼
00001111
00111100
10000010

3-5　建立程式介面

建立專案和表單模組之後，就有儲存程式介面和程式內容的地方了，讓我們開始程式設計的第 2 個步驟：建立程式介面吧！

1　安裝表單中的元件

有了表單(視窗)，我們就可以在表單的工作區安裝元件，安裝元件必須在**設計工具視窗**中進行，還要將「工具箱」顯示出來，如果您看不到工具箱，請執行 VB 2005 Express 的『檢視/工具箱』。

接下來讓我們安裝表單中的第 1 個按鈕元件：

2 展開工具箱，再展開「通用控制項」群組

☯ 這兒是設計工具視窗

1 雙按表單模組即可開啟表單、進入設計工具視窗

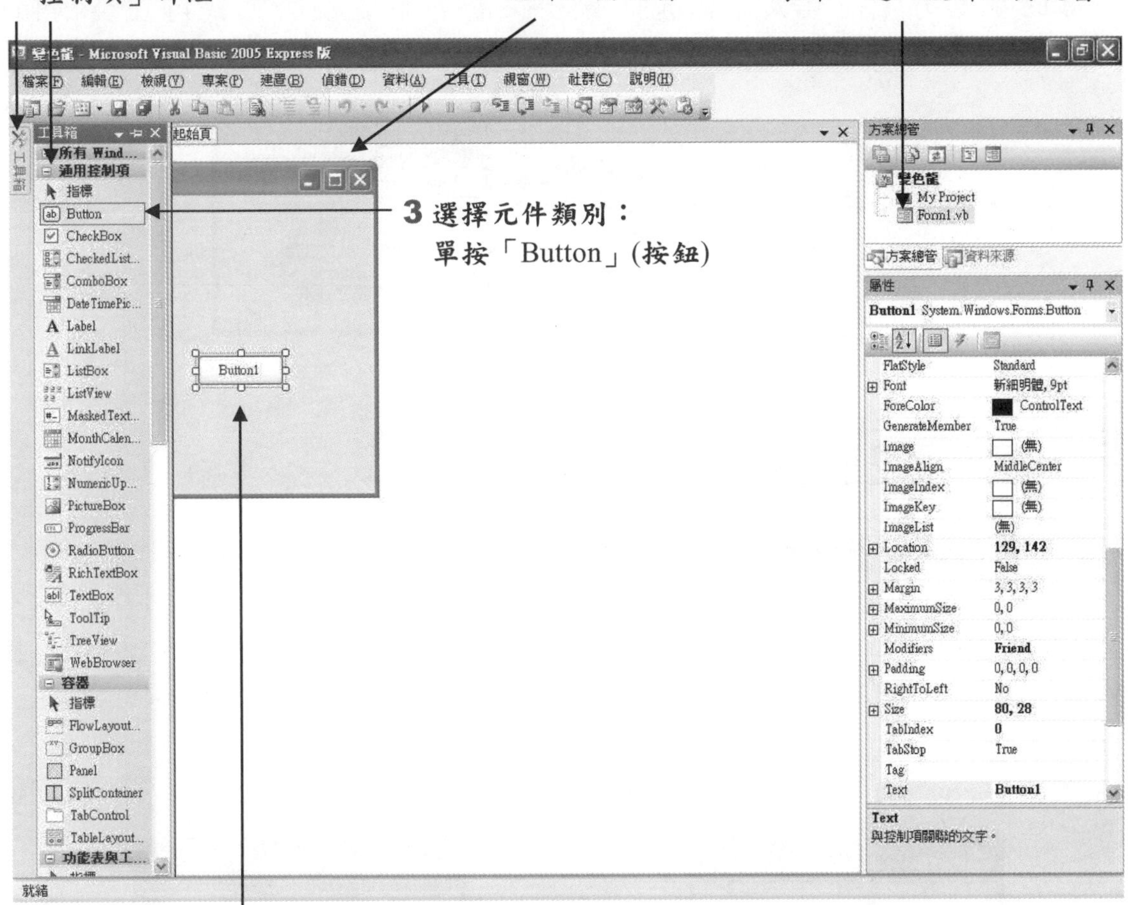

4 安裝元件：將滑鼠指標指在表單工作區的適當位置(此時滑鼠指標會變成黑色的十字型)，然後拖曳一個適當大小的四方形方框、再放開滑鼠左鈕。

注意事項

為了方便程式設計師選用元件，VB 2005 Express 將元件區分為一個一個群組，有**通用控制項**(最常用的元件)、**資料**(存取資料庫用的元件)....等，安裝元件時，你必須先展開元件所屬的群組。

值得一提的是，在工具箱直接雙按元件類別，可以直接將元件安裝在表單的左上方，而且大小固定，接下來請您用雙按的方式再安裝兩個 Button 試試：

「雙按元件」所安裝的元件，會被放在表單的左上方(未選擇元件)，或目前選擇元件的右下方，而且大小固定

2 設定元件的屬性

1. 元件的標題文字屬性

安裝表單所需元件之後，雖然元件不缺了，但整個表單的外觀與 3-2 節的規劃並不相同，第一個不同是表單以及按鈕的標題文字不同：

表單和按鈕的標題文字不同

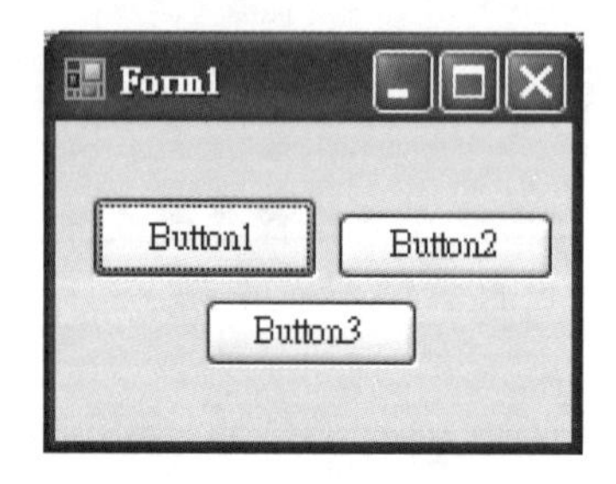

這是開發中的表單

這是規劃的表單

我們只要依需求，調整表單以及按鈕的「標題文字」屬性，即可解決這個問題，首先調整表單的標題文字：

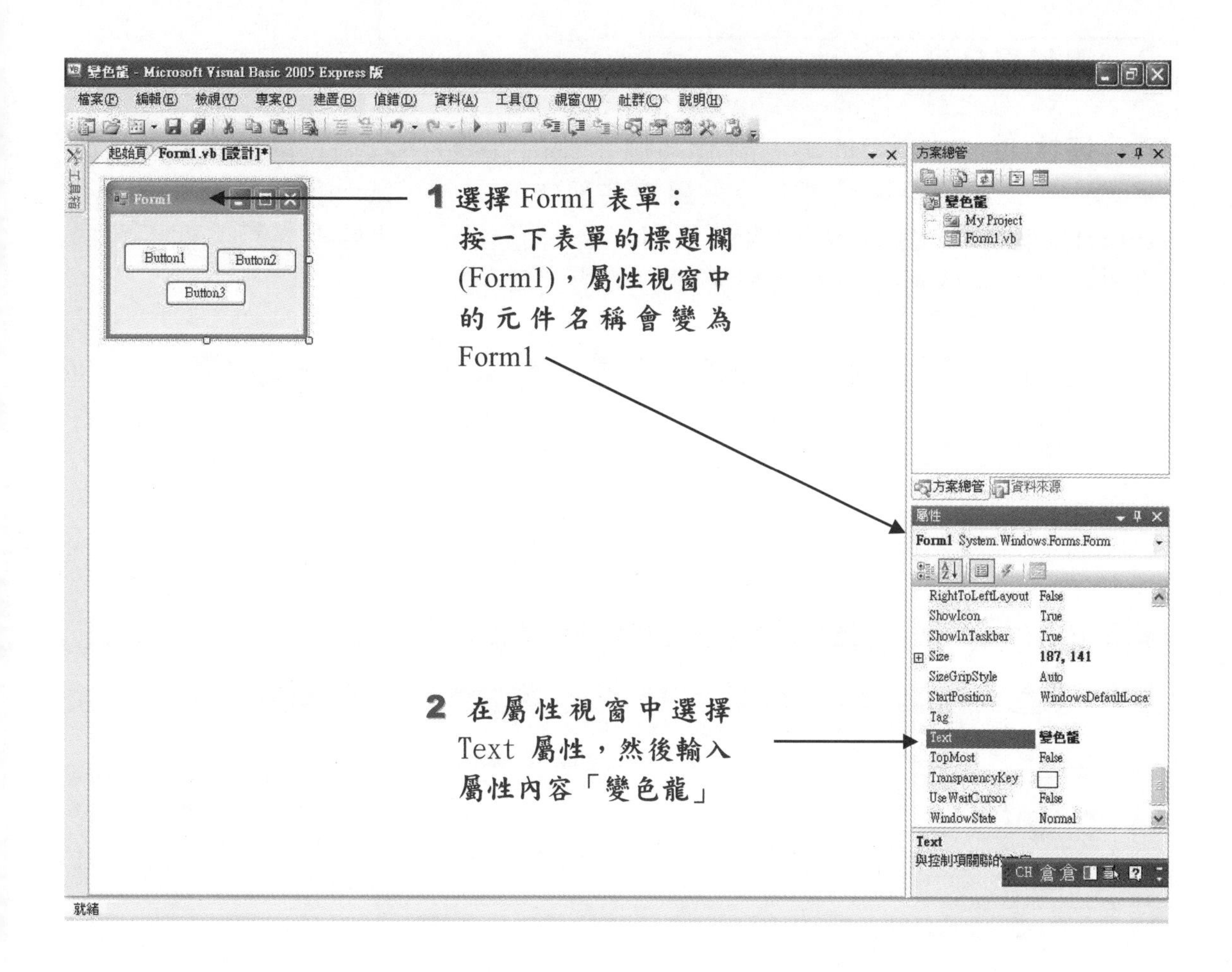

接著請您自行設定 3 個按鈕的標題文字[3]：

- Button1:紅
- Button2:綠
- Button3:藍

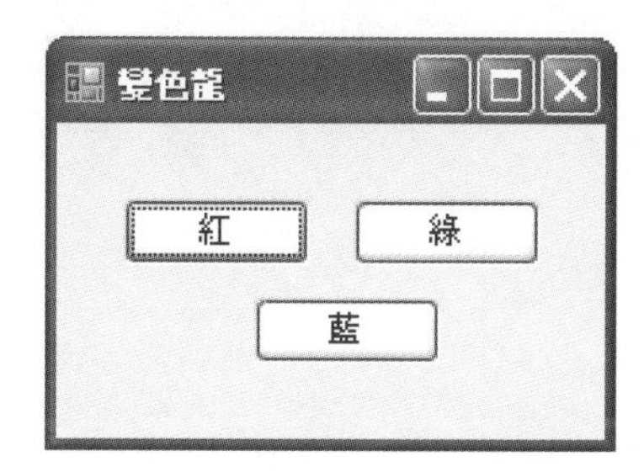

3 Button 元件的 Text 屬性可以有兩行以上，換行時只要鍵入 Shift+Enter 即可。

2. 屬性是什麼？

屬性(Property)指的是「屬於某個元件的性質」，我們可以透過屬性來改變元件的性質，屬性又可區分為**屬性名稱**(Property Name)與**屬性值**(Property Value)兩個部份，屬性名稱表示某個性質的意義，屬性值則表示某個性質的內容，設定某個屬性值將改變元件的某項性質。

前一個單元，我們將表單的「標題文字(Text)」屬性設為「變色龍」，於是表單的標題文字(性質)便改變了，其中「標題文字(Text)」是屬性名稱，用來告訴程式設計師這個屬性的功能性質，「變色龍」則是屬性值，表示元件的標題文字內容將被設為「變色龍」。

☯ **選擇某個元件時，屬性視窗會顯示元件的所有屬性**

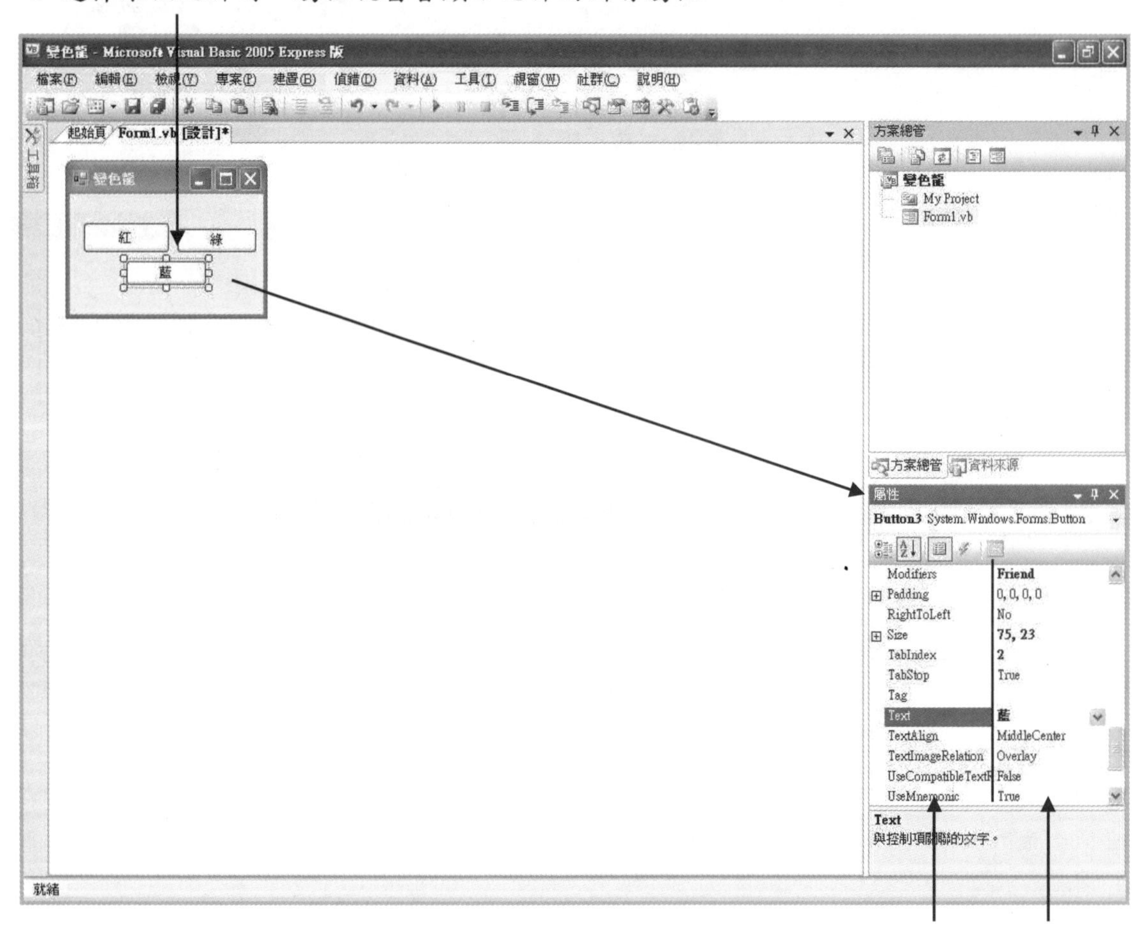

☯ **左邊是屬性名稱，右邊是屬性值**

我們也可以將屬性視為一種用來儲存、設定某個元件外觀特徵的介面(地方)，當元件的某項外觀特徵不符合我們的需求時，我們可以透過元件的屬性來調整，在專案「變色龍」中，我們心目中的表單標題是「變色龍」，但一開始不是，因此我們透過 Text 屬性來改變表單的標題文字。

元件在表單(程式)中扮演的角色，和人類(或其他物種)在真實世界中扮演的角色很類似，都是真實(虛擬)世界中的成員，其運作方式也有共通之處，比如說人類也有身高、體重...等屬性，我們也可以透過屬性來改變人類的外觀特徵：

物件名稱	屬性		屬性性質(物件外觀特徵)
	屬性名稱	屬性值	
胡老師	身高	166 公分	胡老師看起來矮矮的
	體重	63 公斤	胡老師看起來瘦瘦的
Button1	Text	紅	Button1 上面的文字為**紅**
	Width(寬度)	10 px	Button1 看起來小小的

如果我們想讓胡老師的外觀看起來高高的，只要將身高(屬性)設為 180 即可，怎麼樣，了解屬性了嗎？

3. 元件的 Name 屬性

表單中的每個元件都必須有一個獨立的名稱，用來識別元件，當我們寫程式操控元件時，就是以元件名稱為對象，元件名稱也用來稱呼元件，不同的程式設計師做溝通時就是以元件名稱為依據。

在表單安裝一個元件時，VB 2005 Express 會給元件一個**預設名稱**(Default Name)，其規則為：

```
元件類別<序號>[4]
```

第 1 個表單(表單其實算是 Form 類別元件)叫 Form1，第 1 個 Button 叫 Button1、第 2 個叫 Button2、…依此類推。

[4] 凡<..>中的文字都屬說明性質，必須視情況以真實的資料表示，以「元件類別<序號>」而言，<序號>就是說明文字，真正的序號必須是 1、2、3....。

如果您覺得元件的預設名稱不適合，可以藉由元件的 Name 屬性來調整，比如說我們可以將 Button1 的名稱改為 BtnRed，其中 Btn 為元件類別 Button 的縮寫，Red 則為元件的功用(變紅色)：

1 選取 Button1　　　　**2 設定** Name **屬性**

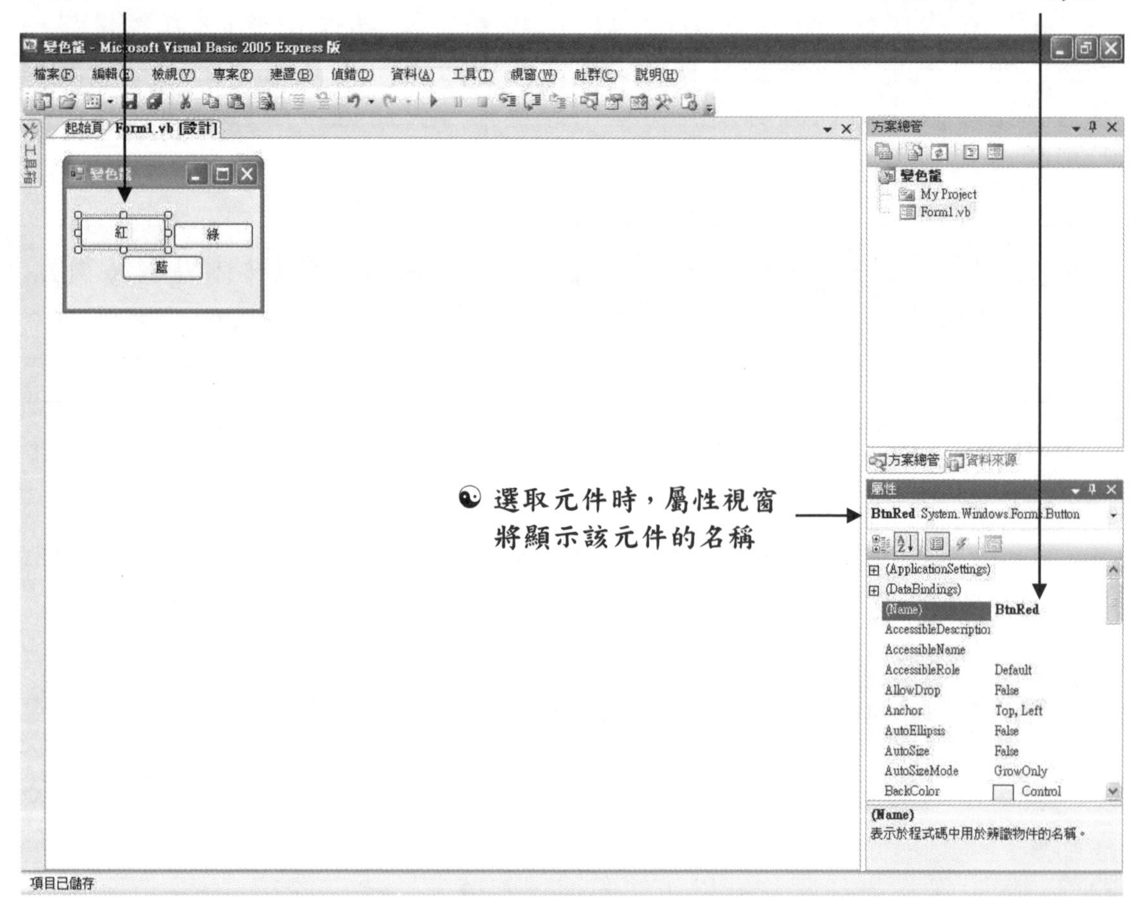

接著請將 Button2 更名為 BtnGreen、Button3 更名為 BtnBlue。值得一提的是為元件命名時，必須依照 VB 2005 的命名規則：

1. **長度：**最多 255 個字元

2. **可用字元：**英文字母、數字、底線(_ UnderLine)、中文字元

3. **第一個字元：**不可使用數字(0~9)或是底線

而程式設計界對於元件名稱也有一個共通的命名慣例：

1. 以元件類別的縮寫開頭

2. 以元件的功用結尾

以按鈕紅而言，類別為 Button(縮寫為 Btn，這是大多數人的習慣)、功用則是變紅色，因此 BtnRed 是一個不錯的候選名稱，命名元件時最好使用共通慣例，一來可以依名稱識別元件的類別以及功用，二來方便和其他程式設計師交流。

3　調整元件的大小

按鈕的標題文字搞定了，但三個按鈕大小不一，看起來實在不順眼，讓我們將三個按鈕的大小調整一致吧！

1. 調整單一元件大小

首先我們要設定三個按鈕的基準大小，請選擇按鈕紅、並拖曳其尺寸控點，直到大小適合為止，此大小將成為其他按鈕的大小調整依據：

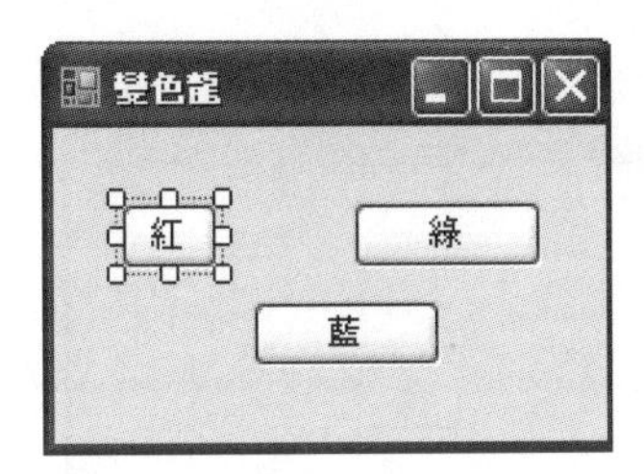

2. 元件大小一致

接著我們要將綠以及藍兩個 Button 的大小調為與紅一致：

1. 選擇所有欲調整的元件[5]

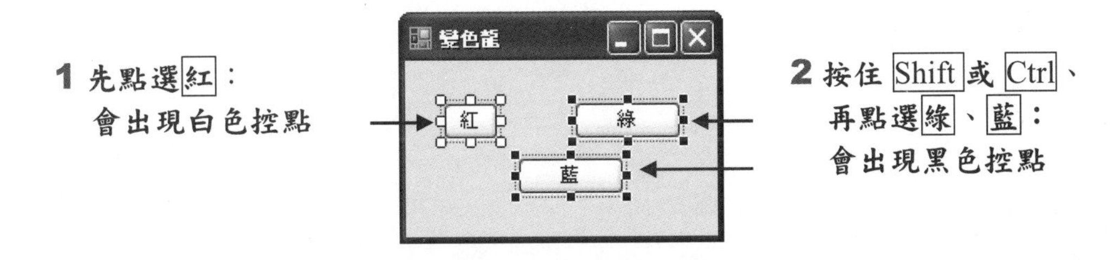

[5] 您也可以用滑鼠拖曳一個穿越多個元件的方框，來選取多個元件

4　調整元件的位置

元件大小一致，感覺好多了，可是三個 Button 的位置並未對齊，以至於整個表單顯得有點零亂，如果可以將三個 Button 的位置調整適當，表單一定更加美觀。

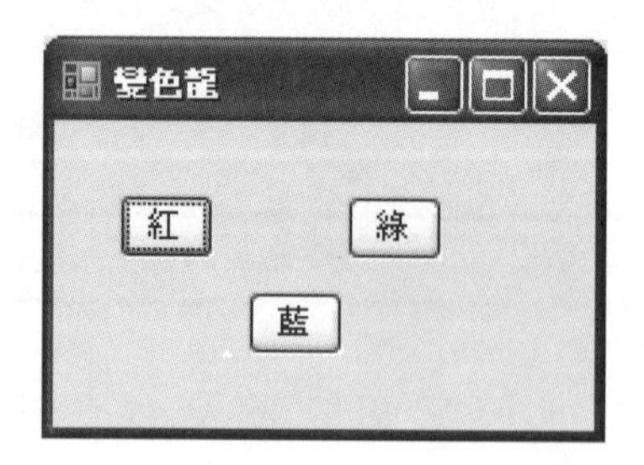

變色龍
紅
綠
藍

1. 單一元件的位置

首先必須調整三個 Button 的左右順序和最大水平間距，也就是說最左邊的元件調到最左邊、最右邊的元件調到最右邊：

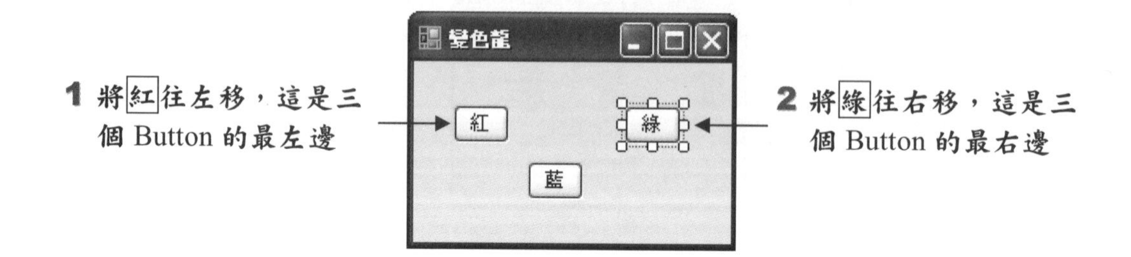

1 將紅往左移，這是三個 Button 的最左邊
變色龍
紅
綠
藍
2 將綠往右移，這是三個 Button 的最右邊

注意事項

您也可以先選擇某些元件，然後用方向鍵調整元件位置

2. 元件相對位置的對齊

接下來我們要將三個 Button 以紅的下緣爲基準，垂直的對齊在一起：

1. 選擇所有欲對齊的元件：

先選擇紅、再選擇綠與藍，
(因爲要以紅爲基準)

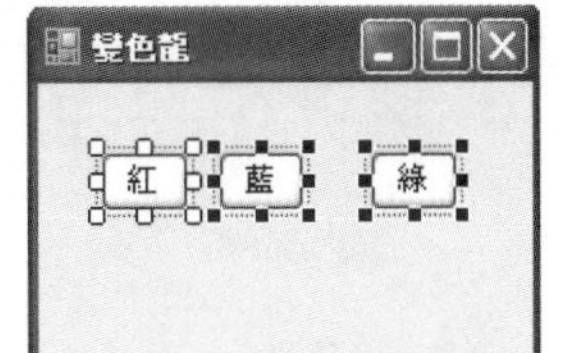

2. 執行『格式/對齊/上』

元件位置的自動對齊

用滑鼠拖曳元件的位置，VB 2005 Express 會視情況顯示元件對齊線，協助我們快速對齊元件

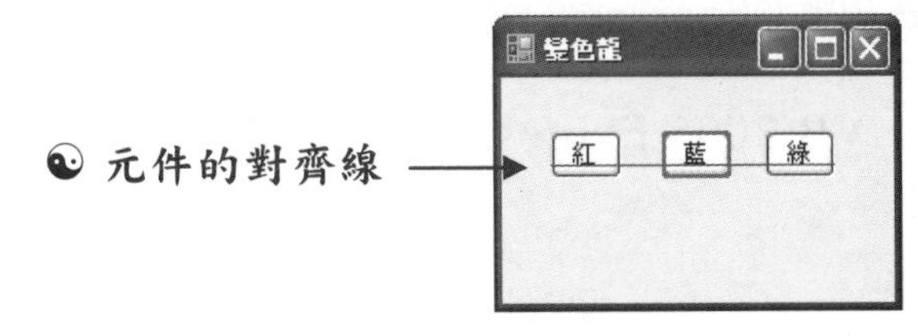

3. 元件的間距

接著我們還要將三個按鈕的水平間距設爲相等，看起來比較協調：

1. 選擇所有欲對齊的元件：

選擇順序不影響結果

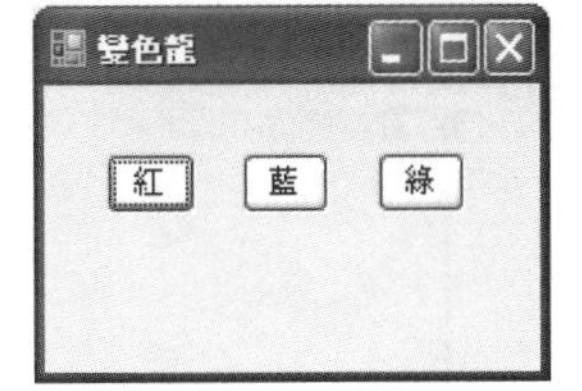

2. 執行『格式/水平間距/設為相等』

4. 將元件置於表單的正中央

最後要將表單中所有的元件放置在表單的正中央，請選擇所有元件(選擇順序不影響結果)，然後執行『格式/對齊表單中央/水平(垂直)』

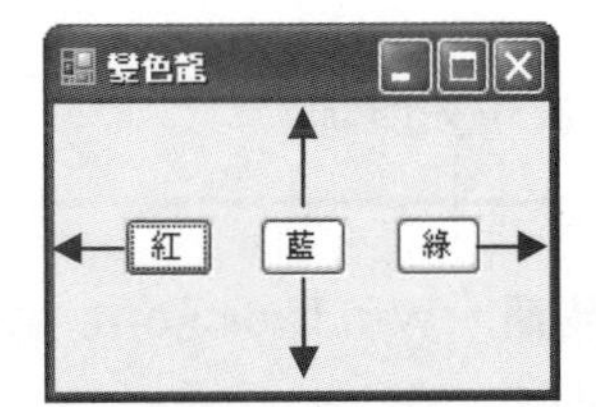

5 格線

VB 2005 Express 的 Windows 表單設計工具提供了**格線**(Grid Line)機制，讓我們可以方便對齊表單中的元件，當格線功能被開啓時，改變元件的大小與位置，會自動對齊格線：

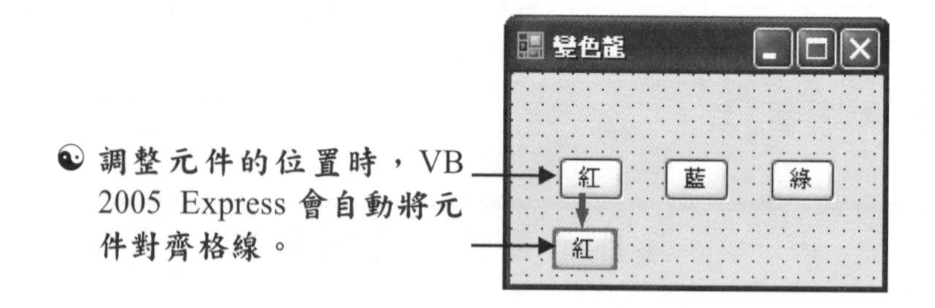

VB 2005 Express 的格線預設是關閉的，有需要請依下列步驟開啓：

1. 執行 VB 2005 Express 的『工具/選項』

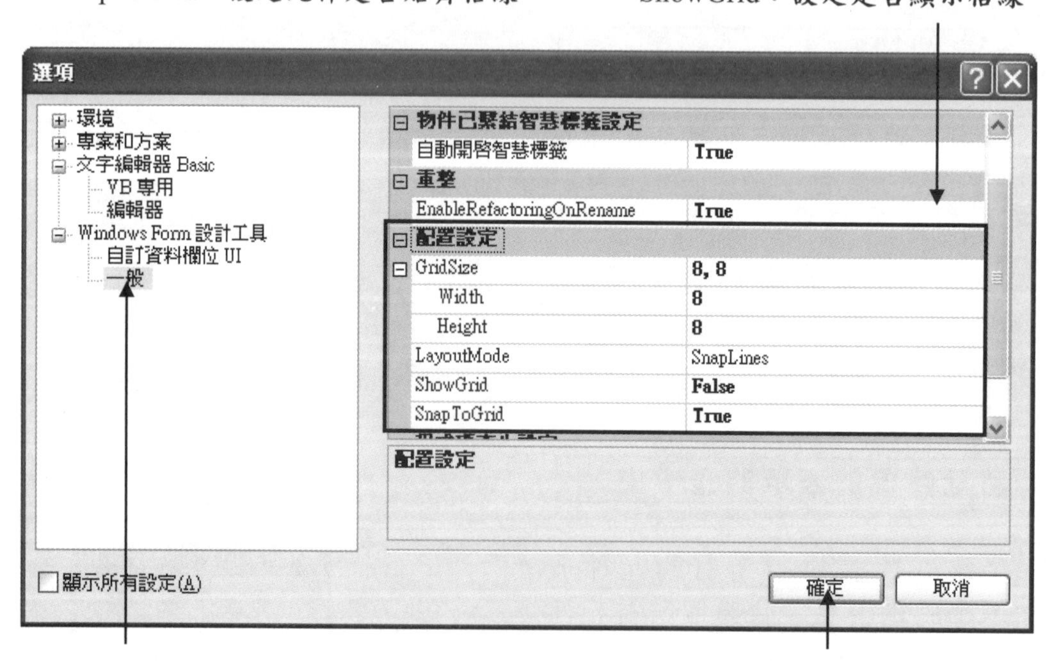

LayoutMode

LayoutMode 用來設定元件的對齊模式，共有下列兩種模式：

1 SnapLines：靠自動對齊線對齊

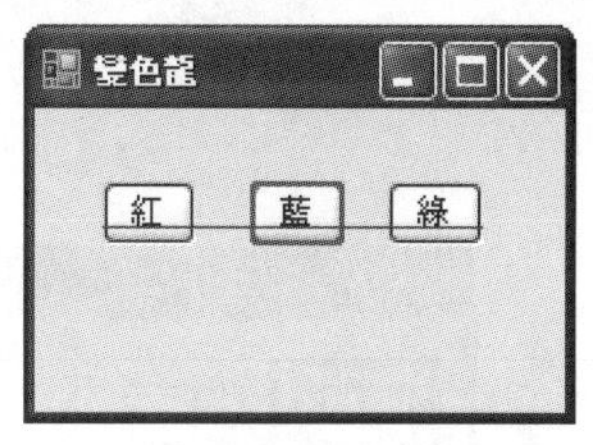

2 SnapToGrid：靠格線對齊

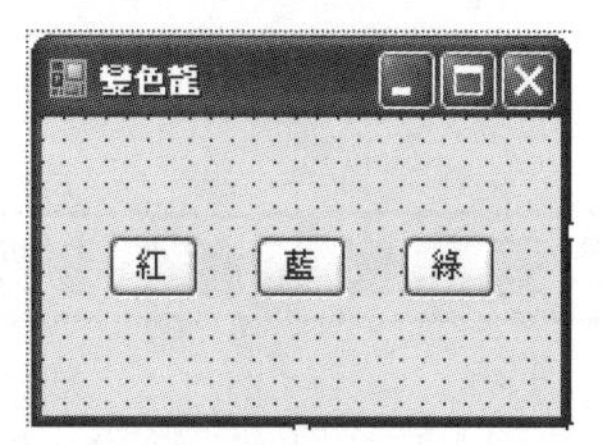

6　元件位置的鎖定

調整好元件的位置之後，可以將元件鎖定，以固定元件的位置和大小，以免一不小心又弄亂了表單的版面配置，鎖定元件共有兩種方法：

如果表單中的所有元件要全部鎖定，可以在表單上按右鈕、再執行『鎖定控制項』：

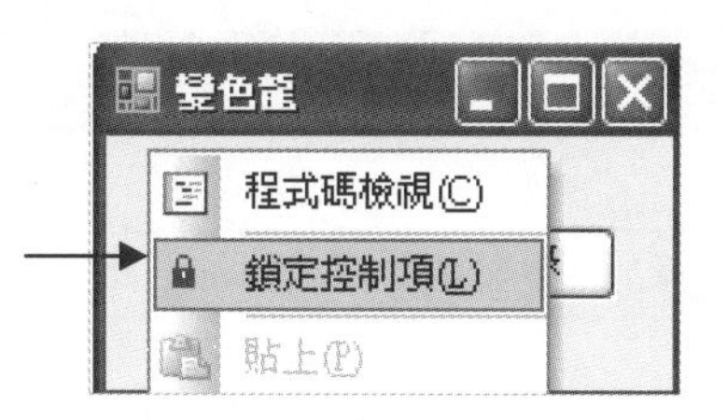

若要解除鎖定，只要再執行一次『鎖定控制項』即可，此命令是開關式的，另外您也可以設定表單的 Lock 屬性(True/False[6])來**鎖定/解除鎖定**整個表單的元件

您也可以只鎖定表單中的單一或某幾個元件，方法是先選取欲鎖定的元件(一個以上)，然後執行『鎖定控制項』，或是設定 Lock 屬性。

---

[6] a/b 表示 a 或 b 的意思，True/False 表示 True 或是 False。

3-6 建立程式功能

建立程式介面之後，接下來該建立程式功能了，本節胡老師將以變色龍的第一個功能「按一下某按鈕時，將視窗的底色變成紅色」爲例，說明如何爲應用程式建立一個功能。

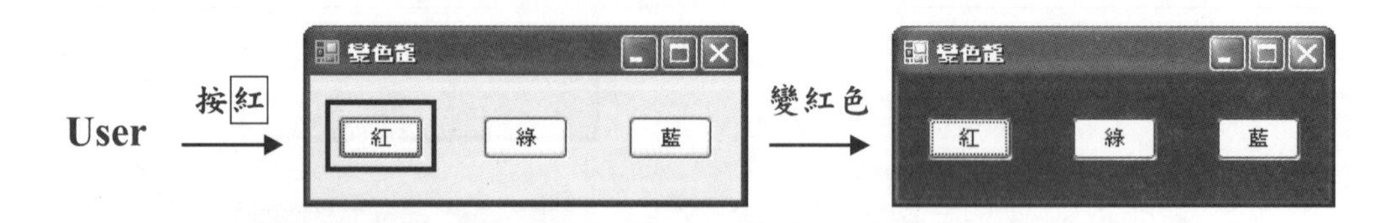

1 以事件驅動表達程式的功能運作

Windows 應用程式是依事件驅動的模式運作，既然變色龍是 Widnows 應用程式，就該用事件驅動的方式表示其功能運作，事件驅動式的功能表示規格爲：

「發生事件(或執行動作)」時「要執行(或回應)的動作」

就「按一下某按鈕時，將視窗的底色變成紅色」而言，其事件驅動表示法爲：

「紅被滑鼠單按(按一下紅)」時「將 Form1 表單的底色設成紅色」

2 決定程式的位置

1. VB 程式的事件驅動

用事件驅動表示程式功能的好處之一，是讓初學者(對有經驗的程式設計師也有幫助)可以明白程式要放在那兒？

爲了說明這個論點，胡老師必須進一步的說明 VB 程式內部的「事件驅動」運作模式：

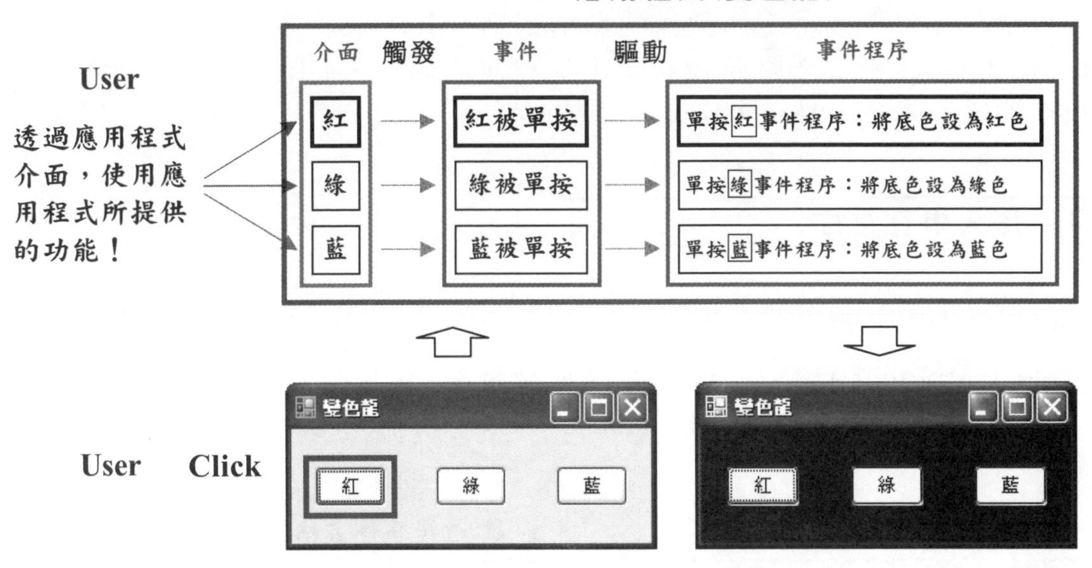

由上圖可知，當使用者在 VB 程式中做了某個**動作**(Action)時，會在程式內部產生相對的**事件**(Event)，接著程式會**觸發**(Trigger)執行相對**事件程序**(Event Procedure)中的所有程式。

以「紅被滑鼠單按」時「將 Form1 表單的底色設爲紅色」這個功能而言，**時**是區隔文字，時的左邊敘述表示**事件**、右邊的敘述則表示該事件發生時應執行的**功能**。再配合上面的圖解說明，我們可以知道「將 Form1 表單的底色設成紅色」這個功能，應該放在「紅被滑鼠單按」事件程序中。

2. 事件程序的命名慣例

事件程序(Event Procedure)是一個獨立的程式容器單元，用來容納觸發某個事件時應執行的程式內容，當事件發生時，相對事件程序中的所有程式會全部被執行。

VB 程式中的每個事件程序都有一個名稱，預設事件程序會依下列規則命名：

```
<元件名稱>_<動作名稱>
```

☯ 底線(UnderLine)

其中動作名稱就是事件名稱，以紅這個元件而言，名稱為 BtnRed，而「以滑鼠左鈕單按」這個動作的名稱則為 Click(英文原意是按一下)，於是 BtnRed_Click 就是「紅被單按」事件程序的名稱，同理、「藍被單按」事件程序的名稱為 BtnBlue_Click。

3. 進入事件程序

接下來讓我們將插入點移至 BtnRed_Click 事件程序中，以編輯程式：

1. **進入 VB 2005 Express 的程式碼編輯視窗：**請執行 VB 2005 Express 的『檢視/程式碼』或快速鍵 F7 [7]

2 選擇元件名稱 **3 選擇事件名稱**

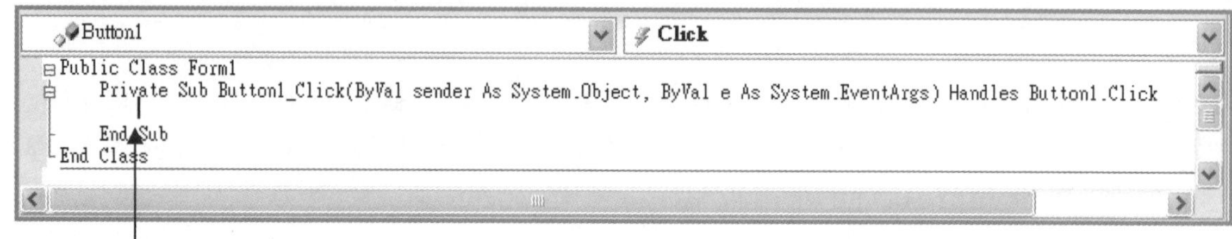

插入點進入事件程序中了

3 編輯程式

現在我們可以編輯(輸入)程式了，請在 BtnRed_Click 事件程序中輸入下列程式(加網底的部份，'開頭的部份是註解(待會兒解釋)、不用輸入)：

```
Public Class Form1   ' 這是 Form1 程式區的開頭
  ' 下一行是 BtnRed_Click 的起點
  Private Sub BtnRed_Click(ByVal sender As Object， ByVal e As System.EventArgs) Handles BtnRed.Click
     BackColor=Color.Red   ' 將表單底色設為紅色
  End Sub
  ' 上一行是 BtnRed_Click 的終點
End Class   ' 這是 Form1 程式區的結尾
```

7 若要切換到設計工具視窗，可以執行『檢視/設計工具』或是快速鍵 Shift+F7

4　VB 的屬性設定敘述

除了在設計工具視窗中設定元件的屬性之外，我們也可以在程式中透過 VB 的「元件屬性設定敘述」來設定元件的屬性，其語法為：

```
[<元件名稱>.]<屬性名稱> = <屬性值>
```

其中[元件名稱.]用中括號括起來，表示可有可無，若元件為表單本身時必須省略：

```
Public Class Form1   ' 這是 Form1 程式區的開頭
  Private Sub BtnRed_Click(ByVal sender As Object， ByVal e As System.EventArgs) Handles BtnRed.Click
    BackColor=Color.Red   ' 這是 Form1 的程式區，因此 Form1.BackColor 要省略 Form1.
  End Sub
End Class  ' 這是 Form1 程式區的結尾
```

而「.」和國語敘述中「的」同意，「=」表示「設定為」的意思，「BackColor=Color.Red」則表示「將 Form1 的底色屬性設為紅色」，其中 BackColor 是 Form1 的底色屬性名稱，Color.Red 是 VB 表示紅色的語法，我們可以用 Color.<其他色彩>來表示其他色彩。

另外語法中的<元件名稱>、<屬性名稱>、<屬性值>，每一個部份的前後都加上<>，意思是說用<>括起來的部份，在實際撰寫程式時，要填入的不是<>中的原始內容，而是實際的需求。以<屬性值>而言，撰寫程式時要填入的不是<屬性值>，而是實際上要設定的屬性值，而且要將<>去除，以本例而言，Color.Red 就是實際要設定的屬性值。

值得注意的是 VB 的程式敘述是不分大小寫的，所以下列三個敘述同義：

```
BackColor=Color.Red     ' 第一個字元大寫，其餘小寫
backcolor=color.red     ' 全部小寫
BACKCOLOR=COLOR.RED     ' 全部大寫
```

VB 2005 Express 還會自動幫我們調整敘述的大小寫，以 BackColor=Color.Red 而言，不管我們輸入時的大小寫狀態為何，VB 2005 Express 都會幫我們調整為下列型式：

```
BackColor=Color.Red     ' 獨立英文單字的第一個字元大寫，其餘小寫
```

5 VB 2005 Express 的智慧型程式編輯功能

VB 2005 Express 是一套智慧型的程式開發工具，當我們編輯程式時，VB 2005 Express 會依程式內容自動給予協助，節省我們編輯程式的時間，比如說我們輸入 BackColor=、接著準備輸入底色值時，VB 2005 Express 便自動提供選擇底色值的 ListBox，讓我們可以用選取的方式輸入底色值：

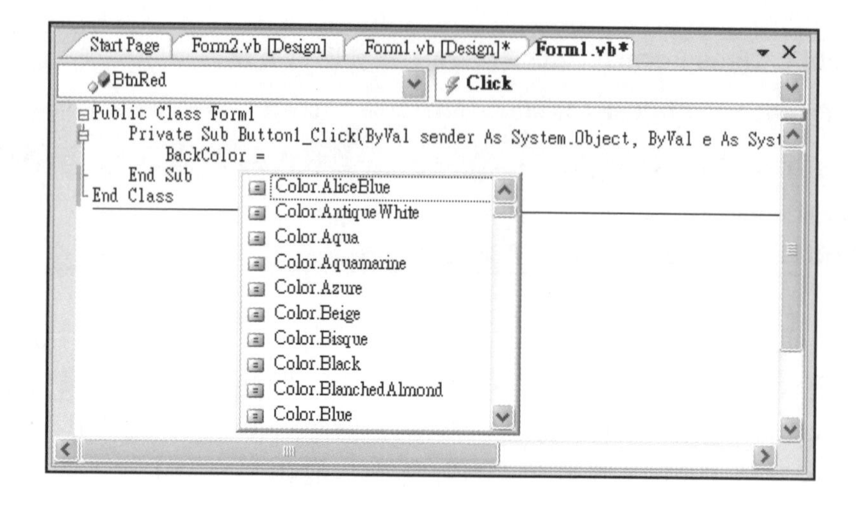

此時我們可以用滑鼠點選某個色彩值，也可以用上(↑)下(↓)鍵選取，還可以直接輸入色彩值，VB 2005 Express 會依據輸入值，自動選取最接近的值：

☯ **輸入 r 時，**
VB 2005 Express
自動選取 Red 選項

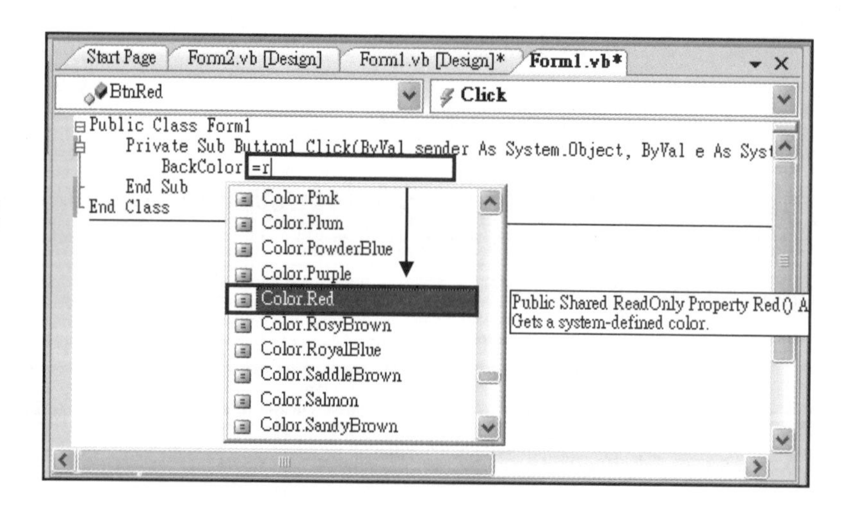

3-7　儲存專案與模組檔

1　儲存專案

該儲存專案了，否則心血將會泡湯，我們可以只儲存開啓(編修)中的模組(Form1.Vb)，或是將專案中的所有檔案一併儲存。請按一下「標準工具列」中的「全部儲存」工具鈕，以儲存所有的檔案：

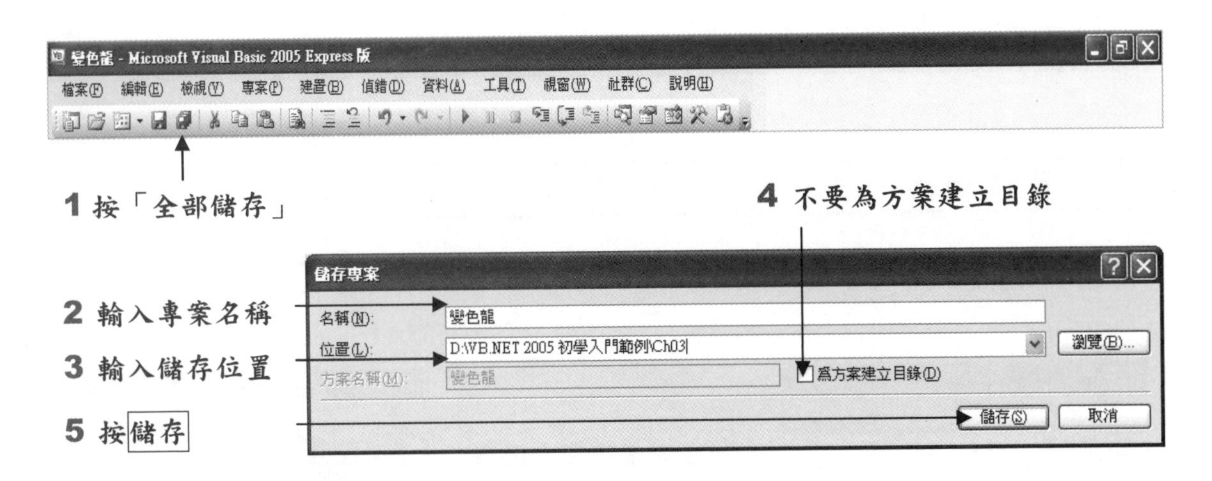

其中專案的位置最好先規劃一下，胡老師的習慣是將一本書的所有範例放在同一個資料夾，然後將不同章節的範例放在不同的資料夾：

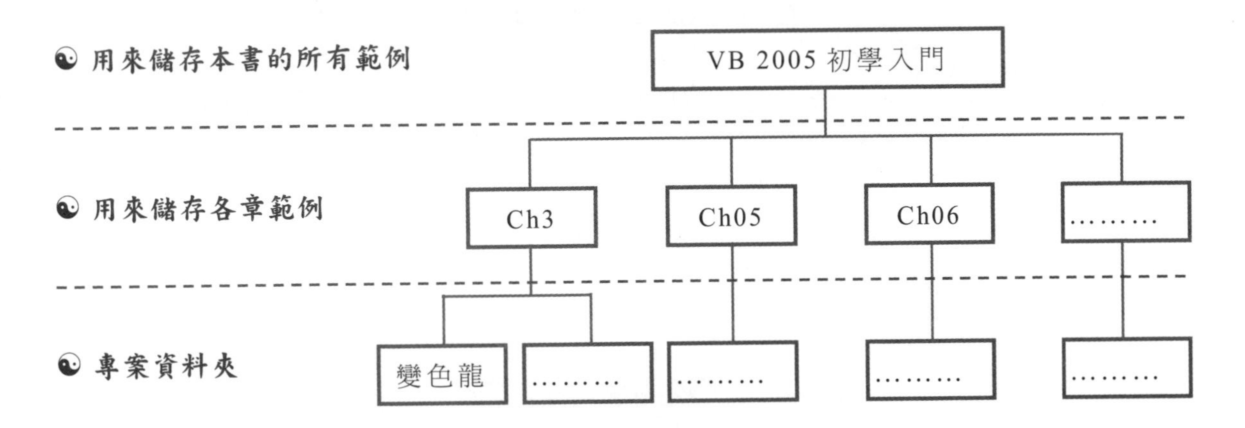

存檔之後，您可以在檔案總管中觀察專案資料夾(變色龍)的內容，將包含專案檔「變色龍.vbproj」以及 Form1 表單模組「Form1.Vb」，至於其他檔案，可以暫時先不要管(管的越多就越複雜，負擔就越重，學習效果就越差，聽胡老師的話，乖！)：

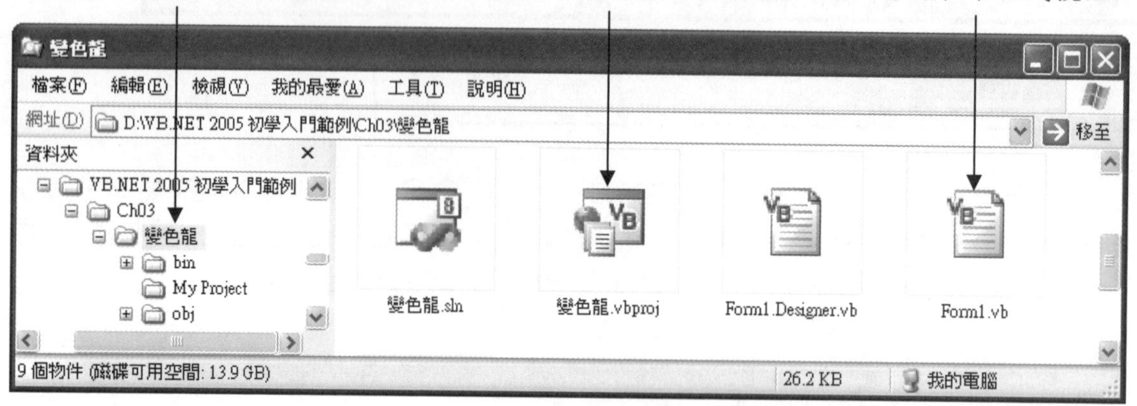

這是專案資料夾：儲存專案的相關檔案
這是專案檔
這是表單程式模組

2　修改檔名

存檔之後，若有必要，我們還是可以修改專案以及程式模組的檔名：

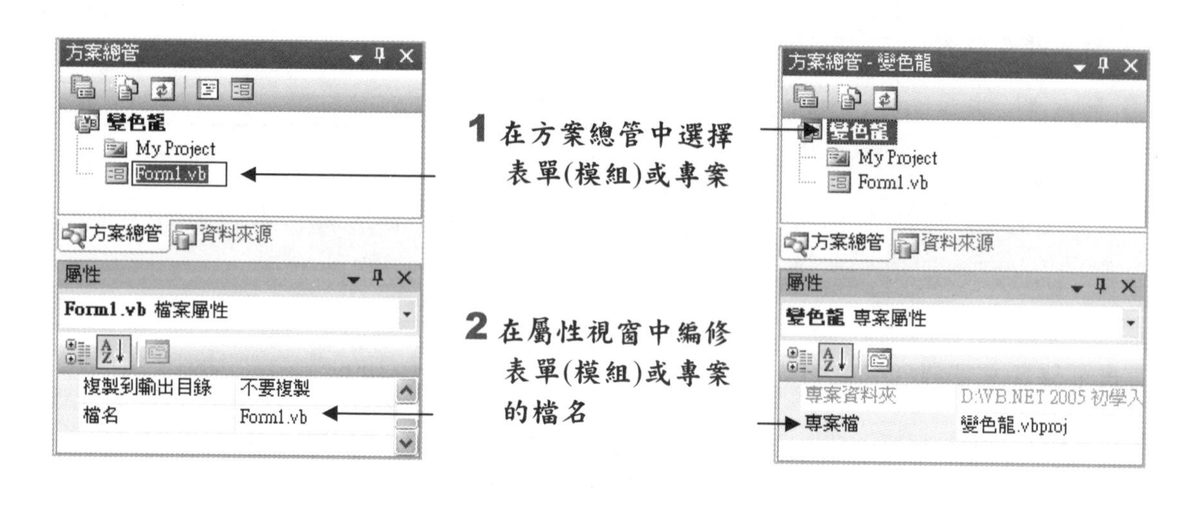

1 在方案總管中選擇表單(模組)或專案
2 在屬性視窗中編修表單(模組)或專案的檔名

另外您也可以在方案總管中按專案(或模組)名稱兩次(不是雙按喔)，即可直接編修檔名。

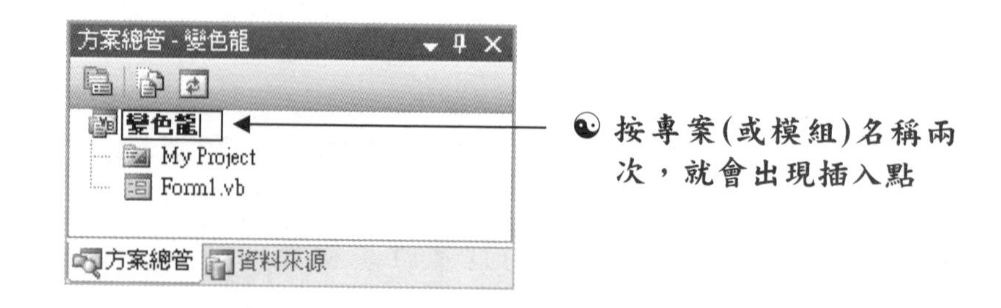

按專案(或模組)名稱兩次，就會出現插入點

3-8　執行與測試程式

我們已經完成程式的第 1 個功能，只要再建立另外兩個功能，就可以完成變色龍專案了，但完成一個功能時，一定要先測試程式，看看功能的運作是否符合我們的規劃，如果不是，必須加以修正。

當然您也可以先完成所有的功能再一起測試，如果程式運作正常就好，萬一有問題時，修正程式的過程會比測試單一功能要複雜，因爲您必須在多個功能程式區段中找出錯誤的位置和原因。

1　測試程式的方式

本章胡老師一再強調「設計程式功能時必須先將程式功能表達爲事件驅動式」，以「變色龍」而言，我們完成的功能爲：

「按一下紅」時「將 Form1 的底色設爲紅色」

將程式功能表達爲事件驅動式的好處有：

1. 方便程式設計師撰寫程式：

程式設計師依據功能說明，可以清楚了解應該將程式置於那兒？以及應該加入那些程式內容。

2. 方便程式設計師測試程式：

由於程式功能的觸發方式(使用者應該執行的動作)以及執行結果(程式應該有的回應)皆已確定，測試程式時，可以依據程式功能說明來測試程式，以本例而言，程式設計師(或程式測試師)測試程式時，要做的動作是「按一下紅」，應該有的結果爲「Form1 表單的底色變爲紅色」。

2　執行與測試程式

讓我們測試(Test)第 1 個功能的運作是否正常：

1. **執行(Run)程式：** 請執行 VB 2005 Express 的『偵錯/開始偵錯』(或標準工具列中的「開始偵錯」工具鈕(▶)、還是快速鍵 F5)

2. **測試(Test)程式：**

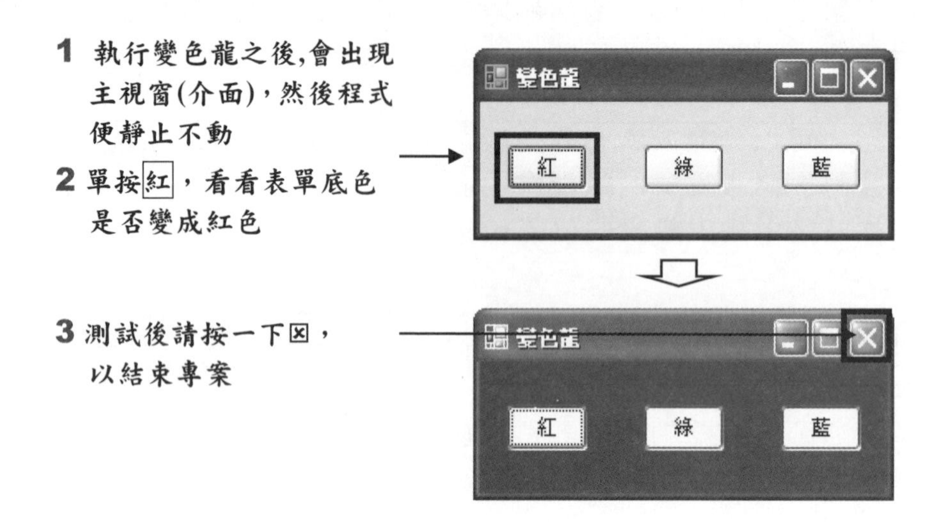

1 執行變色龍之後,會出現主視窗(介面),然後程式便靜止不動
2 單按紅,看看表單底色是否變成紅色
3 測試後請按一下☒,以結束專案
變色龍
紅
綠
藍
變色龍
紅
綠
藍

3 將專案編譯成可執行檔

當我們執行 VB 2005 Express 的『偵錯/開始偵錯』時，VB 2005 Express 會先將專案編譯為可執行檔，並將執行檔置於專案資料夾中的子資料夾「Bin\Debug」中，我們可以在檔案總管找到執行檔，並直接雙按執行：

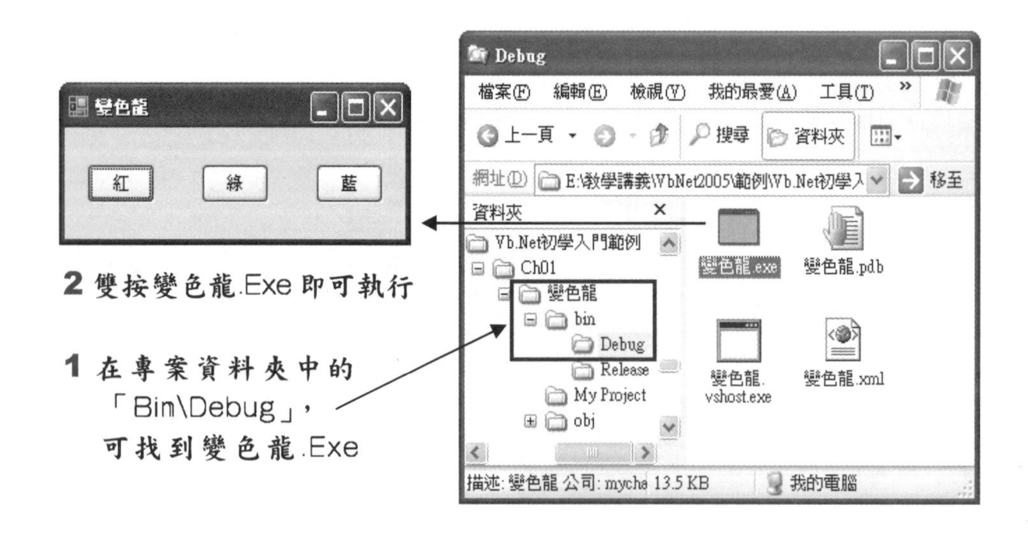

3-9　錯誤的處理

爲程式加入功能之後，不見得可以執行，就算可以，也不見得會依照原先的規劃運作，因爲程式內容可能有誤，本節胡老師爲您整理了最常見的兩種**錯誤**(Error)，並說明如何處理這些錯誤，以便讓程式可以正確的運作。

1　語法錯誤(Syntax Error)

語法錯誤(Syntax Error)指的是程式內容不符合 VB 的語法規則，錯誤的發生原因大多是因爲程式設計師不小心、或不熟悉語法而輸入了錯誤的程式敘述，讓我們來看一個語法錯誤的例子。

1. 製造一個語法錯誤

首先我們要製造一個語法錯誤，請將 BtnRed_Click 事件程序的內容修改如下，此時因爲紅色的表示法不正確，因而發生語法錯誤：

```
Public Class Form1
  Private Sub BtnRed_Click(ByVal sender As System.Object， ByVal e As System.EventArgs) Handles BtnRed.Click
      BackColor = Color.Rec     'Red 打成 Rec 了
  End Sub
End Class
```

2. 語法錯誤會怎樣？

編輯程式時若輸入了一列語法有誤的程式，在插入點離開該列之後，VB 2005 Express 會將有錯誤的部份以藍色波浪底線標示：

```
Public Class Form1
  Private Sub BtnRed_Click(ByVal sender As System.Object， ByVal e As System.EventArgs) Handles BtnRed.Click
     BackColor = Color.Rec  ' 插入點離開本列之後，Color.Rec 會以藍色波浪底線標示
  End Sub |  ' 將插入點往下移
End Class
```

3. 執行語法有誤的程式

當您發現程式語法有誤時，應該先修正程式內容，如果您未發現錯誤(眼睛脫窗)，或是不想理它(裝酷)，則執行程式時，VB 2005 Express 將不會編譯、執行程式，而是顯示下列訊息盒，告知我們程式內容有誤，並詢問我們是否執行先前已經編譯成功的執行檔：

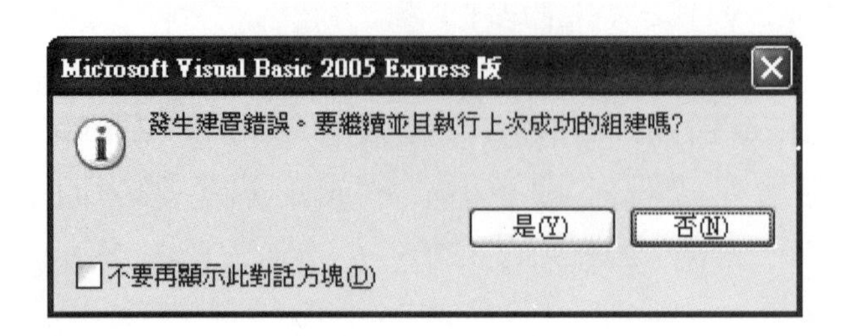

按是(Y)時、會執行先前成功編譯過的執行檔(如果有的話)，按否(N)則不執行程式，此時會出現**錯誤清單**(Error List)視窗，以一個錯誤一列的方式、顯示每個錯誤的相關資訊，包括錯誤原因、行號、列號...等，我們可以雙按某列錯誤訊息，VB 2005 Express 將為我們標示錯誤的來源程式：

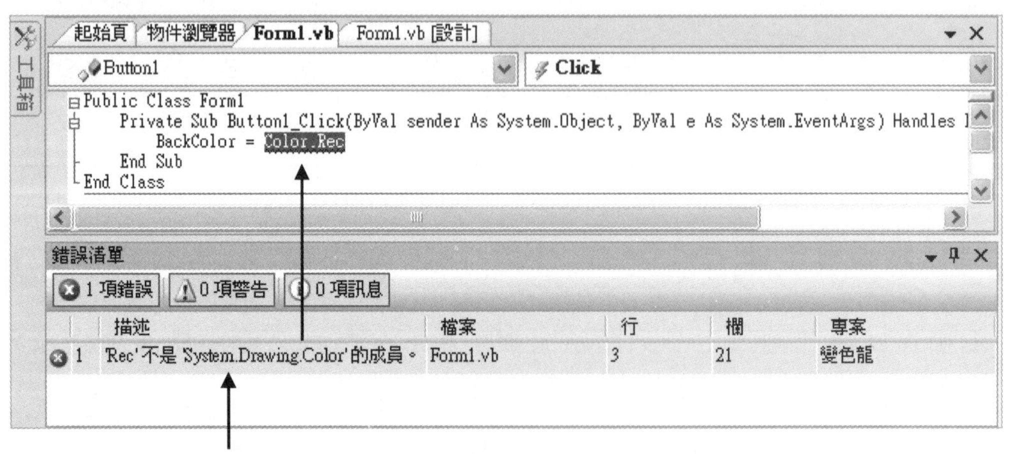

☯ 雙按某列錯誤，VB 2005 Express 會幫我們標示錯誤的來源程式

> **注意事項**
>
> 如果看不到錯誤清單，只要執行 VB 2005 Express 的『檢視/錯誤清單』即可！

4. 處理語法錯誤

您必須先了解錯誤的發生原因，才有辦法處理錯誤，您可以將滑鼠指標指在語法有誤的程式上面，VB 2005 Express 會顯示其錯誤原因：

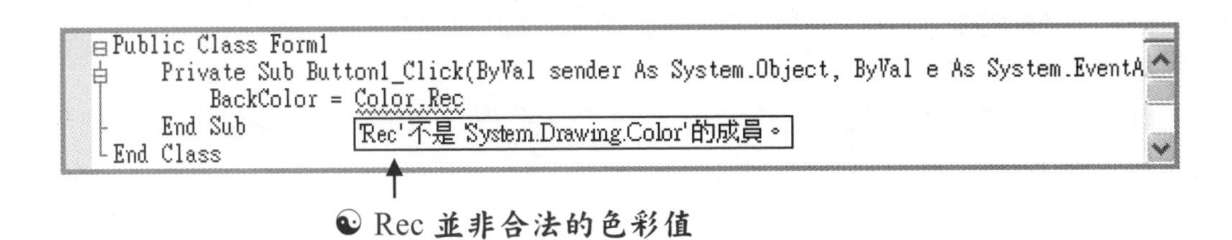

Rec 並非合法的色彩值

喔！原來是 Red 錯打成 Rec 了，我們只要將程式內容修正即可：

```
Public Class Form1
  Private Sub BtnRed_Click(ByVal sender As System.Object， ByVal e As System.EventArgs) Handles BtnRed.Click
      BackColor = Color.Red    ' 將 Rec 改為 Red
  End Sub
End Class
```

2 邏輯(語意)錯誤

第二種錯誤的狀況是語法完全沒錯，但程式的執行方式卻和我們規劃的運作方式不同，這種錯誤稱爲**邏輯錯誤**(Logic Error)或**語意錯誤**，邏輯錯誤基本上是整個程式設計作業的邏輯不正確所致，比如說我們原本應該將 BackColor=Color.Red 放在 BtnRed_Click 事件程序中，但卻不小心放錯地方了：

```
Public Class Form1
  ' 將程式內容放錯事件程序了
  Private Sub BtnBlue_Click(ByVal sender As System.Object， ByVal e As System.EventArgs) Handles BtnRed.Click
      BackColor = Color.Red
  End Sub
End Class
```

執行程式時任您按紅多少次，還是無法將表單變紅，邏輯錯誤必須運用您的邏輯思惟能力來追蹤、處理。

首先您必須先了解**邏輯**(Logic)？邏輯指的就是「**一件事情的來龍去脈**」，邏輯思惟能力則是了解、分析、追蹤一件事情來龍去脈的能力，讓我們運用邏輯來追蹤錯誤吧！

首先讓我們分析程式設計的來龍去脈(流程、步驟、先後次序)，設計程式的基本流程為：

1. 規劃程式的功能和介面，而有問題的功能為：

「單按紅」時「將 Form1 的底色設為紅色」

2. 建立程式介面：和錯誤無關、可以略過

3. 加入程式功能：

3-1.決定程式的位置：BtnRed_Click

Bingo！追蹤到 Bug(程式臭蟲、程式錯誤)了，原來是程式位置放錯了，只要將程式內容移到正確的位置(BtnRed_Click)即可：

```
Public Class Form1
  Private Sub BtnBlue_Click(ByVal sender As System.Object， ByVal e As System.EventArgs) Handles BtnRed.Click
      BackColor = Color.Red
  End Sub
  ' 將程式內容移到正確的位置(BtnRed_Click) 即可
  Private Sub BtnRed_Click(ByVal sender As System.Object， ByVal e As System.EventArgs) Handles BtnRed.Click
      BackColor = Color.Red
  End Sub
End Class
```

這就是邏輯，將一件事情的來龍去脈搞得一清二楚之後，您一定有能力寫程式，當程式有錯時您也一定有能力解決，千萬要記住喔！**邏輯思惟能力**就是程式設計師最重要的核心能力！

3-10 程式註解

1　認識註解

註解(Comment)指的是某一種外國語言的本國語言解釋，記得在國中(小)學英文時，每遇到一個生字，我們會在生字的下方畫一條紅線(或藍線、綠線)，並在紅線下方加上生字的中文解釋：

APPLE
蘋　果

如上所示，蘋果乃 APPLE 的中文解釋，而我們為 APPLE 加上中文解釋的原因在於「未來我們再看到 APPLE 時可能會忘記它的意義，加上中文註解之後，將可以隨時查閱 APPLE 的中文意義」。

同理、如果擔心某些 VB 程式未來會忘了功用或意義，也可以為程式加上中文解說。

2　加入註解的方法

要在 VB 程式中加入註解，必須在註解之前加上'(單引號)，目的是告訴 VB 編譯器：「'之後的所有內容都是註解而非程式內容，不用編譯」。

3　實例

請在 BtnRed_Click()中加入下列註解：

```
Public Class Form1
   Private Sub BtnRed_Click(ByVal sender As System.Object， ByVal e As System.EventArgs) Handles BtnRed.Click
        BackColor=Color.Red     ' 將表單底色設為紅色(解釋本列程式的意義)
   End Sub
End Class
```

4　註解對程式執行的影響

加入註解之後請同學直接在程式碼視窗中執行專案(並非一定要在設計工具視窗中才可以執行)，然後測一下與未加入註解時有無不同？

沒有意外的話，程式的執行方式與未加入註解時應該完全相同，也就是說，註解對程式的執行是沒有任何影響的，由此可說明：

> **註解是給我們(程式設計師)自己看的，編譯器在編譯程式時若遇到'，會忽略'之後的所有敘述不編譯，於是執行檔中將不包含任何註解，因此不會對程式的執行產生任何影響。**

專案檔：變色龍.vbproj

原始程式檔：Form1.Vb

```
Public Class Form1
  Private Sub BtnRed_Click(ByVal sender As System.Object， ByVal e As System.EventArgs) Handles BtnRed.Click
      BackColor=Color.Red   '將表單底色設為紅色
  End Sub
End Class
```

⇩

編譯　VB 2005 Express

⇩

可執行檔：變色龍.Exe

Form1.Vb

```
Public Class Form1
  Private Sub BtnRed_Click(ByVal sender As System.Object， ByVal e As System.EventArgs) Handles BtnRed.Click
      BackColor=Color.Red
  End Sub
End Class
```

圖　3-5：註解與程式的關係圖(為方便解說，執行檔中的程式以原始碼表示)

3-11 改良(加強)您的程式

開發程式時，通常是建立一個功能、測試一個功能，若功能正確再建立下一個功能，這麼做的好處是可以將注意力集中在一件事情上面，才有可能專心的將程式寫好(人腦的特色就是同一時間只能處理一件事)。

到目前為止我們已經完成了變色龍專案的第 1 個功能，測試後也沒有問題，可以繼續建立其他兩個功能了，不過這兩個功能與第 1 個功能大同小異，請同學自行加入這兩個功能，也算是本章的一個總複習！

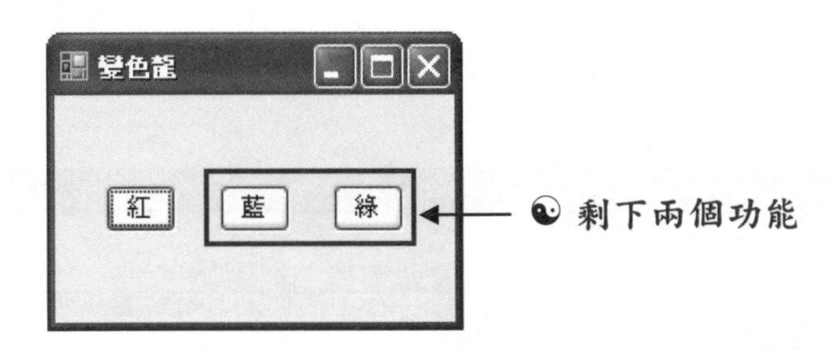

另外當應用程式被開發完成之後，如果覺得功能還不夠強，或者既有的功能不夠好用，也可以再加入其他功能、或者修改舊功能，以便讓程式可以完全符合使用者的需求。

3-12 專案的開啟與關閉

1 關閉專案

專案通常在下列兩種情況下被自動關閉：

1. 關閉 VB 2005 Express 之後

2. 開啟其他專案之後

若想強制關閉專案(這種情形比較少)，可以執行 VB 2005 Express 的『檔案/關閉專案』，專案一旦被關閉，方案總管將一片空白：

2 開啓專案

若想開啓之前已存檔的專案(可能是要編輯或檢視專案內容)，有下列三種方法：

1、開啟最近開啟過的專案

若專案是最近開啓過的十個之一，在啓動 VB 2005 Express 之後，可以在 VB 2005 Express 的起始頁中直接點選欲開啓的專案：

2. 在 VB 2005 Express 中開啟專案

若專案並非最近開啓的十個之一，可以用下列方法開啓：

1. 執行 VB 2005 Express 的『檔案/開啟專案』

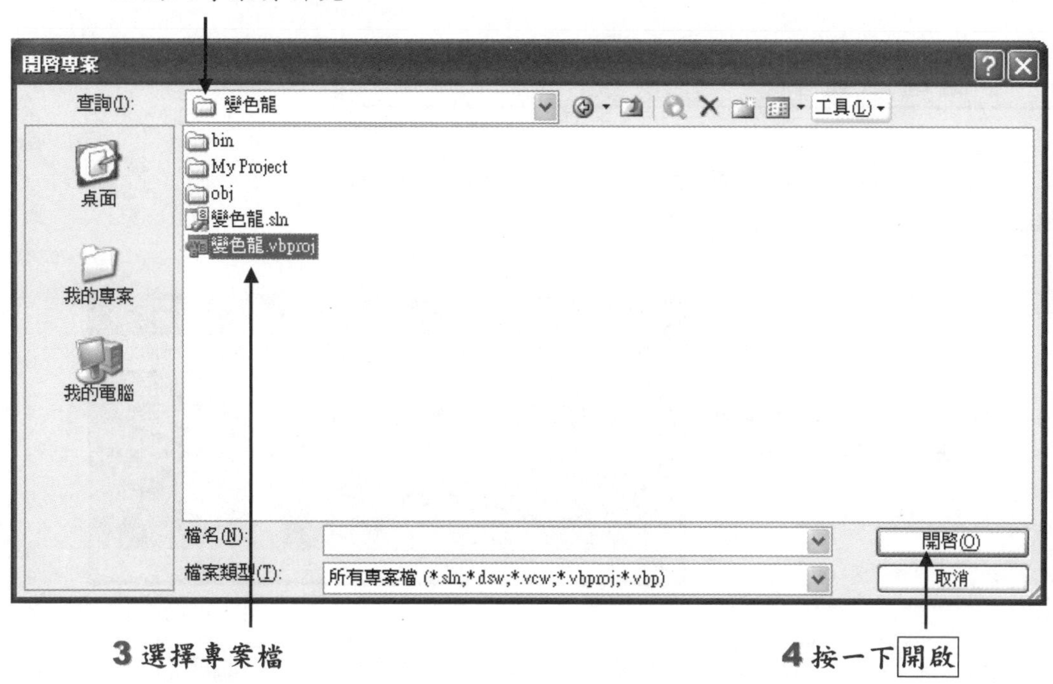

3. 從檔案總管中開啟專案

您也可以先進入檔案總管，找到專案檔，再雙按開啓之：

3-13 作業環境的還原

在胡老師的多年教學經驗中，碰到過許多特立獨行的學生，這些學生不安於開發工具(VB 2005 Express)的預設環境，喜歡東拖拖、西拉拉，以創造自己的獨特作業環境，但有些人的功力又不大夠，往往將作業環境搞得一蹋糊塗，連預設環境都無法還原，還好碰到胡老師，兩三下就讓作業環境恢復正常，以下是常見的幾種作業環境的調整方法。

1 視窗不見了

有一個學生(好像姓曾)有潔癖，特別喜歡關閉視窗，曾經將 VB 2005(2003) Express 搞成下列模樣：

☯ 所有的視窗全部消失，只剩功能表

但這樣根本無法工作，最後只好求助胡老師，胡老師告訴她：任何東西(視窗、工具列...)不見了，只要到『檢視』功能表去找就可以了！

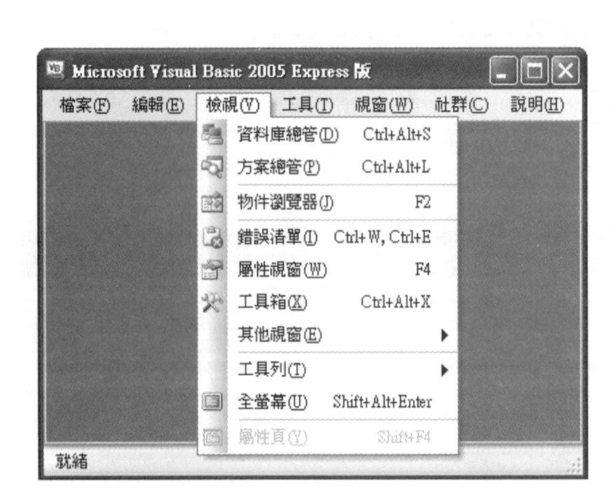

☯ 展開檢視功能表，什麼東西都找得到！

學了這一招，她非常的高興，她那合不攏嘴的滿足笑容，至今依然時常浮現胡老師的腦海，真是「助人爲快樂之本」啊！

2　視窗位置亂七八糟

還有一位同學是室內設計師，將 VB 2005 Express 當成是一棟房子，每一個子視窗則是一個房間，一有時間，他就會將房子重新設計一下，有一次 VB 2005 Express 被他設計成下列形式：

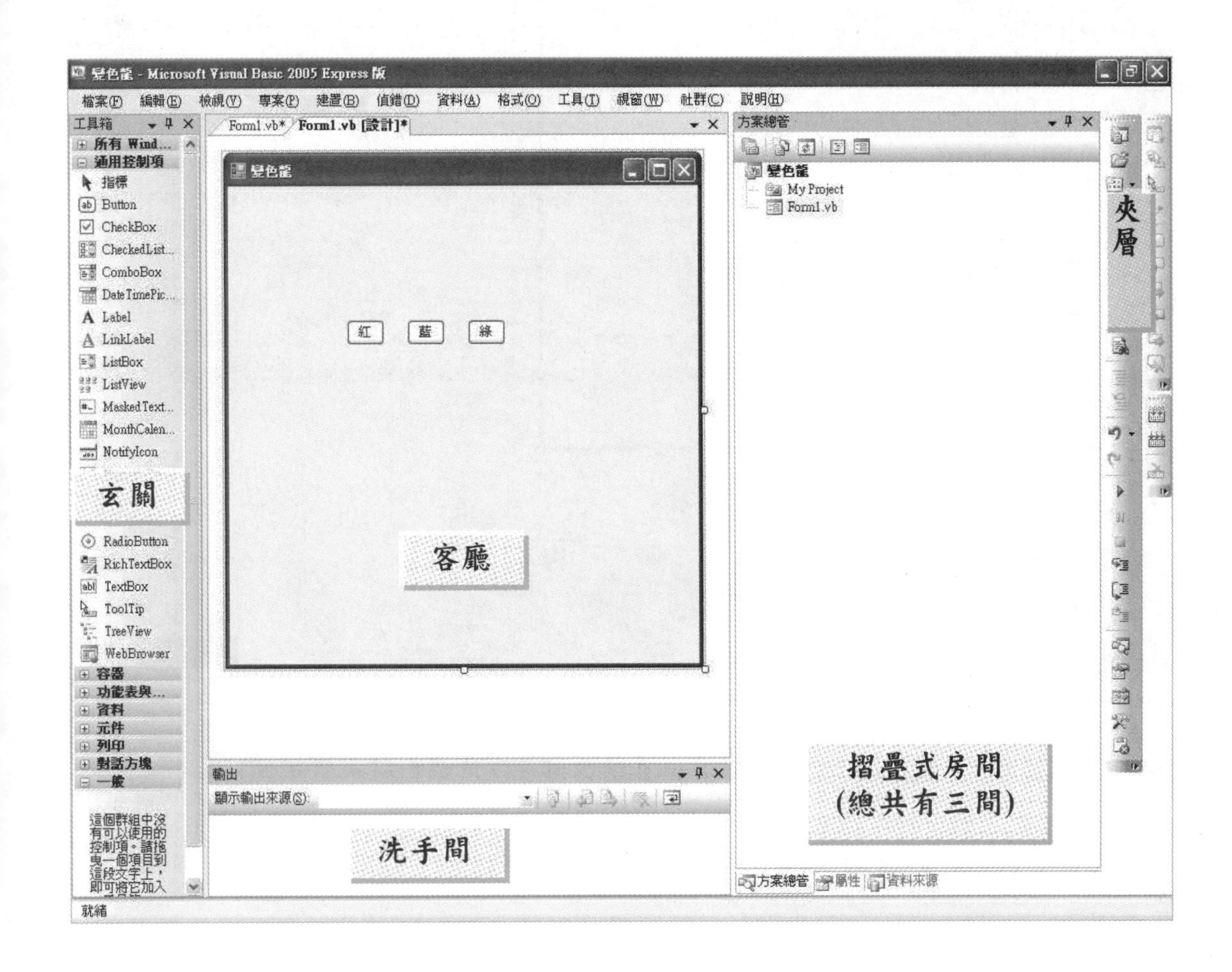

但程式設計畢竟和室內設計有所不同，有特色的版面配置並不代表就可以提高工作效率，不得以只好找胡老師，胡老師告訴他：只要拖回去就好了！

☯ 迴紋針可以摺疊/展開視窗　　　☯ 拖曳工具列時，指標必須指在點線(...)上面

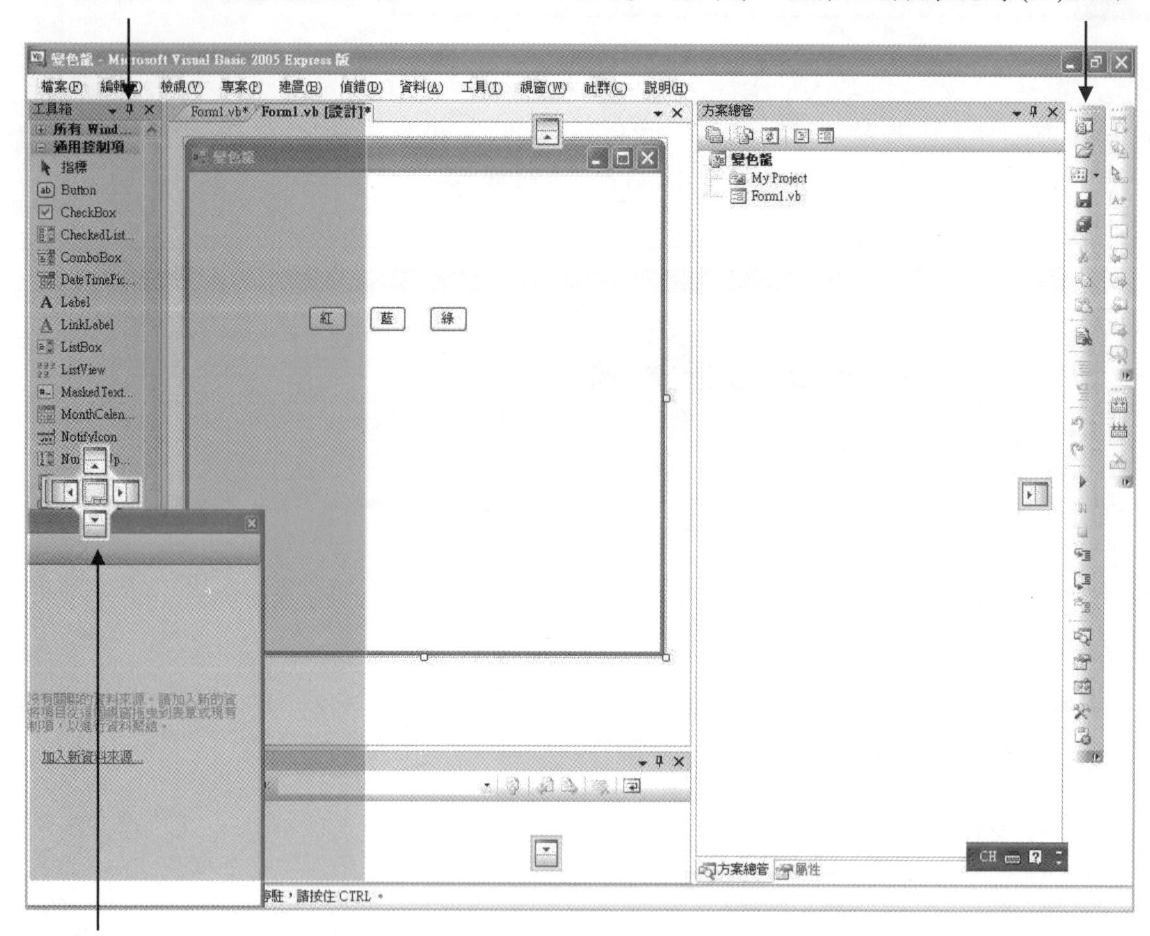

☯ 拖曳視窗時，VB 2005 Express 會有位置預覽圖，方便我們將視窗定位

3-14 淺談邏輯

最後胡老師想再談談**邏輯**(Logic)，目的是解釋程式設計師爲何必須具備良好的邏輯思惟能力？

1. 程式設計是一件很有系統的工作

開發程式的過程是有先後次序的，第 1 件事要做什麼，第 2 個工作該做什麼，都必須加以了解並事先安排好，程式設計師必須很有系統性，要能按部就班的進行每一個工作，這樣才有可能設計出優良的程式。

2. 設計程式功能時，必須細緻、完整的表達功能運作的來龍去脈

設計程式功能時，程式設計師必須先掌握住功能運作的來龍去脈，然後才能用事件驅動的方式表達出功能的完整運作細節。

3. 程式出錯時才能夠有系統的除錯

當程式發生邏輯錯誤時，代表功能的表達方式以及轉換爲程式碼的過程有某個環節錯了，此時程式設計師必須有系統的搞清楚功能運作的來龍去脈是否有誤、程式內容是否放對地方，以及程式內容是否可以正確表達該功能的意思，才有可能找到並解決錯誤。

也就是說，邏輯思惟能力好的人可以有系統的、有步驟的、細心的去處理每一件事，並且有能力在錯誤發生時(即事情進行的不順利時)有系統的、細心的在一件事情的來龍去脈中找出錯誤的所在，這就是程式設計師賴以設計程式的核心能力(其實也是其他工作者的核心能力)。

從現在開始，同學們必須培養一個習慣，就是搞清楚每一件事情的來龍去脈，亦即有系統、細心的處理每件事，對於程式設計的開發流程必須搞的一清二楚、對於書本(以及習題)所提到的專有名詞也必須一清二楚(什麼是程式？什麼是專案？什麼是模組？.....什麼是邏輯？)，對於程式功能的描述也要一清二楚...，反正任何事情都要一清二楚就對了！

3-15 本章摘要

哇！真是精彩的一章啊，胡老師首先談到應用程式的執行環境、應用程式的組成方式(**介面與功能**)、應用程式的運作方式(**事件驅動**)，以及如何開發一個應用程式，然後用一個非常簡單的範例「變色龍」，教您一步一步的、很有系統的熟悉應用程式的開發流程。

本章的主旨在於讓您了解一個應用程式的開發流程，以及 VB 2005 Express 的基本用法，用 VB 2005 Express 配合 VB 開發應用程式的流程為：

1. 規劃應用程式的功能及外觀介面

這是我們心目中、程式的長相以及運作方式，接下來的其他步驟就是要建立本階段所規劃的功能及介面。

2. 建立新專案

專案就是程式，要開發程式當然要建立專案。

3. 在專案中加入模組

模組就是程式檔，有了模組才可以編輯、儲存程式。

4. 建立程式介面

在表單中安裝適當的元件、設定適當的屬性，以符合步驟 1 所規劃的程式外觀介面。

5. 為程式的每個功能撰寫程式

在程式模組(.Vb)中加入 VB 程式敘述，以完成步驟 1 所規劃的功能。

6. 執行與測試程式

逐一的測試程式的每個功能，一定要符合步驟 1 所規劃的功能及外觀。

7. 改良程式

我們可以繼續加強程式的既有功能，或是加入新功能，直到 User 完全滿意為止。

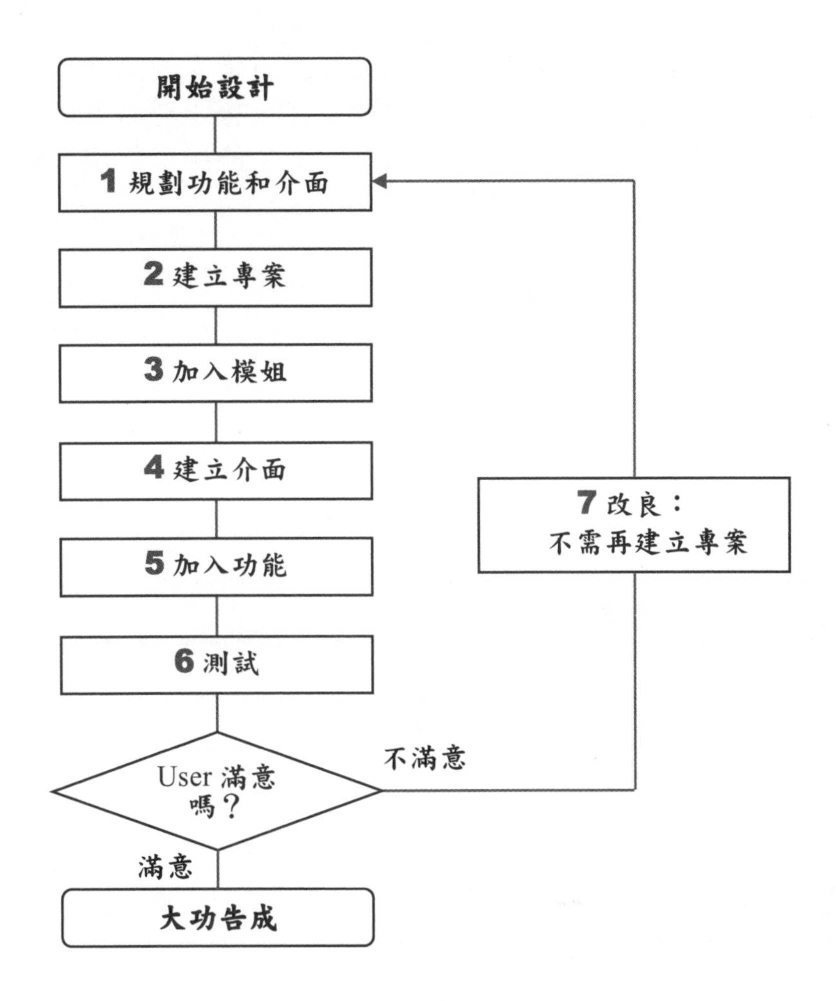

以上是用 VB 2005 Express 開發程式的標準流程，但開發過程中可能會發生錯誤，因此胡老師介紹了常見的兩種錯誤：

☯ **語法錯誤：**

輸入的程式不符合 VB 的語法稱為語法錯誤，語法錯誤時程式根本無法執行。

☯ **語意(邏輯)錯誤：**

程式語法雖然沒錯，但執行結果卻不正確，稱為語意(邏輯)錯誤。

為了讓自己也為了讓別人方便閱讀程式(一個專案可能由好幾個人共同開發，或後任程式設計師可能需要閱讀前任者的程式)，我們可以為程式加上**註解**，以解釋程式的意義。

胡老師還簡單介紹了程式的開發應該是先規劃簡單的功能，完成後再逐漸改良，這樣我們面對的問題才會單純，也才容易處理。撰寫程式時也應該是一個功能一個功能撰寫、測試，這樣才能確保每個功能都能正確執行，有錯誤時也比較能夠找出錯誤所在。

最後胡老師談到**邏輯**(Logic)，因為程式設計師最重要的核心能力就是思惟邏輯，程式設計師一定要搞清楚「一件事情的來龍去脈」，才有可能寫好程式。

是不是覺得學了很多很多，而且有點吃力呢？先寫習題複習一下吧！

3-16 習題

1　應用程式的執行環境(1)

請說明應用程式的執行環境有那些？

2　User(1)

請說明什麼是 User？

3　應用程式介面的組成元素(1)

請說明 Windows 應用程式**介面**(Interface)的組成元素為何？

4　應用程式的運作方式(1)

請說明 Windows 應用程式的運作方式？

5　專案(1)

請說明什麼是專案(Project)？為什麼要使用專案？如何建立 VB Windows 應用程式專案？

6　模組(1)

請說明什麼是模組(Module)？為什麼要使用模組？

7　原始程式檔(1)

請說明什麼是**原始程式檔**(Source File)**?**

8　元件(1)

請說明什麼是元件(Controls、控制項)？為什麼要使用元件？

9　屬性(1)

請說明什麼是屬性(Property)？為什麼要使用屬性？在設計工具視窗中如何設定元件的屬性值?

10　元件屬性值設定(1)

在程式中要設定元件的屬性值應該使用那一種 VB 敘述，其語法為何？您可以舉一個實例嗎？

11　事件驅動(1)

分析程式功能時，為何要將功能表達為事件驅動(Event Driven)的形式？

12　程式語言的語法表示法(1)

本章介紹了 VB 的第 1 種敘述**元件屬性值設定敘述**，其語法如下：

```
[<元件名稱>.]<屬性名稱> = <屬性值>
```

請說明語法中、[]和<>的意義。

13 錯誤的處理(1)

請說明開發程式時常見的**錯誤**(Error)類型有那些？該如何處理？

14 開發應用程式一(1)

請說明如何開發一個應用程式(亦即開發一個應用程式的基本流程爲何)？

15 開發應用程式二(1)

您覺得開發應用程式時，應該將所有的功能都撰寫完成之後再加以測試，或者是先開發、測試一個功能，沒有錯誤時再開發、測試下一個功能？爲什麼？

16 註解(1)

請說明：

1. 什麼是註解(Comment)？

2. 為什麼要使用註解？

3. 如何為程式加上註解？

17 邏輯(1)

請說明什麼是**邏輯(Logic)**？爲何程式設計師必須具備優秀的思惟邏輯能力？

第 4 章

再談程式設計

第 3 章胡老師透過一個簡單的應用程式變色龍，說明如何使用 VB 2005 Express 配合 VB 來開發一個應用程式，目的在於讓您了解開發應用程式的流程，讓您可以套用此流程開發其他應用程式。

本章則要進一步的說明第 3 章所提到(用到)的觀念(技巧)，並補充一些程式設計領域中的相關術語，目的是讓您更加了解程式設計的來龍去脈。

4-1 程式敘述

在 VB 程式中，一列程式稱爲一個**敘述**(Statement、也有人翻譯爲**陳述式**)，其意義就好像是用人類語言(如國語)所講(敘述)的**一句話**一樣，而程式的原始檔就是由一個以上的程式敘述組合而成，以第 3 章的範例變色龍而言，其 BtnRed_Click()含有一個程式敘述：

```
Public Class Form1
  Private Sub BtnRed_Click(ByVal sender As System.Object， ByVal e As System.EventArgs) Handles BtnRed.Click
      BackColor=Color.Red     ' 將 Form1 的底色設為紅色
  End Sub
End Class
```

這列敘述就等於用國語講出來的一句話一樣：

將 Form1 的底色設爲紅色

4-2 程式敘述的語法

程式語言就好比人類語言，使用人類語言表達一句話時，一定要符合語言的語法，同樣的、用 VB 撰寫一行敘述時，也要符合 VB 的語法規則。

胡老師時常將學習程式語言的過程比喻成學英語，以胡老師而言(34 歲才下決心學英語)，學英語的方法爲「熟記各種句型的語法、實際要用時再找出適當的句型、並將實際需求套用到句型中」。

比如說我要跟老婆說「我愛妳」(這是胡老師有求於老婆時，常說的一句話)，首先我必須思考這句話是屬於那一種類型的敘述，嗯...是「現在式」(表達事實，當然、也有可能是謊言)，接著找出「現在式」的語法：

<Subject>(主詞)　<Verb>(動詞)　[<Object>](受詞)

再將我的需求帶入語法中就可以了：

I　love　you　(Love 是及物動詞，必須加受詞)

學習程式語言也一樣，我們也必須先了解 VB 所有的敘述及其語法，當我們要撰寫一行敘述時，必須先思考該敘述屬於那一種類型，再將需求帶進敘述的語法中。

在第 3 章的範例變色龍中，我們想要在 BtnRed 被 Click 時執行「將 Form1 的底色設爲紅色」，首先我們應思考「將 Form1 的底色設爲紅色」這句話屬於那一種類型，噫...是「屬性值設定敘述」，語法爲：

```
[<元件名稱>].<屬性名稱>=<屬性值>
```

最後將需求帶進語法中即可：

```
BackColor = Color.Red    ' 元件名稱是表單本身時，必須省略表單名稱
```

值得一提的是，VB 的敘述是不分大小寫的，下列兩個敘述在 VB 中都是合法的：

```
BackColor = Color.Red

backcolor = color.red
```

編輯(輸入)程式時，不管我們輸入的敘述是大寫或是小寫，VB 2005 Express 都會將每個字(Word)的第 1 個字元(Character)轉換爲大寫、其餘的部份則轉爲小寫：

```
' 輸入小寫
backcolor = color.red
```

```
' VB 2005 Express 自動將每個 Word 的第 1 個字元轉換為大寫、其餘小寫
BackColor = Color.Red
```

4-3 程式碼

有時候我們習慣將程式敘述稱爲**程式碼**(Code)，**碼**(Code)指的是一群符號的集合，程式碼則是一群程式符號的集合。另外我們也習慣將**寫程式**這個動作(工作)以 **Coding** 來表示，Code(碼、程式碼)是名詞，變成動名詞 Coding 之後就表示**建立**(製造、編輯、輸入)程式碼的意思了。

在本書以及胡老師的系列書籍中，常常會有程式碼、程式敘述、編輯(撰寫)程式、Coding...等專業術語出現，您一定要知道其意義。

4-4 如何學習 VB(或其他程式語言)

開發程式最主要的工作有下列兩項：

- 建立程式介面
- 建立程式功能

藉由這兩點，我們可以整理初學者學習 VB(或其他程式語言)的重點，對於 VB 程式而言，程式介面是由各種元件組成，因此要使用 VB 開發程式，第一個要熟悉 VB 各種元件的功能、屬性以及事件程序等相關知識。第二個則是 VB 各種敘述的功能及語法，以便透過這些敘述來撰寫程式功能，底下是兩個重點的說明。

1 如何了解 VB 的元件

一般的 VB 書籍都會介紹常用元件的用法(包括胡老師的書)，如果覺得不夠，可以查詢 VB 2005 Express 的線上說明：

- **選擇工具箱中的元件類別，或是表單中的元件，再鍵入 F1，就會出現該元件(類別)的相關說明。**

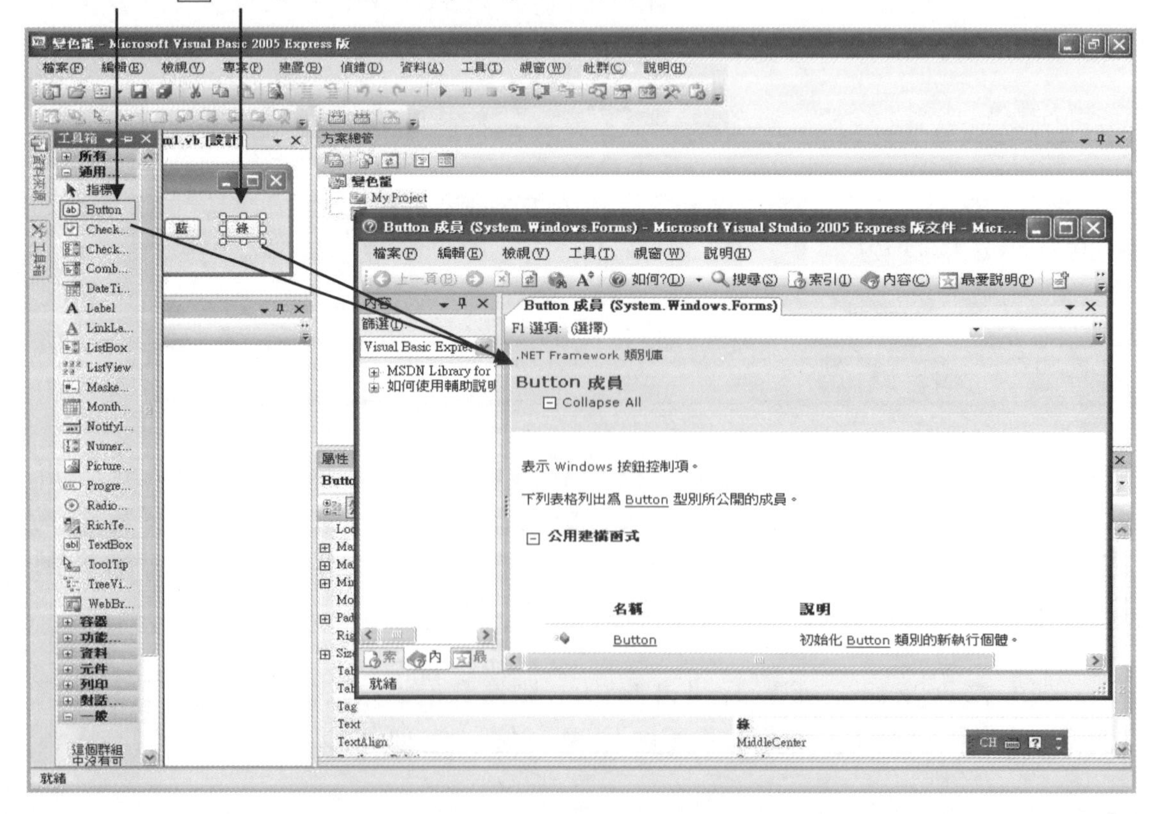

2　如何學習 VB 的語法

第 3 章胡老師介紹了 VB 的第 1 種敘述「屬性值設定敘述」，在未來的章節以及系列課程中，還會陸續介紹其他類型的敘述，同學務必熟記每一種敘述的語法(背起來最好，背不起來至少也要知道在那兒可以找到語法)，否則根本無法寫程式。

我們也可以透過 VB 2005 Express 的線上說明(即 VB 2005 Express Edition MSDN)來查詢相關語法，查詢的方法有兩種：

1. 方法一

請執行 VB 2005 Express 的『說明/內容』，進入說明文件視窗，然後展開「MSDN Library for Visual Studio 2005 Express 版\Visual Basic Express 文件\Visual Basic 程式設計手冊」，即可看到 VB 的語法相關主題說明：

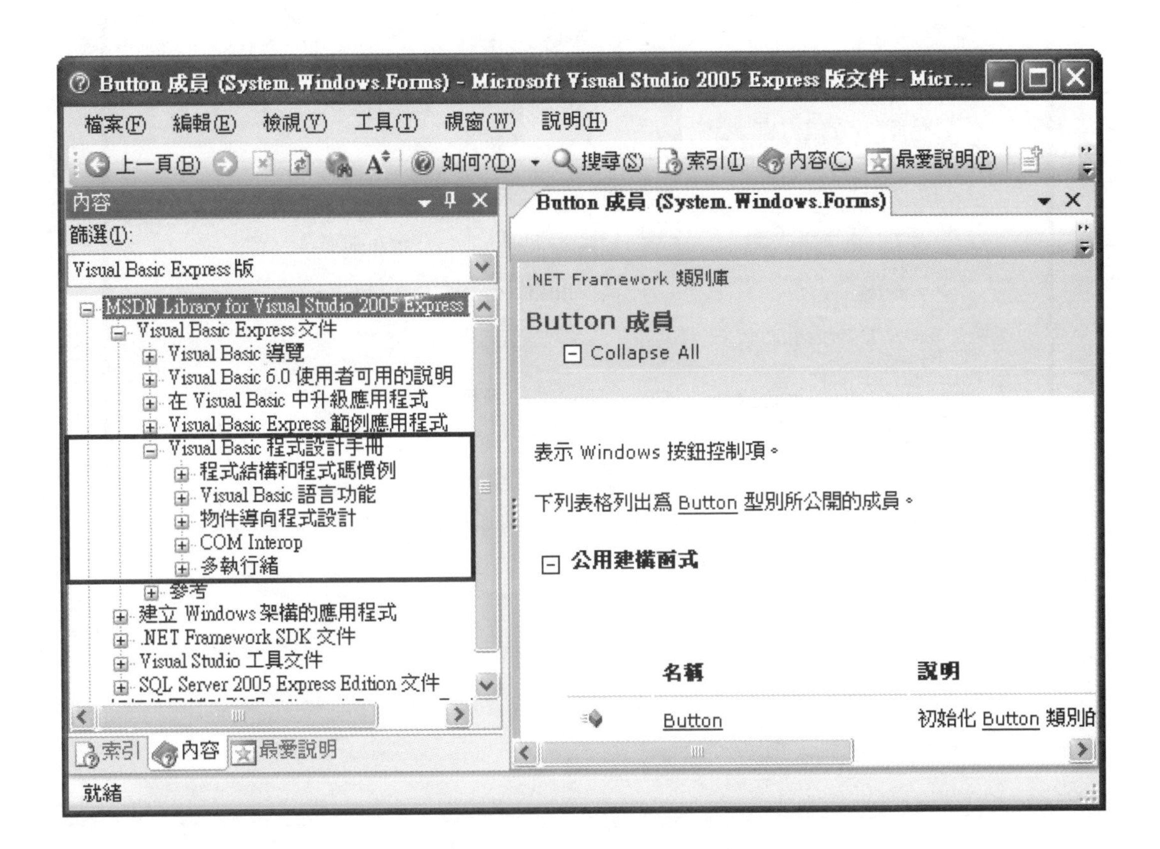

2. 方法二

我們也可以在程式碼視窗中，選取欲查詢的程式敘述，再鍵入 F1，即可出現相關說明：

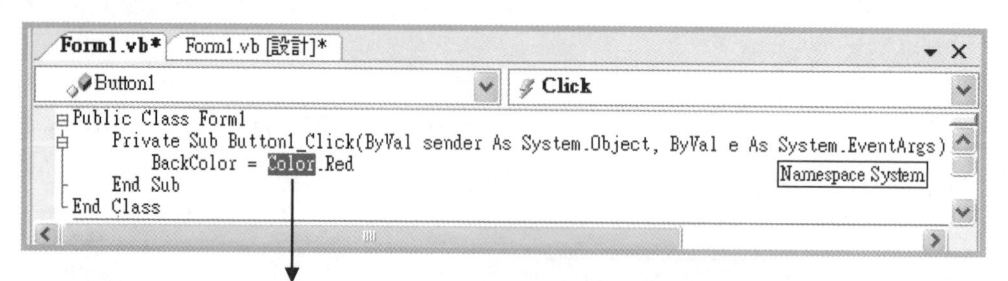

☯ **選擇**「Color」、**再鍵入** F1，**就會出現** Color 的**相關說明**

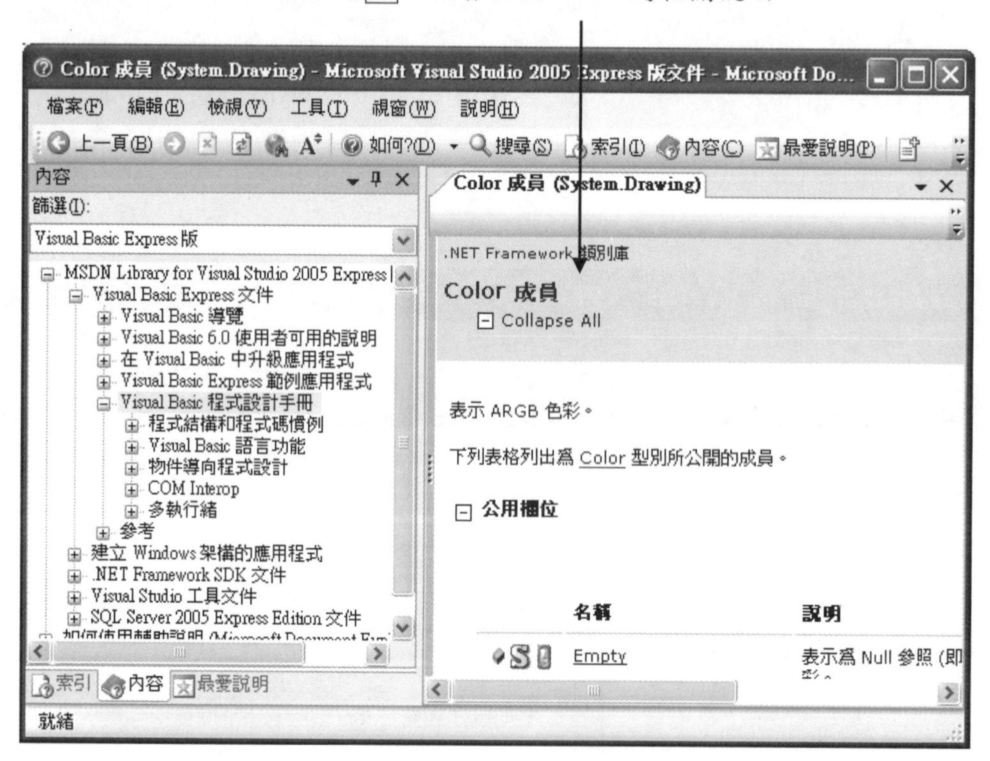

4-5　本章摘要

本章等於是 1~3 章的概念總整理，目的是將程式設計的來龍去脈和相關術語解釋清楚。

程式敘述(Statement)指的是用程式語言所表達(講)的一句話，每一句程式敘述都用來命令電腦幫我們做一件事。程式就是由一個一個(一行一行)的程式敘述組合而成，撰寫程式敘述時，一定要符合程式敘述的語法，否則會出現**語法錯誤**(Syntax Error)。

VB 的程式敘述是不分大小寫的，編輯程式時不管你輸入的是大寫或是小寫，都不會影響程式敘述的正確性，而 VB 2005 Express 會自動將敘述內容調整為：每一個字(Word)的第 1 個字元(Character)大寫，其餘小寫。

程式碼(Code)是程式敘述的另一種稱呼，程式設計師有時候會用程式碼來代表程式敘述，而寫(編輯、輸入)程式這個動作(工作)則習慣以 **Coding** 來表示。

最後胡老師為初學者整理了學習 VB 程式設計的兩大重點：

- VB 元件
- VB 語法

當然、這兩個重點只是針對初學者，完整的程式設計技術絕對不僅於此，不過對初學者而言，首要工作就是學好這兩個重點，以便打好根基。

4-6 習題

1 程式語言、程式敘述與程式(1)

請說明**程式語言**、**程式敘述**與**程式**各是什麼？他們之間的又有何關係？

2 程式碼(1)

請說明：

1. 什麼是程式碼

2. 什麼是 Coding

3 學習程式設計(1)

請說明未來您準備如何學習 VB 程式設計？

4 VS 2005 的線上說明(1)

請說明如何查詢 VB 的語法以及元件的相關說明？

第 5 章

資料處理導論

學過 BCC(電腦概論)的同學都知道，電腦是用來處理資料的，但電腦究竟如何處理資料呢？

5-1 電腦是什麼

胡老師在教授 Bcc(電腦概論)的時候，都會跟同學們探討一個問題，就是「電腦是什麼東西呢？」。

要解釋什麼是電腦？必須先從它的英文原文 Computer 談起，Computer 的原意是計算機，也就是大型**計算器**(Calculator)，既然是大型的計算器，那麼電腦的運作方式應該跟小型的計算器(Calculator)差不多才對(當然電腦的功能比較強囉)，所以我們可以從計算器來了解電腦。

一般而言，一部小型計算器的主要功用為：

1. **提供鍵盤讓我們輸入資料(比如說 3*2)**
2. **將輸入的資料(3*2)記(儲存)起來，才知道要處理什麼資料、如何處理**
3. **將輸入的資料加以處理(將 3*2 加以運算並得到結果 6)**
4. **將處理(運算)結果 6 顯示在螢幕上**

綜合上列幾點，我們可以為計算器下一個定義：計算器就是可以讓使用者輸入資料，並將輸入的資料記起來，然後對資料加以處理運算，最後將結果顯示給使用者看的一部機器。

這個定義同樣也適用於電腦，因為電腦也算是計算器(計算機)，為了提供上述資料處理功能，電腦必須提供下列四大硬體單元：

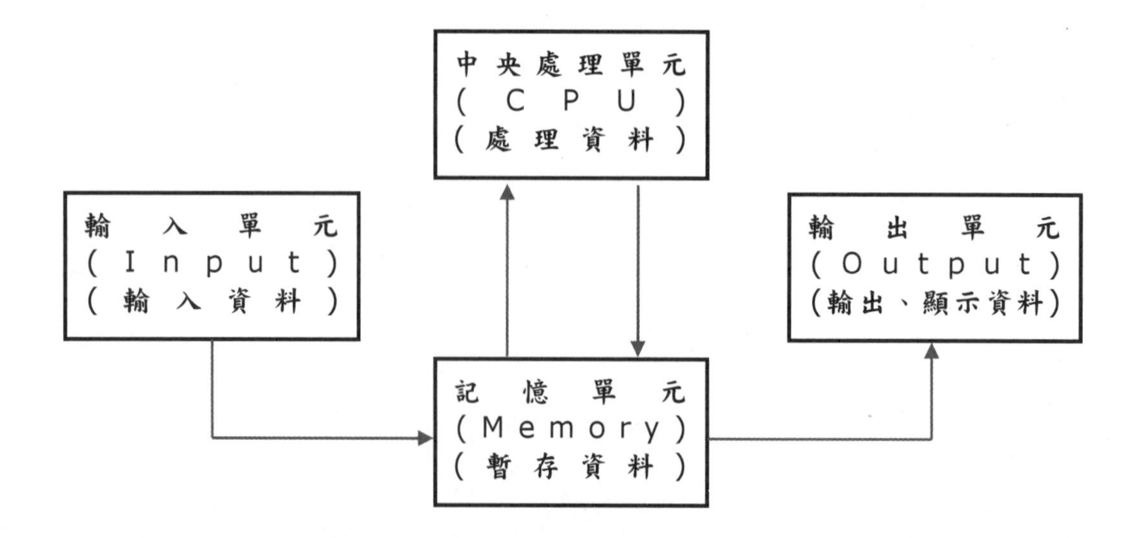

5-2 電腦系統

1 系統

系統(System)指的是可以執行特定作業的一組東西(元件)，舉個例子，當我們想播放 VCD 時，必須要有 VCD 播放器(硬體)、螢幕(硬體)以及 VCD(軟體)，三者缺一不可，合起來就是一套 VCD **播放系統**(VCD Playing System)。

2 電腦系統

電腦用來處理資料，不過只有電腦硬體並無法處理資料，還要在電腦中加裝軟體才行，也就是說**硬體**(Hardware)以及**軟體**(Software)組成一個完整的**電腦系統**(Computer System)。

5-3 電腦系統如何處理資料

現在同學已經知道電腦是用來處理資料的，也知道要處理資料必須由硬體和軟體相互配合才行，但資料到底是由硬體處理，還是軟體呢？看下去就知道！

1 以硬體處理資料

電腦系統絕對是由硬體負責處理資料，真正用來輸入資料的是硬體輸入單元(如鍵盤、滑鼠)，輸入的資料必須儲存在記憶體(RAM)，負責處理資料的則是 CPU，處理結果將由螢幕或是印表機呈現(輸出)。

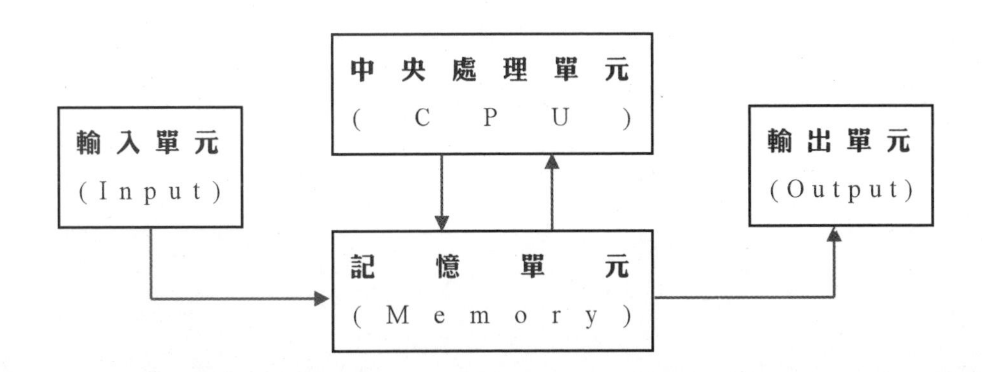

也就是說、電腦處理資料的流程為：

1. **以輸入單元輸入資料**
2. **將輸入的資料儲存在記憶單元(RAM)，以便待會兒可以取出來處理**
3. **將儲存在記憶單元中的資料送到 CPU 處理**
4. **將處理的結果送到輸出單元**

2 以軟體指定資料的處理方式

硬體是死的，沒有人類的命令，電腦硬體不可能自動去處理資料，人類必須撰寫軟體(程式)，告訴電腦如何輸入資料、儲存資料、處理資料以及輸出資料，硬體將完全依照軟體的指示、被動的處理資料。

市面上有各式各樣的應用軟體，它們提供了不同的資料處理方式來處理各式各樣的資料，其處理資料的機制，還是離不開處理資料的基本流程，只是處理資料的種類及方式有所不同而已。

比如說 Photoshop，它是一套影像處理軟體，用來讀取(輸入)影像、為影像加上特殊效果(處理)、將影像由印表機列印出來(輸出)，Word 則是文書處理軟體，用來讀取文書檔案(輸入)、編輯文書檔案(處理)以及顯示文書檔案的內容(輸出)。

這些應用軟體執行的工作基本上還是圍繞在輸入、處理以及輸出三件事上面，而資料一經輸入便由軟體儲存在 RAM 中，使用者比較難以意識到資料的儲存。

3　程式設計師在資料處理機制中扮演的角色

講了那麼多，資料處理機制與您(程式設計師)何干呢？

1. 電腦是用來處理資料的

2. 必須開發軟體(程式)，才能夠控制電腦硬體處理資料

而軟體是程式設計師開發的，身為程式設計師的我們，撰寫程式時所要做的事無非就是命令電腦處理資料，我們設計的應用程式基本上要具備下列四大功能：

- ☯ 資料的輸入部份：提供使用者輸入資料的功能
- ☯ 資料的儲存部份：將使用者輸入的資料儲存在記憶體中
- ☯ 資料的處理部份：對輸入的資料加以處理
- ☯ 資料的輸出部份：將處理好的資料送到輸出單元(螢幕、印表機…)

有了這四個功能，才能夠完整的命令電腦處理資料，我們開發的程式才算有用。

5-4 程式語言的四大敘述

第 4 章胡老師曾經為初學者整理了學習 VB 程式設計的兩大重點：

- ☯ VB 元件的功能、屬性以及事件程序等相關知識
- ☯ VB 中各種敘述的功能及語法

本節胡老師還要為 VB 敘述做一個概略的分類，以便讓同學能夠掌握住程式語法的基本架構，我們可以用應用程式處理資料的流程來區分程式敘述的基本類別，也就是說應用程式必須做什麼事，程式語言便得提供相對的敘述讓程式設計師使用，以便設計相對的功能，程式語言敘述可以概分為四大類：

- ☯ 資料輸入敘述：用來控制電腦輸入資料
- ☯ 資料儲存敘述：指定資料如何儲存在 RAM 中
- ☯ 資料處理敘述：命令 CPU 如何處理資料
- ☯ 資料輸出敘述：命令電腦如何呈現運算結果

基本上我們只要熟悉這四大敘述，便有能力設計一個完整的應用程式，本書的後續章節將陸續介紹這四大敘述，但此四大敘述牽連甚廣，除了本書所介紹者之外，其他還有很多敘述也用來執行資料處理的四大作業，在「跟胡老師學程式」系列中將會陸續介紹。

最後要強調的是，每一種類型的敘述都有其固定的語法，我們只要掌握語法規則，就可以靈活的應用於類似的場合中，比如說「元件屬性設定敘述」：

```
[<元件名稱>.]<屬性> = <屬性值>
```

只要是改變元件屬性值的場合，都可以使用這種敘述，下列兩個敘述分別設定了兩個不同元件的不同屬性值：

```
BackColor = Color.Red        ' 設定 From1 的底色屬性
Button3.Width = 10           ' 設定 Button3 的寬度屬性
```

5-5 本章摘要

電腦(Computer)就是一部用來處理資料的機器，整個電腦系統(Computer System)包含硬體(Hardware)以及軟體(Software)兩個部份，真正用來處理資料的是硬體，軟體則用來命令(控制)硬體如何處理資料。

電腦處理資料的流程為 1.輸入資料、2.儲存資料、3.處理資料、4.輸出資料，而軟體用來控制資料的實際處理方式，任何一套軟體一定包括 1.輸入、2.儲存、3.處理、4.輸出 等四種功能。

程式語言(Program Language)用來讓程式設計師(Programmer)開發應用軟體，所有的程式語言都至少會提供 1.輸入、2.儲存、3.處理、4 輸出 等四種敘述，以便讓程式設計師可以開發具有完整資料處理功能的應用軟體，程式設計師在學習程式語言時，一定要學會這四大敘述。

本書(本系列)介紹的 VB 敘述，基本上不會脫離這四大敘述，比如說第 3 章介紹的「元件屬性設定敘述」，基本上就是一種「資料儲存敘述」，用來將屬性值(資料)儲存至屬性(一塊記憶體)中：

```
BackColor = Color.Red    ' 將資料 Color.Red(紅色)儲存至表單的 BackColor 屬性
```

5-6 習題

1　電腦(1)

請說明**電腦**(Computer)是什麼？

2　系統(1)

請說明**系統**(System)是什麼？

3　電腦系統(1)

請說明**電腦系統**(Computer System)是什麼？

4　電腦處理資料的流程(1)

請說明電腦處理資料的流程？

5　電腦系統處理資料的方式(1)

請說明電腦系統處理資料時的工作分配？

6　程式設計師在資料處理機制中扮演的角色(1)

程式設計師爲何要了解電腦處理資料的機制(流程)？

7　程式語言的四大敘述(1)

請說明程式語言的四大敘述爲何？

第 6 章

資料的處理

第 5 章胡老師為程式敘述做了概略的分類，本章將介紹資料處理敘述(運算式)，你將學習如何命令 CPU 處理資料。

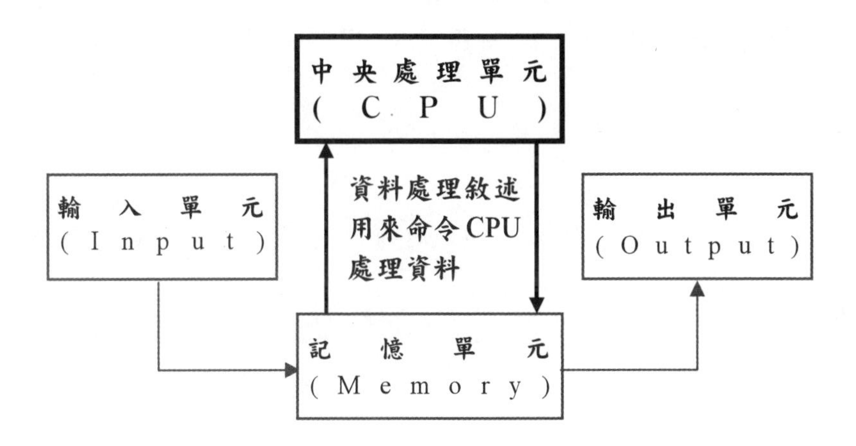

6-1 資料型別的基本概念

第 5 章講過，電腦的主要工作是處理資料，然而電腦可處理的資料有很多種，命令電腦處理資料時必須讓電腦知道資料的類型，才能做適當的處理。

爲讓電腦正確的處理不同形式的資料，程式語言必須將資料分類，每一種資料也都要有獨特的表達和處理方式，舉個例子，下列兩個敘述使用不同的資料表示法來命令電腦處理資料，導致電腦處理資料的方式和結果都不相同：

```
1 + 1 = 2               ' 因為1、1是數字，1+1將執行數學加法運算
"1" + "1" = "12"        ' 因為"1"、"1"是文字，"1"+"1"將執行文字串接運算
```

程式語言中用來將資料分類的機制(術語)稱爲**資料型別**(Data Type)，VB 將資料概分爲**基本資料型別(原始資料型別、**Primitive Data Type)與**延伸資料型別(複合資料型別、**Composite Data Type)兩大類。基本資料型別是一定會用到的資料型別，也是延伸資料型別的基礎，包括下列幾種：

- 字串
- 字元
- 數值
- 日期/時間
- 邏輯

本章將介紹這五種基本型別資料，以及處理這些資料的方法，至於延伸資料型別，將在「跟胡老師學程式」系列中陸續介紹。

6-2　字串資料

1　字串資料的表示法

在 VB 中，一般的文字稱爲**字串資料**，比如說胡啓明、帥哥...等，用 VB 表示字串的語法爲：

```
"<資料>"
```

只要在資料前後各加一個雙引號就會形成字串，其中"是字串的啓始與終止符號，但若字串本身包含"的話：

```
""VB"，"C#""    ' 字串的內容為"VB"，"C#"
```

將會引起混淆，因爲第 2 個"會被當成字串結束符號，導致字串內容被誤認爲「""」，而「VB"，"C#""」則被判斷爲非法敘述，因此當字串中包含"時，必須在"之前再加一個"，也就是說字串中的"要用""來表示：

```
"""VB""",  """C#"""    ' 字串中的"要用""來表示
```

表達某一種資料的語法也算是 VB 中的一種敘述，這種敘述叫做**資料表示法(資料表示敘述)**，也是本書介紹的第 2 種敘述，同學要知道什麼型別的資料該用什麼方式表示。

2　實例

讓我們用一個實例來練習表達字串資料，我們也將再次複習第 3 章介紹的方法，一步一步的建立應用程式。

1. 規劃程式的功能及介面

本例用來處理學生資料，每按一下加入，即可加入一列學生資料：

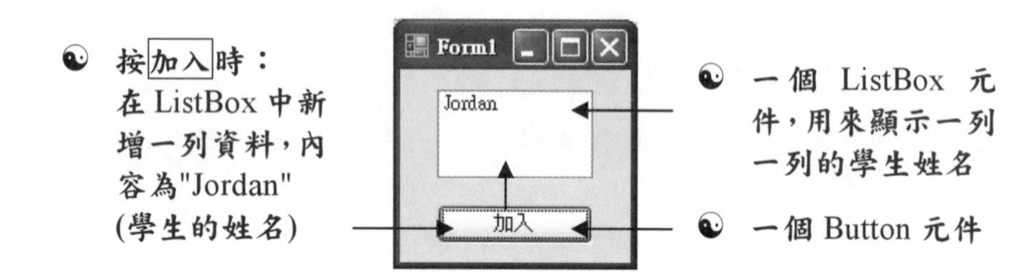

按加入時：
在 ListBox 中新增一列資料，內容為"Jordan"(學生的姓名)
Form1
Jordan
加入
一個 ListBox 元件，用來顯示一列一列的學生姓名
一個 Button 元件

2. 建立專案

請建立一個「Windows 應用程式」專案「文字表示法」[1]。

3. 加入必要的模組到專案中

與第 3 章的範例「變色龍」一樣，「文字表示法」也需要一個表單(視窗)模組，而 VB 2005 Express 也已經幫我們自動加入(Form1.vb)。

4. 建立程式介面

請在 Form1.vb 安裝一個 Button 以及一個 ListBox，並將 Button 的 Text 屬性設為「加入」，然後調整元件的大小以及位置。

其中 ListBox 中文翻譯為**清單方塊**，用來顯示(輸出)一列一列的資料，也可以讓使用者選取(輸入)某一列資料：

[1] 建立專案的方法請參考「3-4-2-3.建立專案」(P3-8)

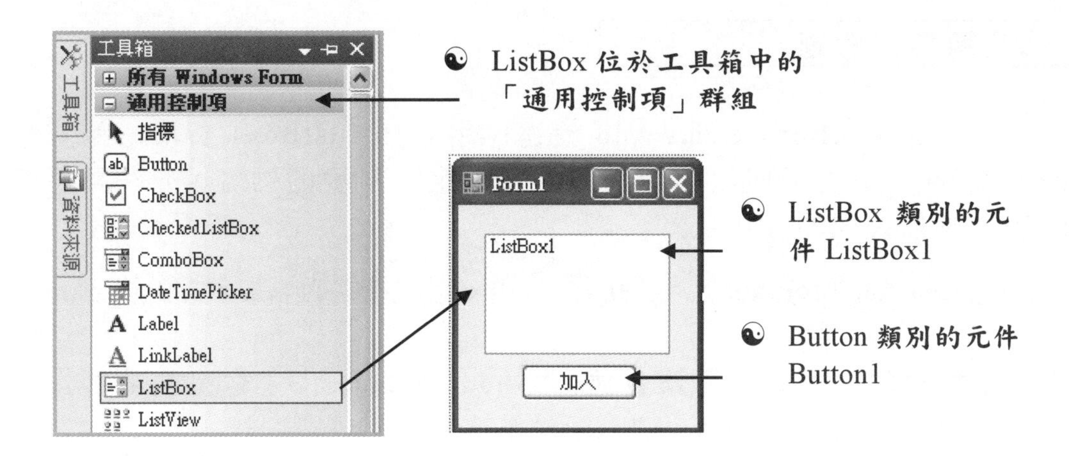

5. 建立程式功能

1. 以「事件驅動」的形式表達程式功能

「單按加入」時「在 ListBox1 中加入一列資料，內容為 Jordan」

2. 決定將程式置於那兒

請切換到程式碼視窗，然後將插入點移到 Button1_Click 事件程序：

3. 編輯(輸入)程式

請在 Button1_Click()中加入下列程式：

文字表示法：Form1.vb

```
Public Class Form1
  Private Sub Button1_Click(ByVal sender As System.Object， ByVal e As System.EventArgs) Handles Button1.Click
     ' 在 ListBox1 中增加一項資料，內容為"Jordan"，因為 Jordan 是文字資料，
     ' 因此左右兩端必須各加一個雙引號(")
     ListBox1.Items.Add("Jordan")
   End Sub
End Class
```

6. VB 的方法敘述

程式中的 ListBox1.Items.Add 敘述，用來為 ListBox1 新增一個資料項(Add Item)，使用這個敘述時我們必須指定資料項的內容，方法是將資料內容置於最後面的()中：

```
ListBox1.Items.Add("Jordan")   ' 新增到 ListBox1 中的資料內容為字串"Jordan"
```

這種類型的敘述稱為**方法敘述**(Method Statement)，也是胡老師介紹的第 3 種敘述(要記起來喔)，語法為：

```
<元件名稱>[.<屬性名稱>].<方法名稱>([<參數群>])
```

方法敘述用來命令元件執行某個動作，以本例而言，我們使用下列敘述命令 ListBox1 執行「新增一項資料(Items.Add)」這個動作：

```
ListBox1.Items.Add("Jordan")
```

呼叫元件的方法時通常需要傳遞參數，做為動作執行的對象，以 Items.Add 這個方法而言，執行的動作為「新增一項」，動作的執行對象則為「資料」，我們必須將參數置於方法名稱後面的()中，這樣元件(ListBox1)才會針對參數("Jordan")執行動作(Items.Add、新增一項資料)。

以上只是方法的簡介，未來還會更深入的說明。

7. 元件的預設事件

第 3 章胡老師曾示範如何將插入點移到某個事件程序，方法是先切換到程式碼視窗，再選擇元件名稱與事件名稱，其實我們只要在設計工具視窗中直接雙按某個元件，就可以進入元件的**預設事件程序**(Default Event Procedure)。

一個元件的預設事件程序通常都是該元件最常發生的事件，Button 元件的預設事件為 Click，因為 User 最常按 Button(按鈕)，我們只要雙按某個 Button 即可進入該 Button 的 Click 事件程序。

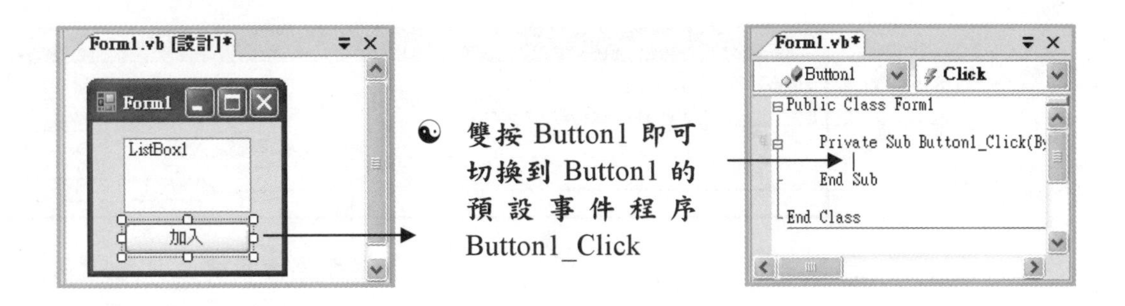
Form1.vb [設計]*
Form1
ListBox1
加入
雙按 Button1 即可切換到 Button1 的預設事件程序 Button1_Click
Form1.vb*
Button1
Click
Public Class Form1
Private Sub Button1_Click(By
End Sub
End Class

8. 執行與測試專案

請按一下標準工具列中的「開始偵錯」工具鈕以執行專案，執行後請按一下加入來測試是否在 ListBox1 加入一項資料(Jordan)：

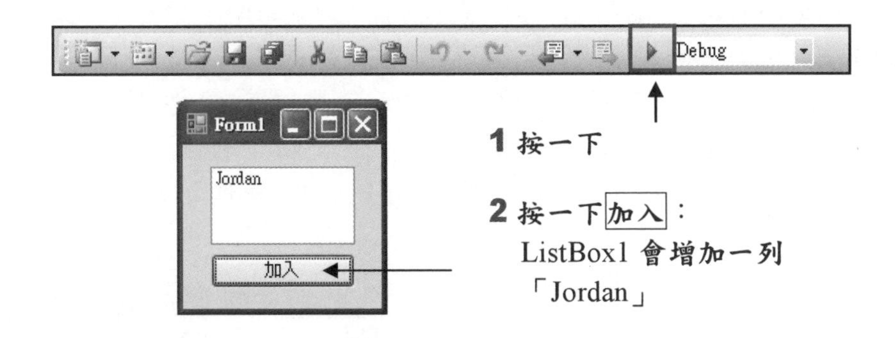
Debug
Form1
Jordan
加入
1 按一下
2 按一下加入：
ListBox1 會增加一列「Jordan」

3　儲存專案

1. 準備動作

請先在資料夾「D:\VB 2005 初學入門範例」中建立資料夾 Ch06，用來儲存第 6 章的所有範例。

2. 儲存專案

接著請按一下標準工具列中的「全部儲存」工具鈕，以儲存專案中的所有檔案：

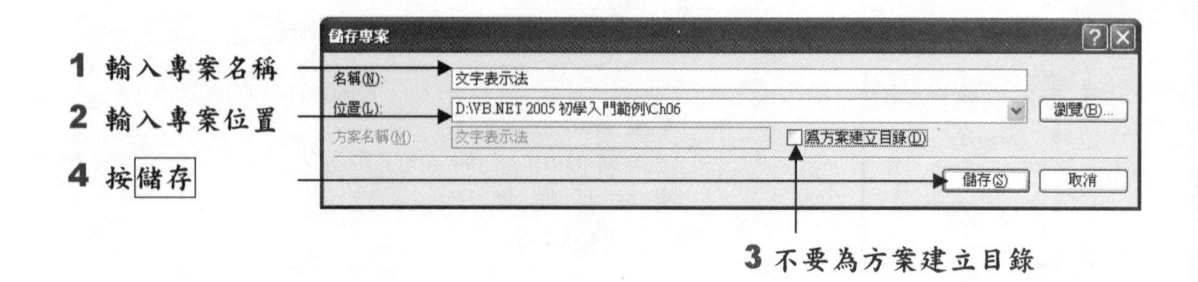

4　你也可以直接使用範例專案

1. 方案

方案(Solution)是一個特殊的檔案(副檔名爲.sln)，用來將多個專案整合爲一個群組，以便同時開啓多個專案。實際開發軟體時，整個軟體可能由多個專案組合而成(使用者介面專案、商業邏輯元件專案、資料存取元件專案.....)，透過方案將相關專案整合在一起，能提昇專案互相參照的便利性，而方案中的所有專案也將擁有一致的操作環境。

☯ 方案Ch06將第6章的所有範例群組起來，方便一起開啓、測試。

圖 6-1：方案與專案的關係

我們也可以將相關聯的幾個範例專案，用方案群組在一起，以便同時打開所有的範例專案，此時應該在儲存第 1 個專案時一併建立方案，再將專案一個一個加入方案。

不過經胡老師的測試，發現 VB 2005 Express 並無法將多個專案群組在同一個方案中，但還是有方案的機制，每一個專案都會屬於某個方案，但一個方案只能包含一個專案。

☯ 未替方案建立目錄時，方案檔(.Sln)會儲存於專案資料夾中！

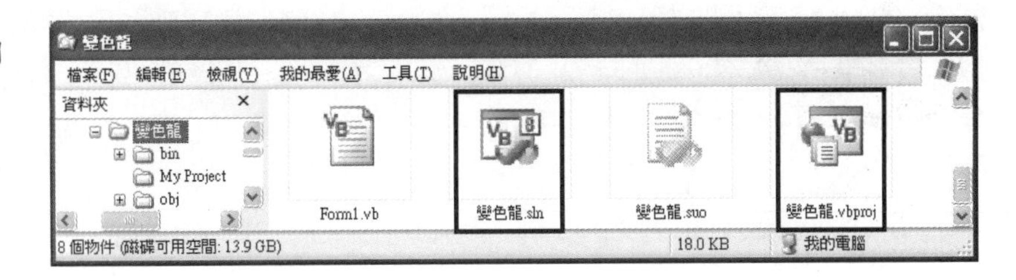

2. 使用範例專案

如果你已經有程式的相關(學習)經驗，也可以直接使用本書所附範例，以節省學習時間，範例的使用方式共有下列兩種：

A. 直接使用胡老師的範例

對於有經驗的程式設計師而言，看完範例程式的介紹之後，只要執行一下範例程式，確定程式的運作方式即可，並不需要浪費時間自行建立專案，這種人可以直接開啓光碟中的範例專案，然後加以執行測試。

欲使用範例專案必須先將光碟中的資料夾「VB 2005 初學入門範例」拷貝到硬碟中[2]，然後雙按方案檔以打開某一章的所有範例[3]：

☯ 胡老師用 VS 2005 Standard 版建立的方案，可以將多個專案群組在一起

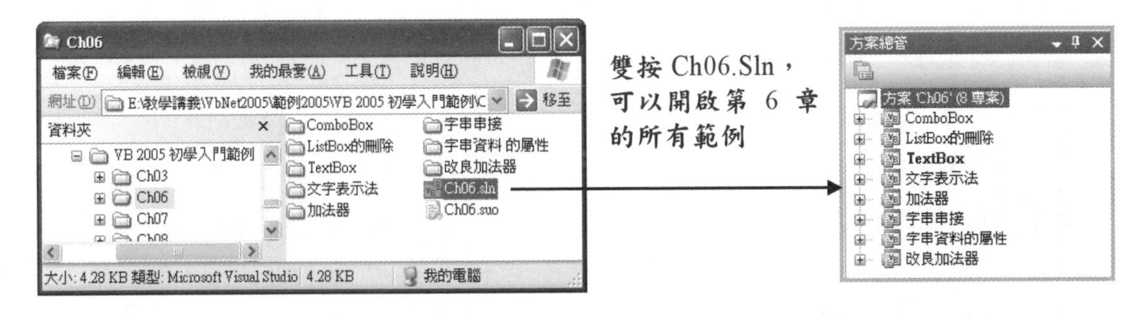

---

[2] 若你使用的作業系統是 Windows Server 2003(2000)，複製後請取消範例資料夾的唯讀屬性

[3] 若用方案開啟的範例專案無法執行，請開啟另一個範例資料夾「VB 2005 初學入門範例(單一專案)」中的單一專案

B. 複製範例中的介面以及程式內容

如果你的程式相關經驗不多，或者根本沒有任何程式經驗，但就是想節省練習範例的時間，不過又想掌握(參與)整個專案的開發流程，你可以自行建立專案，同時開啓範例專案，然後將範例專案中的介面元件(元件當然也可以自行安裝)以及程式內容複製到自己的專案中。

以下示範介面元件的拷貝流程：

1. **啟動 VB 2005 Express，然後建立專案「Test」**
2. **在檔案總管中找到第 6 章範例的方案檔 Ch06.Sln，然後雙按，此時會再啟動另一個 VB 2005 Express 視窗，並開啟第 6 章的所有範例**
3. **將範例專案「TextBox」中 Form1.vb 的所有元件複製到剪貼簿**
4. **將剪貼簿中的元件，複製到自建專案「Test」**

☯ **範例專案 TextBox**

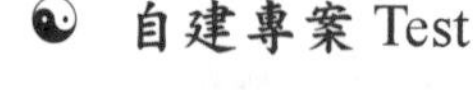

☯ **自建專案 Test**

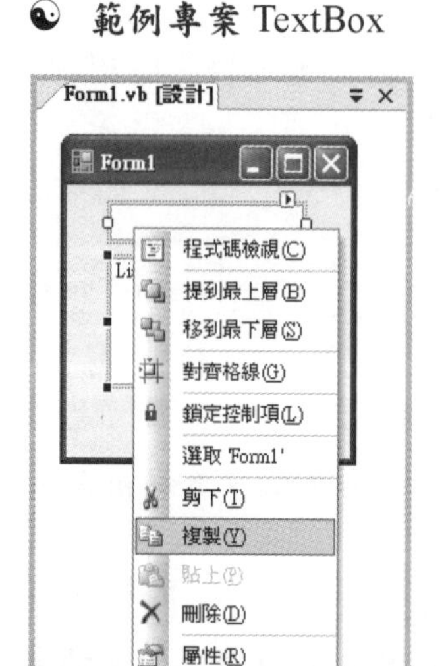

⇨

複製程式內容的方法與複製元件大同小異，胡老師不再示範，請自行練習，不過胡老師要再次提醒你，不管你是那一種程度的讀者，範例沒有完全自己做沒關係，但習題一定要自己做做看，以確定自己的吸收情況，絕對不可以偷懶、貪快(貪念是煩惱的根源)，小心吃緊弄破碗(欲速則不達)喔！

5　TextBox

學好程式設計的訣竅在於「多練習不同類型的程式」，我們將再練習一個例子，目的是介紹 TextBox 元件，TextBox 中文翻做**文字盒**，用來讓使用者輸入資料，也可以顯示資料給使用者看(還記得小算盤嗎？)。

1. 規劃程式功能及介面

本例要改良範例「文字表示法」，讓 User 自行決定新增學生的姓名：

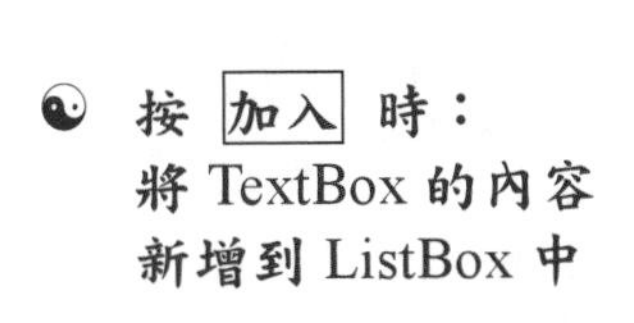

按 加入 時：
將 TextBox 的內容
新增到 ListBox 中

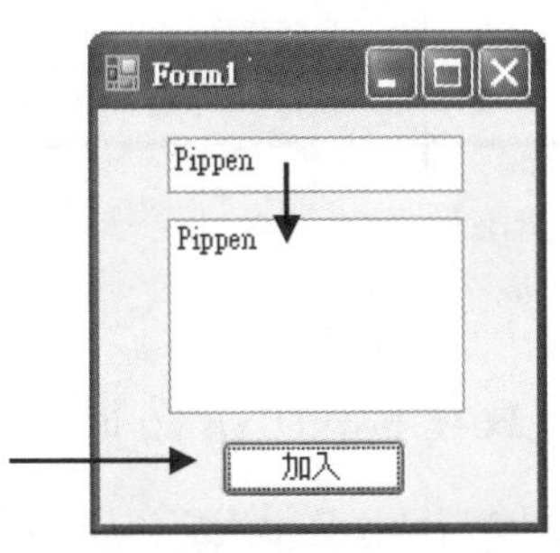

2. 建立專案

請建立一個 Windows 專案「TextBox」。

3. 加入模組

本例和「文字表示法」很像，只是多了一個 TextBox 而已，因此可以將「文字表示法」法中的 Form1.Vb 加入專案中，取代原有的 Form1.vb：

1 在自建專案 TextBox 上面按右鈕、執行『加入/現有項目』

2 切換到專案資料夾「文字表示法」

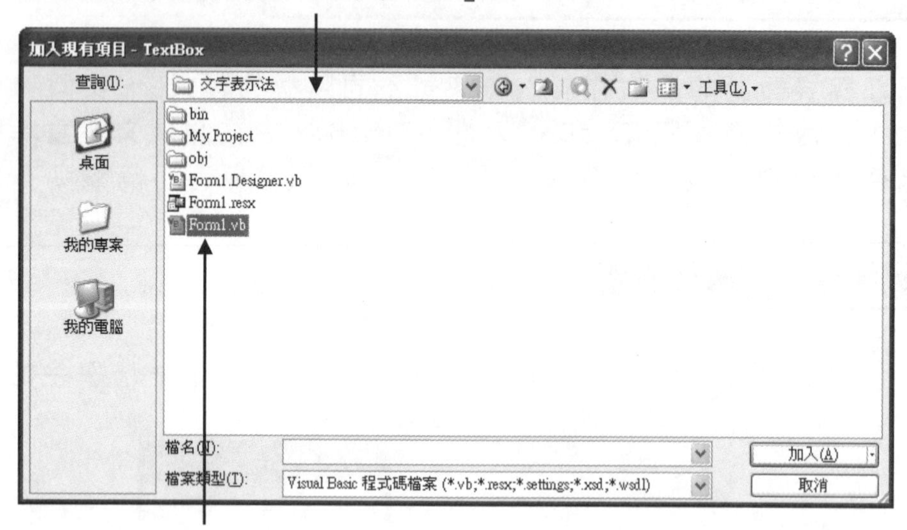

3 雙按 Form1.vb

4~6 確定取代 Form1.vb 的相關檔案

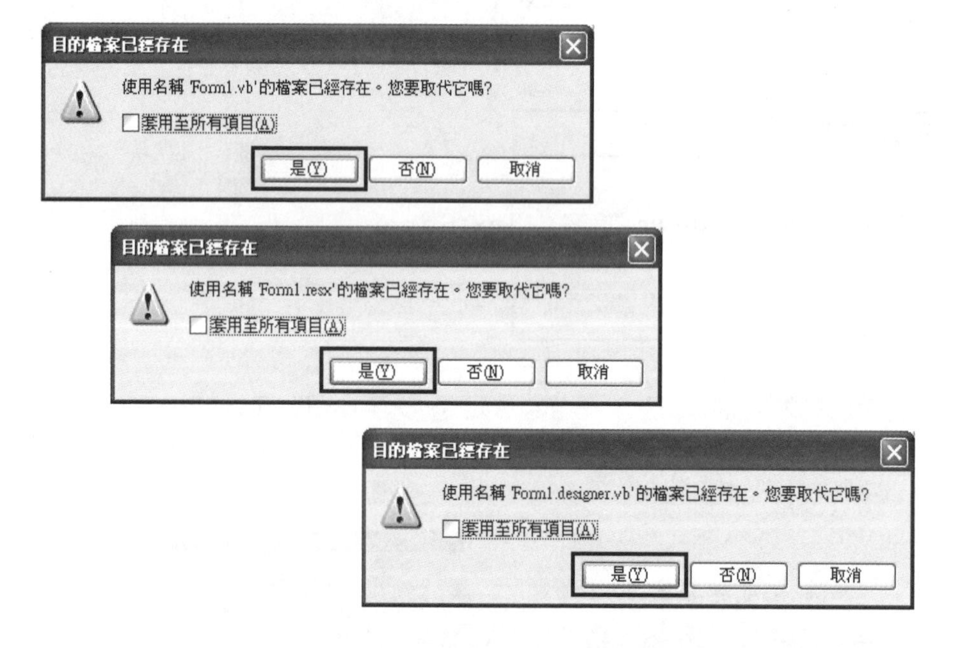

7 重新載入 Form1.vb 的相關檔案，以顯示最新的內容

4. 建立程式介面

請開啓 TextBox 專案中的 Form1.vb(雙按)

5. 建立程式功能

1. 以事件驅動的形式表達程式功能：

「單按加入」時「在 ListBox1 增加一項資料、內容爲 TextBox1 的內容」

2. 決定將程式置於那兒： 請將插入點移到 Button1_Click 事件程序

3. 編輯程式： 請將 Button1_Click() 中的程式調整如下

```
' 注意！從這個例子開始，我們將省略 Public Class Form1
' 單按加入時
Private Sub Button1_Click(ByVal sender As System.Object， ByVal e As System.EventArgs) Handles Button1.Click
    ListBox1.Items.Add(TextBox1.Text)  ' 在 ListBox1 增加一項資料、內容為 TextBox1 的內容
End Sub
' 注意！從這個例子開始，我們將省略 End Class
```

6．屬性值取出敘述

在程式中我們用 TextBox1.Text 來表示 TextBox1 的內容，其中 Text 是 TextBox 元件的屬性，可以取得/設定[3]TextBox 的內容。

第 3 章胡老師講過，屬性是用來儲存、設定元件性質的地方，我們可以用屬性值設定敘述來設定元件的屬性值，也可以透過屬性值取出敘述、來取出屬性的內容，屬性值取出敘述的語法為：

```
<元件名稱>.<屬性名稱>
```

本例我們就是用屬性值取出敘述來取出 TextBox1 的 Text 屬性值：

```
ListBox1.Items.Add(TextBox1.Text)
```

取出 TextBox1.Text 的目的則是要將學生姓名新增到 ListBox1：

```
ListBox1.Items.Add("Jordan")  ' 假設 User 輸入的學生姓名為 Jordan
```

屬性值取出敘述是本書介紹的第 4 種敘述，要記住其功用和語法喔！

7．屬性的型別

屬性是儲存元件特性之處，而元件的特性其實是用資料表達的，比如說 TextBox1 的內容(Text 屬性)為"Jordan"，"Jordan"就是資料，既然 VB 基本上將資料分為字串、數值、日期、字元、邏輯等五種型別，就表示屬性所儲存的也一定是這五種資料之一。

[3] 取得/設定 中的/，代表「或是」的意思(取得**或是**設定)

也就是說，屬性也有型別，其型別隨著儲存的資料而定，比如說 Text 儲存的是字串資料，因此 Text 是一個字串屬性，意謂著設定 Text 屬性時只能指定字串資料，取出 Text 屬性也將得到一個字串資料。

8. 設定啟始專案

專案才是程式、才可以執行，方案並非程式，只是用來將多個專案整合在一起而已。當方案包含兩個以上的專案時，必須先將專案設為啟始專案才可以執行，如果你目前開啟的是範例方案 Ch06，則方案中總共有 8 個專案，而我們想執行的是 TextBox，因此必須將 TextBox 設為啟始專案：

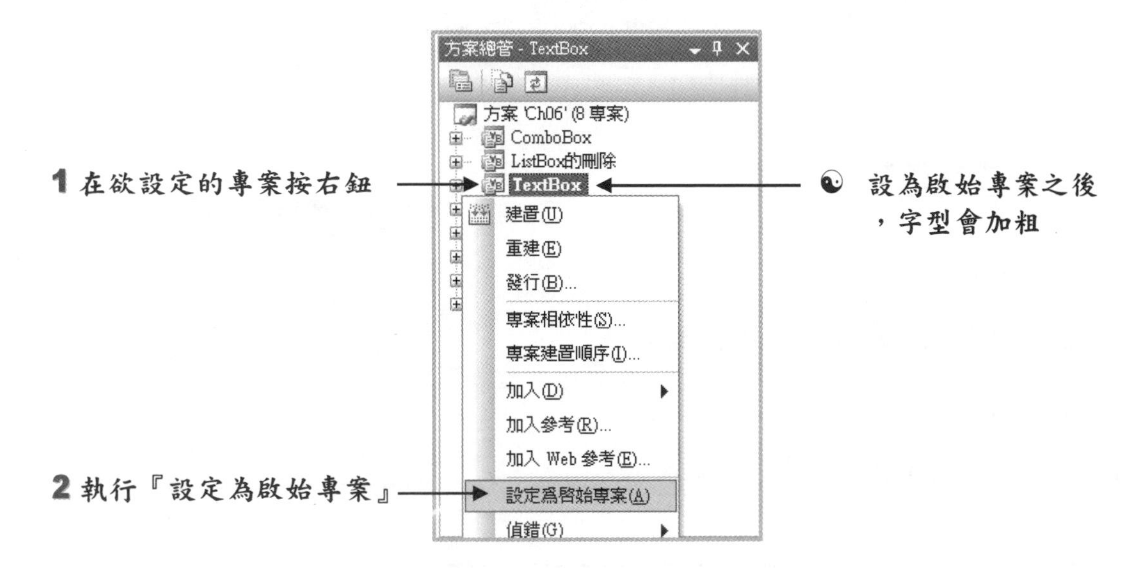

9. 只編譯、執行某個專案

當方案包含兩個以上的專案時，使用開始偵錯(▶)將可以執行啟始專案，但 VB 2005 Express 會先編譯方案中所有的專案，如果都沒有錯誤，才會執行啟始專案。這將會影響我們測試單一專案的時間，此時我們可以只編譯、執行單一專案：

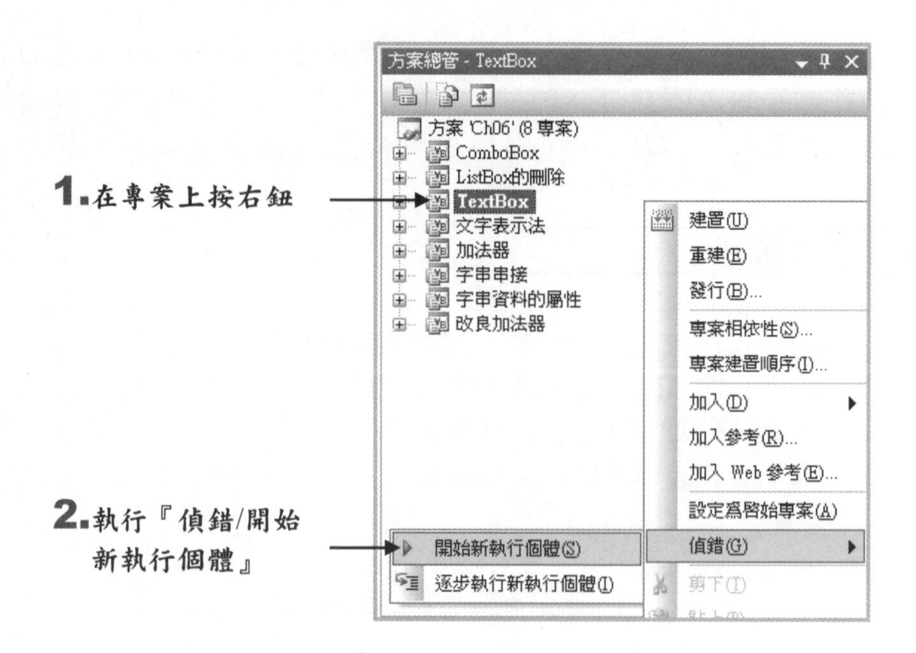

10. 測試與執行程式

請執行程式，然後：

1. 在 TextBox1 輸入 J、然後按加入
2. 在 TextBox1 輸入 P、然後按加入
3. 在 TextBox1 輸入 B、再按加入

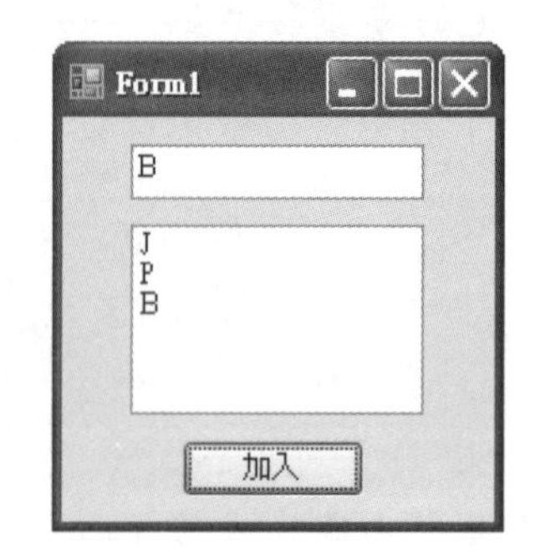

6 ListBox 的刪除

在範例「文字表示法」中，胡老師介紹如何為 ListBox 增加一項資料，本單元則要介紹如何刪除 ListBox 的內容。

1. 程式功能及介面

本例我們將修改專案 TextBox，加入兩個按鈕，分別用來刪除 ListBox 中的一列以及全部資料：

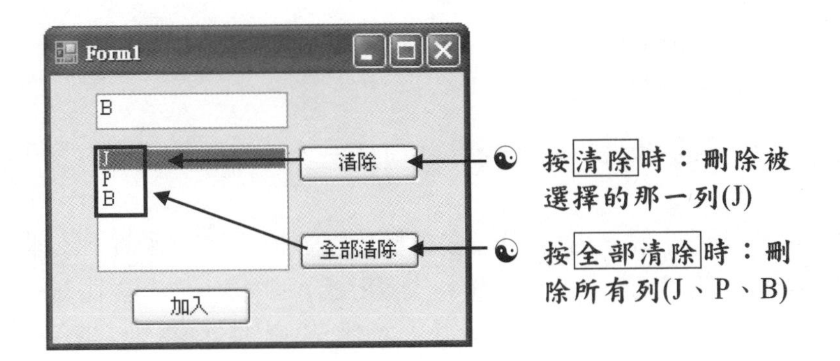

2. 建立專案

請新增一個專案「ListBox 的刪除」，然後將專案「TextBox」中的 Form1.Vb 加入專案中，取代原有的 Form1.vb。

3. 建立程式介面

請在 Form1.Vb 安裝兩個 Button：

如果你沒有從專案 TextBox 複製 Form1.Vb，還要再安裝另外三個元件。

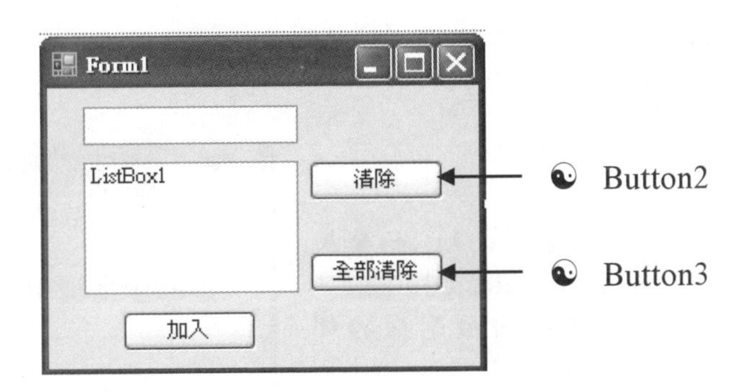

4. 建立程式功能

請開啟 Form1.Vb、進入程式碼視窗、輸入下列程式：

1. 按清除時： 刪除 ListBox1 中被選擇的那一項(列)

ListBox 的刪除：Form1.Vb

```
Private Sub Button2_Click(ByVal sender As System.Object， ByVal e As System.EventArgs) Handles Button2.Click
    ListBox1.Items.RemoveAt(ListBox1.SelectedIndex)
End Sub
```

其中 Items.RemoveAt()乃 ListBox 元件的方法，用來刪除 ListBox 的某一項資料，其語法為：

```
<ListBox 名稱>.items.RemoveAt(<資料項列號>)
```

參數<資料項列號>用來指定欲刪除資料項的列號(又稱為**註標，Index**)，ListBox 的註標由 0 開始，一直到 n-1 為止，也就是說第一列資料的註標為 0，第 n 列的註標為 n-1，n 代表資料項總數(總列數)。

SelectedIndex 則是 ListBox 元件的屬性，用來儲存 ListBox 中被選擇項目的列號，假設目前被選擇的項目為第 1 項，則 SelectedIndex 的值為 0：

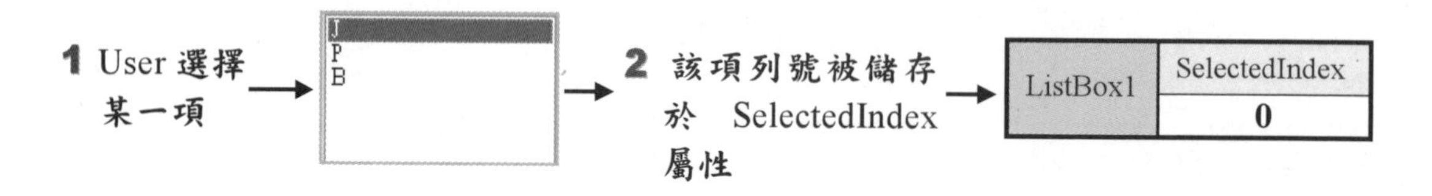

之所以將 RemoveAt()的參數設為 ListBox1.SelectedIndex 的原因在於：我們想刪除的是被選擇的那一項：

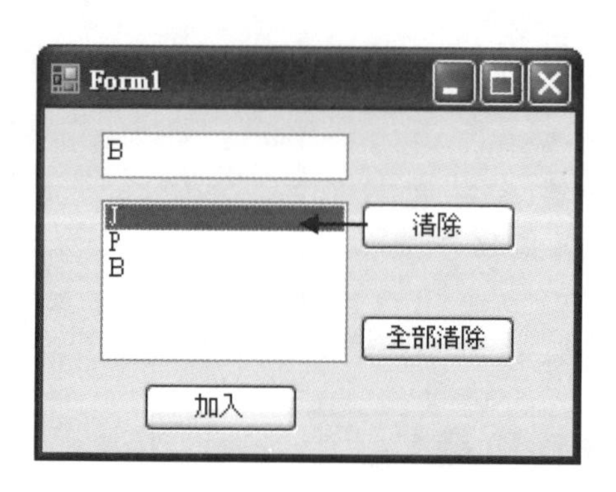

☯ 將 RemoveAt()的參數設為 SelectedIndex，即可刪除被選擇的那一列

2. 按全部清除時： 刪除 ListBox1 的所有項目

ListBox 的刪除：Form1.Vb

```
Private Sub Button3_Click(ByVal sender As System.Object， ByVal e As System.EventArgs) Handles Button3.Click
    ListBox1.Items.Clear()
End Sub
```

上列敘述中的 Clear()也是 ListBox 元件的方法，用來刪除 ListBox 中的所有資料項，其語法為：

```
<ListBox 元件>.Items.Clear()
```

5. 測試程式

請執行「ListBox 的刪除」，然後：

1. **加入** 1、2、3 **等** 3 **個項目**
2. **選擇** 2 **這一列、按一下清除**
3. **按一下全部清除按鈕**

7 ComboBox

TextBox 用來輸入/顯示資料，ListBox 用來條列/選取資料，ComboBox(**組合方塊、下拉清單方塊**)則兼具 TextBox 以及 ListBox 兩者的特色(功能)，在未展開前 ComboBox 可以輸入/顯示資料，展開後則具有條列/選取資料的功能：

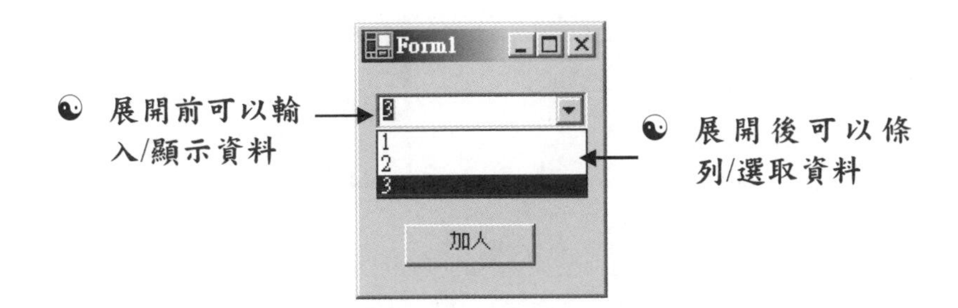

1. 程式功能與介面

本例我們將修改專案 TextBox，把 TextBox1 與 ListBox1 兩個元件改由一個 ComboBox 取代，功能則完全相同，目的是讓同學熟悉 ComboBox:

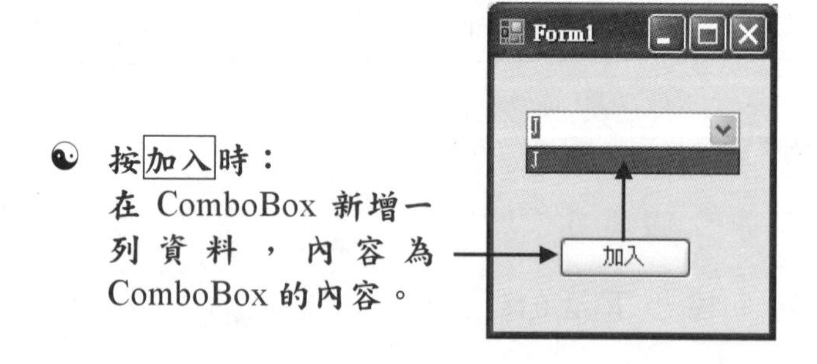

2. 建立專案

請建立一個新的專案「ComboBox」，然後將專案「TextBox」中的 Form1.Vb 複製到專案中，取代原有的 Form1.vb。

3. 建立程式介面

請刪除 Form1.vb 中的 TextBox1 以及 ListBox1，然後安裝一個 ComboBox：

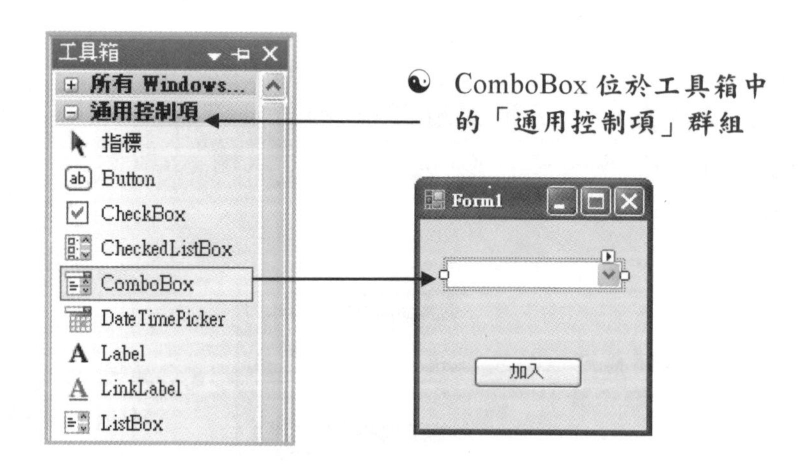

4. 建立程式功能

請開啟 Form1.vb、切換到程式碼視窗，然後修改 Button1_Cilck()的內容：

ComboBox：Form1.Vb

```
' 按加入時：在 ComboBox1 中新增一列資料，內容為 ComboBox1 的內容
Private Sub Button1_Click(ByVal sender As System.Object， ByVal e As System.EventArgs) Handles Button1.Click
    ComboBox1.Items.Add(ComboBox1.Text)
End Sub
```

5. 測試

請執行「ComboBox」，然後：

1. 在 ComboBox 中輸入 1、按加入
2. 在 ComboBox 中輸入 2、按加入
3. 按一下 ComboBox 的三角形下拉鈕

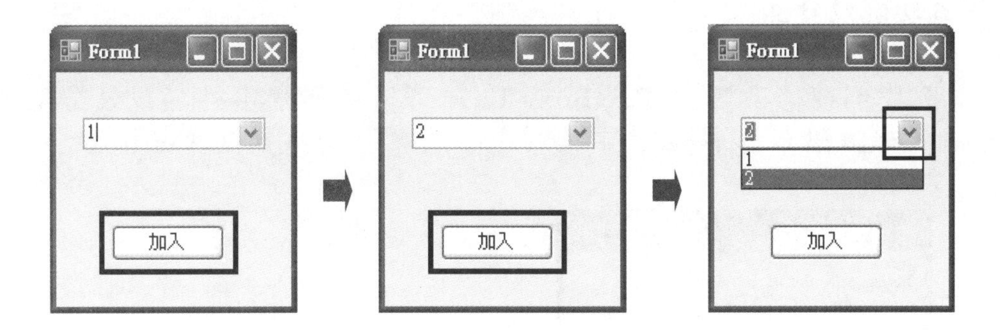

8　字串資料的串接運算

每一種類型的資料都有獨特的運算方式，字串資料只能夠進行串接運算，其他運算對於字串而言是沒有意義的，比如說將兩個字串相乘：

```
"胡啓明"  *  "陳火扁"      ' 幹嘛?
```

1. 字串串接運算的語法

字串串接運算的語法如下：

```
<字串 1>  +  <字串 2>
```

串接運算的功用是將兩個字串串在一起、形成一個大字串，舉個例子，下例敘述會將"1"和"2"串接在一起、形成字串"12"：

```
"1" + "2"   ' 結果為"12"
```

2. 實例：字串串接

A. 程式功能及介面

本例我們要修改專案 TextBox，User 可以輸入學生姓名以及分數，按 加入 時，可將學生姓名以及分數串在一塊兒，然後加入 ListBox：

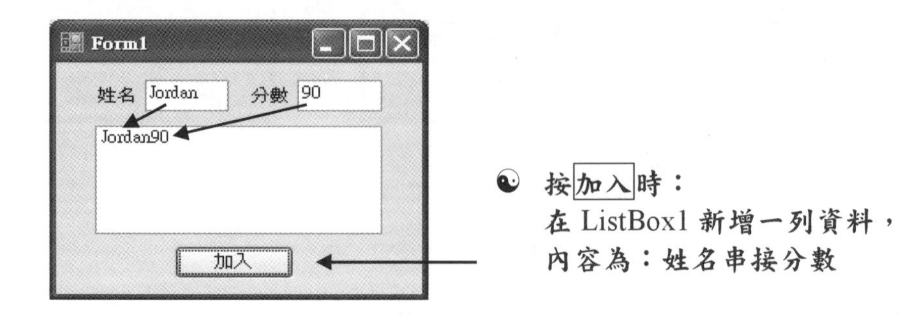

B. 建立專案

請先建立一個新專案「字串串接」，然後將專案 TextBox 中的 Form1.Vb 加入專案中，取代原有的 Form1.vb。

C. 建立程式介面

請在 Form1.vb 加入兩個 Lable 以及一個 TextBox：

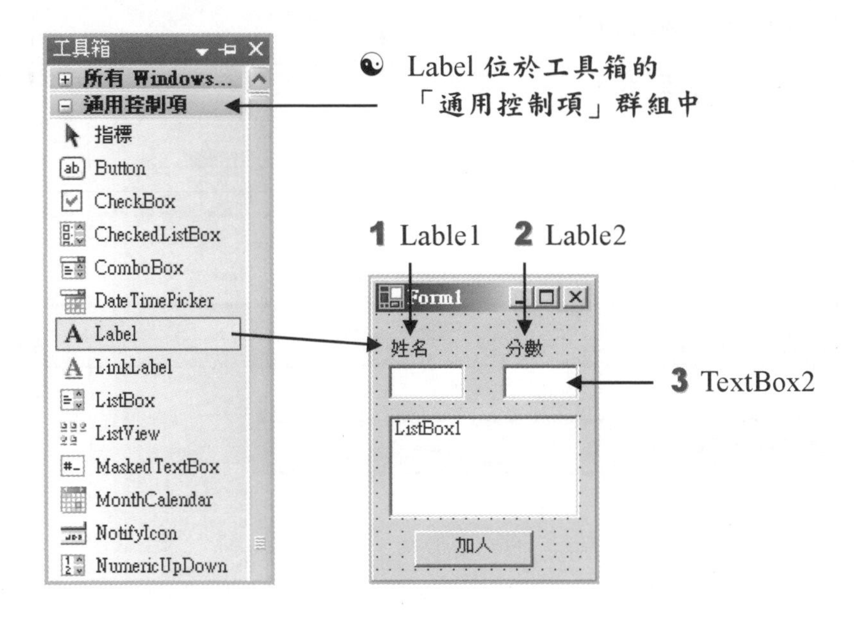

其中 Lable(標籤)元件專門用來顯示靜態說明文字(TextBox 中的文字可以動態輸入、調整)，我們總共安裝了 2 個，用來顯示姓名和分數兩項說明文字。

D. 建立程式功能

請修改 Button1_Cilck()的內容：

字串串接：Form1.Vb

```
' 按加入時：在 ListBox 新增資料，內容為：TextBox1 的內容串接 TextBox2 的內容
Private Sub Button1_Click(ByVal sender As System.Object， ByVal e As System.EventArgs) Handles Button1.Click
    ListBox1.Items.Add(TextBox1.Text  +  TextBox2.Text )
End Sub
```

E. 測試

請執行「字串串接」，然後：

1. **在** TextBox1 **中輸入** Jordan
2. **在** TextBox2 **中輸入** 90
3. **按加入**

6-3 運算式

1 認識運算式

運算式是本書介紹的第 5 種敘述，用來將資料交給 CPU 做處理(運算)，其語法為：

<資料 1>　<運算(處理)方式>　<資料 2>

其中資料 1 與資料 2 也稱為**運算元**(Operand)、而運算方式也稱為**運算子**(Operator)，運算式的運作方式為：

將<資料 1>與<資料 2>交給 CPU 做<運算方式>所指定的運算

舉個例子，下列敘述會命令 CPU 將資料 3 與資料 6 做數學加法運算：

```
3 + 6
```

2 運算式實例

在範例「字串串接」中，我們曾經用下列敘述、執行 TextBox1.Text 和 TextBox2.Text 間的串接運算：

```
TextBox1.Text  +  TextBox2.Text
```

上列敘述是一個典型的運算式，其中 TextBox1.Text 乃資料 1，TextBox2.Text 是資料 2，兩個資料進行的是+(字串串接)運算。

3　運算式的運算結果

當我們用運算式將資料交給 CPU 做處理之後，首先 CPU 會先對這些資料做運算，然後產生一個運算結果，最後 CPU 會將結果傳回程式，以便讓程式繼續處理這個結果(運算結果也是資料)：

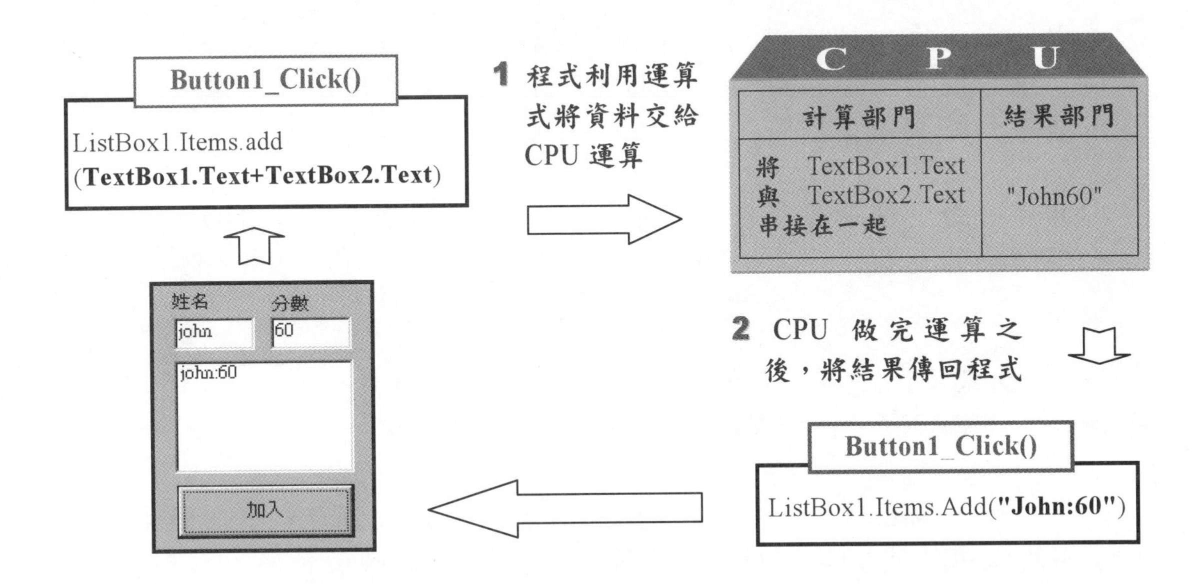

我們可以用小型計算器做比喻，進一步的說明運算式的運作過程：

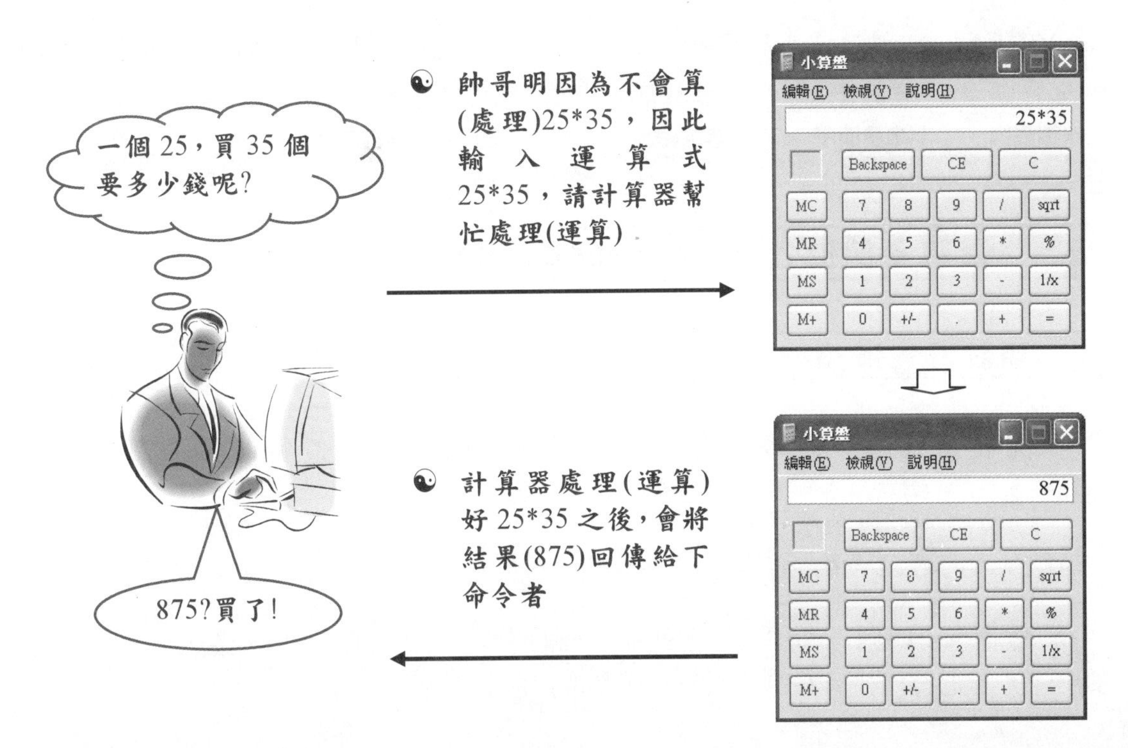

4 運算子的種類及其運算結果型別

電腦能夠處理的資料有很多種，每一種資料的處理方式都不大相同，我們可以將兩個數字做除法運算，但將兩個日期相除是毫無意義的，因此每一套程式語言都會規定每一種資料只能進行某幾種特定的運算。

也就是說每一種資料都有特定的運算子，當我們針對某種資料做運算時，就只能夠使用該資料支援的運算子，至於 VB 有那些運算子，胡老師會在介紹某種型別時，一併介紹其運算子。

此外、每一種運算都會產生運算結果，運算結果也是資料，而且是某一種型別的資料，請看下例：

3	+	6	=	9
資料 1	運算子	資料 2		運算結果
數值資料	**數值運算子**	**數值資料**		**數值資料**

上列是一個數學運算式，我們使用+運算子對數值資料 3 與數值資料 6 做加法運算，運算結束時我們得到的運算結果是數值資料 9。

再看另一個例子，下列敘述將進行字串串接運算，結果也是字串：

"jordan"	+	"90"	=	"jordan90"
資料 1	運算子	資料 2		運算結果
字串資料	**字串運算子**	**字串資料**		**字串資料**

5 運算子的優先順序(Precedence)

1. 預設優先順序

開發程式時，有時候會進行比較複雜的運算，這些運算通常包含兩種以上的運算：

```
3*4+2  ' 一個運算式包含*與+兩種運算
```

然而 CPU 同一時間只能進行一個運算，因此當運算式包含多個運算時，我們必須告訴 CPU，這些運算的先後執行次序。

當我們用 VB 撰寫程式時，基本上並不需要明確的指定運算的先後順序，因爲 VB 有一套運算子的預設優先執行順序(如下所示)：

優先順序	運算子類型	運算子
1	Arithmetic(算術) and Concatenation(串接) Operators	指數(^) 正負號(+, –) 乘除(*, /) 整數除法(\) 取餘數(Mod) 加減(+、-)、字串串接(+) 串接(&) 位元位移(<<、>>)
2	Comparison(比較) Operators	所有的比較運算子 (=, <>, <, <=, >, >=, Is, IsNot, Like, TypeOf...Is)
3	Logical(邏輯) and Bitwise(位元) Operators	反相(Not) 而且(And, AndAlso) 或是(Or, OrElse) 互斥或(Xor)
4	Assignment(指定) operator	=

由上表可知，*的預設優先順序比+要來的高，因此 3*4+2 的運算順序爲：

```
3*4+2    '1.先進行 3*4，得到下列結果：
12+2     '2.再進行 12+2，得到下列結果：
14
```

2. 自訂優先順序

當運算子的預設優先順序不符我們的需求時，可以透過 VB 的()運算子自行指定優先順序，凡置於()中的運算式將會被優先執行，不管其預設的優先順序。

以 3*4+2 而言，如果我們想進行的是「3 塊錢的東西買 4 個加上 2 塊錢的東西買 1 個」，那麼使用預設的優先順序就可以了(3*4+2=14)。若我們要的是「3 塊錢的東西買了 4+2 個」，就必須先處理 4+2 了：

```
3*(4+2)   '1.先進行()中的運算 4+2，得到下列結果(購買總數)
3*6       '2.再進行 3*6，得到下列結果(購買總金額)
18
```

有了自訂優先順序，就不用背誦運算子的預設優先順序了，因為只要加上()，就可以建立符合需求的運算式，至於運算子的預設優先順序表只要當成參考即可。

3. 運算式的運算方向 (結合律、Associativity)

同一個運算式有兩個以上的運算時，我們可以透過運算子的優先順序來了解其先後次序，但如果有某些運算的優先順序相同時，怎麼算呢？

```
3*10/3   '*、/的優先順序相同
```

此時必須依據運算子的**結合律**來決定運算順序，由於*/的結合律為「由左至右」，因此會先進行*運算，再進行/運算：

```
3*10/3    '1.先進行乘法運算
30/3      '2.再進行除法運算
10        ' 結果為 10
```

VB 運算子的結合律一律為「由左至右」，和優先順序一樣，我們可以使用()改變運算子的結合律：

```
3*(10/3)    ' 先算 10/3
```

6-4　淺談物件導向

1　物件導向程式設計

VB 和其他先進程式語言(C#、C++、Java)一樣，都是物件導向程式語言，簡單而言，**物件導向程式設計**(Object Oriented Programming，簡稱 OOP)指的就是：

程式中需要那種類型的物件，就在程式中安裝相對的物件

以第 3 章範例「變色龍」而言，因為程式(表單)需要 3 個可以被按一下的四方形物件(東西)，因此我們在程式中(表單上面)安裝了三個 Button 類別(型)的元件 Button1、Button2 以及 Button3。

物件導向程式設計有點像是「上帝在創造世界萬物」，當上帝覺得地球上必須多兩個人時，只要在地球上安裝兩個人類物件即可。但為了識別這兩個人，必須賦予兩個人不同的名稱(Name 屬性)，也可以再設定其他屬性，比如將第 1 個人的皮膚色彩設為黑色(黑人)、第 2 個人的身高屬性設為 250 公分(巨人)，怎麼做全憑上帝高興！

物件導向程式設計師在設計程式時，也扮演著上帝的角色，我們想要讓程式有幾個表單(可以想像成是陸地/國家)，只要在專案中加入對應的表單模組即可，想在表單上看到什麼物件(如 Button)，只要安裝該類別的物件(如 Button1)即可，想改變某個物件的外觀特徵(如標題文字)，只要改變相對的屬性(如 Text)即可。

如果未牽涉到其他主題，**物件**(Oject)與**元件**(Controls)兩個名詞都可以用來表示表單中的元件，我們可以說 Button1 是一個物件，也可以說它是一個元件，但在比較正規的表示法中，物件泛指程式中所有的東西，表單(Form)是一個物件、表單中的元件也是物件，甚至某些程式敘述也是物件，所以物件是一個集合名詞，而元件則專指控制項這種物件。

☯ **在我們創造的專案(程式)「變色龍」中，總共有一個 Form(表單)物件，三個 Button(按鈕)物件**

2　元件的類別

從第 3 章開始，胡老師陸續介紹了 Button、TextBox、ListBox、Label 以及 ComboBox 等五種元件，在 VB 中每一種元件稱爲一種類別，用來統稱某一群具有相同功能以及外觀性質的元件，Button 類別用來統稱所有的 Button 元件，TextBox 類別用來統稱所有的 TextBox 元件…。

比如說在範例「字串串接」中，有 TextBox1、TextBox2 兩個元件，都用來讓 User 輸入文字(功能相同)，外觀也相仿(都是四方形方框)，也都有 Text 屬性可以儲存 User 輸入的資料(具有相同的屬性)，這是因爲兩者都是 TextBox 類別的元件。而 Label1 以及 Label2 則是 Label 類別的元件，Button1 是 Button 類別的元件，ListBox1 則是 ListBox 類別的元件。

☯ Label1、Label2 是 Label 類別的元件

☯ ListBox1 是 ListBox 類別的元件

☯ TextBox1、TextBox2 是 TextBox 類別的元件

☯ Button1 是 Button 類別的元件

在 VB 2005 Express 的工具箱中，條列出來的是 VB 最常用的元件類別，我們只要在工具箱點選某個元件類別，就可以在表單中安裝該類別的元件，而該元件將具有該類別所該有的功能、外觀以及屬性：

☯ 工具箱列示了 VB 常用的元件類別，我們只要選擇某個類別，即可在表單上面安裝該類別的元件

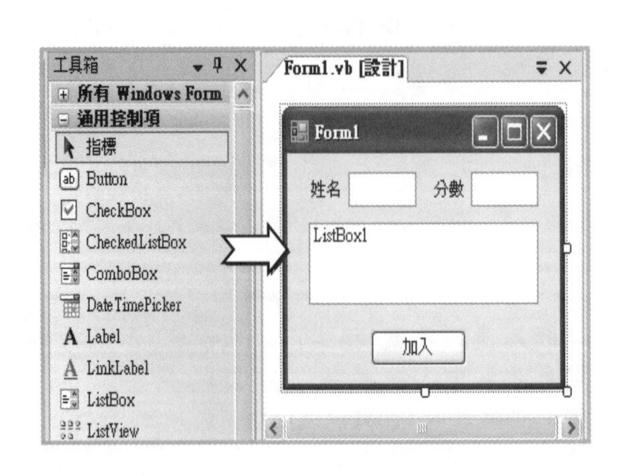

☯ 每一個元件都會具備該類別所擁有的屬性、方法。比如說 TextBox1 將具有 Text 屬性，ListBox1 將具有 Items 屬性。

VB 的元件類別與元件間的關係，類似於地球上的生物類別與生物間的關係，地球上的生物分為人類、狗類、鳥類...等，就好像 VB 的元件分為 Button、TextBox、ListBox....等類別一樣。

相同類別的生物將具有相同的功能、外觀特徵(屬性)以及行為能力(方法)，胡啓明與李敖都有一個頭、一個身體、兩隻手、兩條腿(外觀特徵)，也都有說話、洗臉的能力(方法)，因為胡啓明與李敖都是人類生物。

ListBox1 與 ListBox2 都具有條列資料的功能，也都有 Items 屬性可以儲存資料項(屬性)，因為兩者都是 ListBox 類別的元件(物件)。

下表整理了 VB 的元件類別與元件(物件)，以及地球上的生物類別與生物(物件)間的關係：

類別	功能	屬性(外觀特徵)	方法(行為能力)	物件
人類	統治世界	一個頭、一個身體、兩隻手、兩條腿	說話、洗臉	胡啓明、李敖
TextBox	讓 User 輸入文字	Text、Width...	AppendText(附加文字)、Hide(隱藏)	TextBox1 、TextBox2
狗類	看門、嚇女人、嚇小孩	一個頭、一個身體、四隻腳	吠、咬東西	小黑、小白
ListBox	條列資料項，讓 User 選擇條列資料	Items、Width….	Add(增加一項資料)、RemoveAt(刪除一項資料)	ListBox1 、ListBox2

3　元件的方法

1. 再談方法

在範例「文字表示法」中，胡老師曾介紹元件的方法，方法就是某一種物件可以執行的動作，也可以說是某一種物件特有的行為能力。比如說人類具有說話、洗臉的能力，但其他類別物件如鳥類、狗類，並不見得可以做這些動作，相反的鳥類所具有的行為能力如飛行，人類也不見得有。

VB 中的物件也有方法，而且不同類別的物件也會具有不同的方法，透過方法我們可以命令物件執行某個動作，以便達到我們想要的結果(目的)。

一般而言，方法是針對物件或物件的屬性做動作，也就是說，當我們想針對物件或物件的屬性做動作時，必須以方法來命令物件。在範例「文字表示法」中，我們希望在按加入時，可以在 ListBox1 新增一列資料，於是我們命令 ListBox1 執行「items.Add」方法：

```
' 命令 ListBox1 針對 items 屬性執行 add 方法，以增加一項資料
ListBox1.items.Add("Jordan")
```

再做一個整理，方法就是某一種物件能夠執行(或說能夠做)的動作，每一個方法都可以促使物件執行某個動作，而動作的對象可能是物件的某個屬性，也有可能是物件本身。然而就物件導向的觀點而言，程式中所有的東西都是物件，屬性當然也是物件，因此針對物件屬性做動作，其實就是針對屬性物件做動作，於是我們可以這麼定義方法：

用來命令物件執行某個動作的敘述

使用**方法敘述**(Method Statement)命令物件執行動作時，又叫做「呼叫(Call)物件的方法」，方法敘述的語法如下：

```
<物件名稱>[.<屬性>].<方法>([<參數群>])
```

以 ListBox 而言，它的 items 屬性(屬性也是物件)有一個 Add 方法，可以讓 ListBox 執行「新增一列資料」這個動作，其語法如下：

```
<ListBox 名稱>.Items.Add(<資料>)
```

其中<資料>乃 Add 方法的參數(或說參考資料)，目的是告訴 Add 方法，要新增的資料內容為何。

方法敘述是胡老師介紹的第 3 種敘述，同學務必記住其功用(什麼時候要用)與使用方法，再次提醒同學，學好 VB 的原則之 1 就是要「熟悉 VB 所有敘述的語法規則」，切記切記！

2. 方法的參數

方法敘述的語法為：

<物件名稱>[.<屬性名稱>].<方法名稱>([<參數群>])

當方法直接針對物件作業時，<屬性名稱>可以省略，而<參數群>也是可有可無的，在範例「ListBox 的刪除」中，我們分別使用下列兩個敘述來刪除 ListBox 中的一項資料、以及所有的資料：

```
ListBox1.Items.RemoveAt(ListBox1.SelectedIndex)   ' 刪除被選擇的那一項
```

```
ListBox1.Items.Clear()   ' 刪除所有的項目
```

在 RemovAt 方法中，我們加入了 ListBox1.SelectedIndex 當參數，Clear 方法則沒有任何參數，這說明了有些方法需要參數，有些則不需要，但為何 RemoveAt 需要參數、Clear 就不需要呢？這必須從方法的作業對象談起！

方法是用來命令物件執行某種動作的，因此每個方法都會有作業對象，RemoveAt 的功用是「刪除 ListBox 中的某一項」，其執行的動作是「刪除」，作業的對象則是「ListBox 中的某一項」。

而 ListBox 可以有 0 個以上的項目，比如說下列 ListBox 就有 3 個項目，每個項目稱為一個 Item：

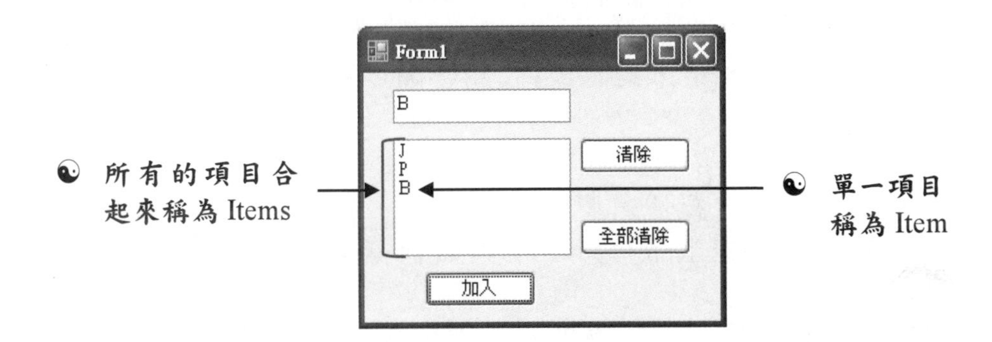

而識別 ListBox 個別 Item 的方法是使用**註標**(Index、列號)，由 0 開始、1、2、…….依此類推：

<table>
<tr><td rowspan="5">ListBox 物件</td><td rowspan="4">Items 屬性
(每一列為一個 Item)</td><td>註標</td><td>內容</td></tr>
<tr><td>0</td><td>"J"</td></tr>
<tr><td>1</td><td>"P"</td></tr>
<tr><td>2</td><td>"B"</td></tr>
<tr><td colspan="3">其他屬性………………………………</td></tr>
</table>

也就是說 RemoveAt 作業對象的可能性會有兩個以上，因為 ListBox 可能會有兩個以上的 Item，這種情況稱為「方法的作業對象不固定」，因為我們可能會呼叫 RemoveAt 刪除 ListBox 的任何一個 item，可能是第 0 項、第 1 項….、第 n 項。呼叫作業對象不固定的方法時，一定要告知方法其作業的對象(到底要刪除那個 item)，比較正統的說法是「傳遞參數給方法」。

因此呼叫 RemovAt()方法、以刪除 ListBox 的某個 Item 時，一定要告訴 RemoveAt 欲刪除 Item 的註標，或者說將 Item 的註標傳遞給 RemoveAt，這樣 RemoveAt 才能夠針對傳進去的註標，進行「刪除 1 個(傳進去的那 1 個)項目」的動作。

那 Clear 呢？為何不需要參數？

Clear 方法的功能乃「刪除 ListBox 中的所有項目」，其執行的動作是「刪除」、作業對象則是「ListBox 中的所有項目、即 Items 屬性」，也就是說，Clear 是固定針對 Items 物件(屬性)作業，既然作業對象固定，呼叫 Clear 就不用再告知作業對象(放屁幹嘛脫褲子？)。

之前胡老師將物件導向程式設計比擬成上帝創世界萬物，代表我們可以將程式中的元件比擬成真實世界中的人、狗…等物件，那麼人類物件也應該具備方法，讓上帝可以命令人類執行某種動作。

比如說人類物件至少具備買點心、洗臉等兩個方法，當上帝呼叫某個人類物件(比如說胡老師)去買點心時，應該給買點心這個方法一些參數，如：

```
胡啓明.買點心(香雞排)
```

意思是命令胡啓明去買香雞排給上帝當點心，也就是說胡啓明要做的動作是買、動作的對象則是點心，由於點心包含所有下午 3:00~5:30 所販賣的食物，種類非常的多，而上帝應該也不會每次都叫胡啓明買香雞排，因此買點心這個方法至少要有一個參數，用來指定點心名稱。

方法的參數可以有一個以上，以買點心而言，因爲點心名稱不固定，所以需要 1 個參數指定點心名稱，如果點心的數量也不固定，就需要另 1 個參數來指定數量，於是買點心方法的呼叫方式就變成：

```
胡啓明.買點心(小蛋糕，3)      '小蛋糕比較小，要買3個才夠吃
```

再談洗臉這個方法，做的動作是洗、對象是臉，但人類只有一個臉，因此上帝命令胡啓明洗臉時，並不需要告訴胡啓明要洗那張臉(又不是黑白郎君)：

```
胡啓明.洗臉()      '胡啟明的臉太髒了，叫他洗個臉吧！
```

一個方法需要幾個參數並沒有一個定數，完全是由方法設計者(上帝/程式設計師)決定的，比如說上帝每天固定要吃 1 個甜甜圈當點心，那麼買點心方法便不需要任何參數，如果洗臉還可以選擇使用冷水或熱水，那麼洗臉的語法將爲：

```
胡啓明.洗臉(冷水)      '夏天用冷水洗比較涼
```

下表是類別、物件、方法與參數的整理：

類別	物件	方法(動作)	參數(對象)	範例	說明
人類	胡啓明	買(點心)	點心	胡啓明.買點心(狀元糕)	買的對象(點心)不固定，故需參數。
		洗(臉)	臉	胡啓明.洗臉()	洗的對象固定是一張臉，因此不需參數。
ListBox	ListBox1.Items	RemoveAt	單一項目(Item)	ListBox1.Items.RemoveAt(2)	刪除的對象(單一項目(列號))不固定，故需參數。
		Clear	所有項目(Items)	ListBox1.Items.Clear()	刪除的對象固定是所有的項目(Items)，不需參數。

4　元件屬性/方法的查詢

每一種元件都有許許多多的屬性，胡老師並無法在書本中一一介紹，如果您想大略了解某一種元件的屬性，可以先在表單中選擇元件，接著在屬性視窗選擇某個屬性，即可查詢該屬性的簡單說明：

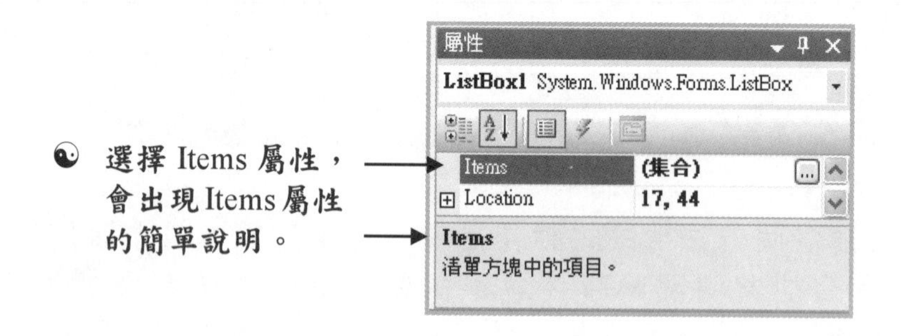

如果簡單說明無法滿足您的需求，那麼可以進入 VB 2005 Express 的線上說明(執行『說明/索引』)，進一步的查詢：

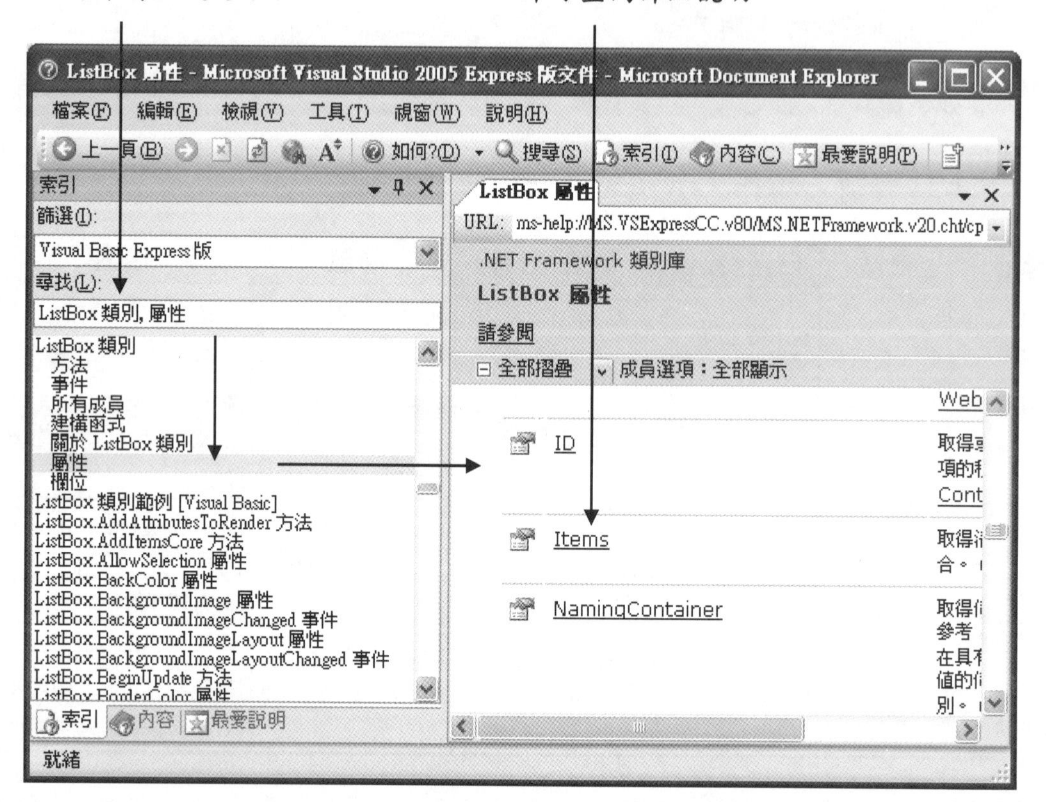

6-5　字元資料

字元型別資料用來表示單一字元，在 VB 中表示字元的方法為：

```
"字元"C
```

字元資料可以表示 Unicode 中的任意字元，"A"C 表示英文字元 A，而"胡"C 則表示中文字元胡，本章並沒有字元資料的相關範例，但第 9 章(變數)我們會再深入探討字元資料。

6-6　數值資料

1　數值資料的表示法

VB 的數值表示法比較多元，共有下列幾種：

1. 整數表示法

在 VB 中表示整數的方式與數學中的整數一樣，只要直接將整數加入到程式中即可：

```
3 * 4    ' 將整數 3 乘以整數 4
```

2. 實數表示法

在程式語言中，實數又稱為浮點數，實數包含了整數與小數兩個部份，表示實數的方式也和數學中的實數一樣：

```
3.3 * 4.5    ' 將實數 3.3 乘以實數 4.5
```

3. 科學記號表示法

科學記號表示法用來表示極大或極小的數字(一般用來表示實數)，用科學記號法表示數字的語法為：

```
<n>.<f>E{+/-}<x>
```

其中 n 表整數，f 表小數，E 為固定字元(表指數 e)，{+/-}表示必須用+或-其中之 1({}表獨立個體，/表 2 選 1)，x 則是指數，請看下例：

```
1.23E+20      ' 1.23*10^20
1.23E-15      ' 1.23*10^-15
```

4. 16 進位表示法

16 進位表示法是一種 0~15 的數字制度(10 進位是 0~9)，但由於 10~15 間的 16 進位數字有兩個位元，為避免和 10 進位數字 10....15 相混淆，16 進位的 10~15 使用英文字元 A~F 表示，舉個例子，下列 16 進位數字和 10 進位數字 90 等值：

```
5A    ' 5 * 16^1  +  10 * 16^0  =  90
```

16 進位在實際寫程式時並不常用，但同學多少還是要了解一下！

5. 8 進位表示法

8 進位表示法是一種 0~7 的數字制度，和 16 進位數字一樣，8 進位數字在實際寫程式時並不常用，同學只要知道有這個東西即可：

```
57    ' 5 * 8^1  +  7 * 8^0  =  47
```

2　數值資料的運算方式

數值資料可以執行的運算有很多種，舉凡數學中大部份的基本運算，VB 都有提供，下表是 VB 的數值運算子：

運算子	語法	實例
^(指數)	a^b：求 a 的 b 次方	3^2 = 9
正負號(+, -)	+/-<數值資料>	-5：負 5
四則運算 (+-*/)	a +/-/*// b：a 加/減/乘/除 b	3*5 = 15
整數除法(\)	a \ b：a 除以 b 的整數商	5 \ 3 = 1
取餘數(Mod)	a Mod b：a 除以 b 的餘數	5 Mod 3 = 2

3　實例：加法器

接著我們要用一個很簡單的實例說明數值資料的處理。

1. 規劃程式的功能及介面

本例是一個簡單的加法器，可以將 User 輸入的兩個數字相加：

- **按[=]時：將 TextBox1 以及 TextBox2 的內容相加，結果顯示在 TextBox3**

2. 建立專案

請建立專案「加法器」。

3. 建立程式介面

請依「功能及介面」所示，在 Form1.Vb 安裝下列元件：

元件類別	元件名稱	屬性	屬性值	說明
TextBox	TextBox1	Text	3	測試時就不用再輸入數字了
	TextBox2	Text	3	測試時就不用再輸入數字了
	TextBox3	Text	空白	
Label	Label1	Text	+	
Button	Button1	Text	=	

4. 建立程式功能

請在 Button1_Click()輸入下列程式：

加法器：Form1.Vb

```
' 按[=]時：將 TextBox1 以及 TextBox2 中的內容相加，結果顯示在 TextBox3
Private Sub Button1_Click(ByVal sender As System.Object， ByVal e As System.EventArgs) Handles Button1.Click
    TextBox3.Text = Val(TextBox1.Text) + Val(TextBox2.Text)
End Sub
```

由於 Text 屬性乃字串型別，若直接做+運算的話：

```
TextBox3.Text = TextBox1.Text + TextBox2.Text
```

將會執行字串的串接運算，導致運算結果爲字串"33"，但正確的結果應該是數字 6，因此我們使用 Val 函式將 TextBox1.Text 以及 TextBox2.Text 轉換爲數值資料，這樣才可以執行數值加法運算，結果才會正確：

```
'1.先將 TextBox1.Text 和 TextBox2.Text 轉為數值
TextBox3.Text = Val(TextBox1.Text) + Val(TextBox2.Text)
'2.再進行數學加法運算
TextBox3.Text = 3 + 3
'3.最後將運算結果指定給 TextBox3.Text
TextBox3.Text = 6
```

那函式是什麼呢？待會兒再告訴你！

5. 測試

請執行「加法器」，然後按一下 [=]：

4 實例：改良加法器

讓我們再設計一個功能比較強的加法器，以增強您的程式功力。

1. 規劃程式的功能及介面

改良後的加法器可以讓 User 用按的方式輸入加法運算式：

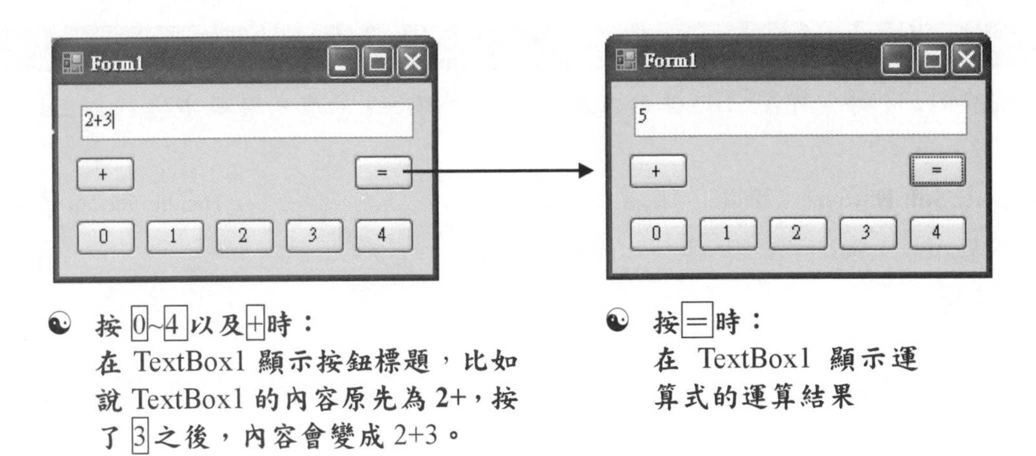

☯ 按0~4以及+時：
在 TextBox1 顯示按鈕標題，比如說 TextBox1 的內容原先為 2+，按了3之後，內容會變成 2+3。

☯ 按=時：
在 TextBox1 顯示運算式的運算結果

2. 建立專案

請建立專案「改良加法器」。

3. 建立程式介面

請依

元件類別	元件名稱	屬性	屬性值	說明
TextBox	TextBox1	Text	空白	用來顯示運算式/運算結果
Button	Button1	Text	+	
	Button2	Text	0	
	Button3	Text	1	
	Button4	Text	2	
	Button5	Text	3	
	Button6	Text	4	
	Button7	Text	=	

安裝 Button1~Button7 時，你可以先安裝 Button1，調整好其大小及內容之後，再將 Button1 複製爲 Button2~Button7，複製完成之後，再調整 Button2~Button7 的內容及位置即可。

4. 建立程式功能

請在 Button1_Click()輸入下列程式：

改良加法器：Form1.Vb

```
' 1.按 +01234 時：將 TextBox1 的內容設為：TextBox1 的原先內容 串接 按鈕上的文字
' +
Private Sub Button1_Click(ByVal sender As System.Object， ByVal e As System.EventArgs) Handles Button1.Click
    TextBox1.Text = TextBox1.Text +Button1.Text
End Sub
' 0
Private Sub Button2_Click(ByVal sender As System.Object， ByVal e As System.EventArgs) Handles Button2.Click
    TextBox1.Text = TextBox1.Text + Button2.Text
End Sub
' 1
Private Sub Button3_Click(ByVal sender As System.Object， ByVal e As System.EventArgs) Handles Button3.Click
    TextBox1.Text = TextBox1.Text + Button3.Text
End Sub
' 2
Private Sub Button4_Click(ByVal sender As System.Object， ByVal e As System.EventArgs) Handles Button4.Click
    TextBox1.Text = TextBox1.Text + Button4.Text
End Sub
' 3
Private Sub Button5_Click(ByVal sender As System.Object， ByVal e As System.EventArgs) Handles Button5.Click
    TextBox1.Text = TextBox1.Text + Button5.Text
End Sub
' 4
Private Sub Button6_Click(ByVal sender As System.Object， ByVal e As System.EventArgs) Handles Button6.Click
    TextBox1.Text = TextBox1.Text + Button6.Text
End Sub
' 2.按 = 時：將 TextBox 的內容設為：TextBox 中加法運算式的運算結果
Private Sub Button7_Click(ByVal sender As Object， ByVal e As System.EventArgs) Handles Button7.Click
    TextBox1.Text = Val(TextBox1.Text.SubString(0， TextBox1.Text.IndexOf("+"))) _
                    + Val(TextBox1.Text.SubString(TextBox1.Text.IndexOf("+") + 1))
End Sub
```

☯ 這是底線，用來將一列敘述(太長的敘述)分割成兩列

如何將 TextBox1 的內容當成運算式、交給 CPU 處理，再將結果指定給 TextBox1.Text 呢？假設 TextBox1.Text 的內容為"10+20"，則我們要寫的敘述為：

```
TextBox1.Text = 10+20
```

其中加數(10)與被加數(20)並非固定的，會隨著 User 的輸入而改變，+則是固定的，因此敘述內容就變成：

```
TextBox1.Text = <User 輸入的加數> + <User 輸入的被加數>
```

<User 輸入的加數>代表 TextBox1 中的第 1 個運算元，可再表示為：

```
TextBox1.Text 中+之前的所有內容    ' 假設 TextBox1.Text = 10 + 20，則加數為 10
```

比如說 TextBox1.Text 為"10+20"，那麼加數將為 10，若 TextBox1.Text 為"1+200"，加數則為 1，也就是說我們必須設法取得 TextBox1.Text 的部份內容(+之前的內容)。VB 的字串物件有一個 SubString(子字串)方法，剛好可以用來取得字串的部份內容，其語法為：

```
<字串物件>.SubString(<子字串啓始位置>[,<子字串長度>])
```

假設 TextBox1.Text 為"10+20"，下列敘述將可以取得<加數>("10")：

```
TextBox1.Text.SubString(0，2)   ' 由第 0 個字元開始，取 2 個字元
```

其中字串(元)的位置是由 0 開始計數的，就好像 ListBox 的項目註標一樣，在 VB 的物件中，位置的表示方式基本上都是由 0 開始的。

再假設 TextBox1.Text 為"1+2"，則取出<加數>("1")的方法為：

```
TextBox1.Text.SubString(0，1)   ' 由第 0 個字元開始，取 1 個字元
```

我們可以發現 0(子字串啓始位置)的部份是固定的，子字串長度(1、2)則視 User 輸入的加數長度而定，然而我們可以使用下列敘述動態取得加數的長度：

```
TextBox1.Text 中+的位置減 1
```

以"10+20"而言，+出現在字串的第 3 個字元，代表在+之前有 2 個字元，而"1+200"中的+出現在第 2 個，因此加數有 1 個字元。我們只要找出+在 TextBox1.Text 中的位置，即可順利算出加數的長度。字串物件有一個 IndexOf 方法，可以幫我們算出+在 TextBox1.Text 中的位置：

<字串物件>.**IndexOf**(<要搜尋的子字串>，[<啓始搜尋位置>]，[<由啓始搜尋位置開始算起、搜尋的字元總數>])

下列敘述將由 TextBox1.Text 的第 1 個字元開始，找出+的位置：

```
' 未指定<啟始位置>，由位置 0 開始搜尋，
' 未指定<搜尋字元總數>，由<啟始搜尋位置>搜尋至最後一個字元
TextBox1.Text.IndexOf("+")    ' 假設 TextBox1.Text 為"10+20"，則運算結果為 2
```

假設 TextBox1.Text 爲"10+20"，則運算結果爲 2，再將 2 減 1(+之前的所有字元)即可算出加數的總數 1，咦...好像不大對？這是由於 VB 中的項目註標是由 0 開始，字串中的字元位置也是由 0 開始，因此+的位置(2)就是加數的字元數目(0~1，共 2 個)，並不需要將+的位置再減 1。

綜合上述，取得加數的方法爲：

```
' 由字元 0 開始，取<加的位置>個字元
Textbxo1.Text.SubString(0，TextBox1.Text.IndexOf("+"))
```

假設 TextBox1.Text 爲"10+20"，上列敘述的運算結果將爲"10"，但在進行數學加法運算之前，應該用 Val 函式將字串"10"轉換爲數值 10：

```
Val(Textbxo1.Text.SubString(0，TextBox1.Text.IndexOf("+")))
```

OK！輪到被加數了，方法與加數很類似，也是與+的位置有關，被加數是 TextBox1.Text 中+之後的所有字元，取出後也要轉換爲數字：

```
' SubString()未指定參數<子字串長度>，會由<啟始搜尋位置>開始取出所有子字串
Val(Textbxo1.Text.SubString(TextBox1.Text.IndexOf("+")+1))
```

其中 TextBox1.Text.IndexOf("+")+1 表示+的位置加 1，亦即由+的下一個字元取出所有子字串，於是「在 TextBox1 顯示：TextBox 中運算式的運算結果」可以由下列敘述表達：

```
TextBox1.Text = Val(TextBox1.Text.SubString(0, TextBox1.Text.IndexOf("+"))) _
         + Val(TextBox1.Text.SubString(TextBox1.Text.IndexOf("+") + 1))
```

5. VB 的敘述分割符號

撰寫程式時，往往寫出內容很長的敘述，導致我們無法在同一個畫面看到該敘述的完整內容，此時可以在你認為適當的位置加入一個空白(Space)以及一個_(底線字元)，然後將底線之後的敘述換行(鍵入 Enter)，即可將一個敘述分成兩列(以上)顯示。

只要是可以加入空白的地方，我們都可以加入敘述分割符號(_)來分割敘述，本例我們將 Button7_Click()中的敘述分割成兩列(因為很長)，分割後的敘述明顯比較容易閱讀(理解)：

```
' 分割前
TextBox1.Text = Val(TextBox1.Text.SubString(0 , TextBox1.Text.IndexOf("+")))+
Val(TextBox1.Text.SubString(TextBox1.Text.IndexOf("+") + 1))
' 分割後
 TextBox1.Text = Val(TextBox1.Text.SubString(0, TextBox1.Text.IndexOf("+"))) _
         + Val(TextBox1.Text.SubString(TextBox1.Text.IndexOf("+") + 1))
```

6. 測試

請將執行「改良加法器」，然後：

1. **按一下 1、0、+、2、0：** 此時 TextBox1 的內容為「10+20」
2. **按一下 =：** 此時 TextBox1 的內容為「30」

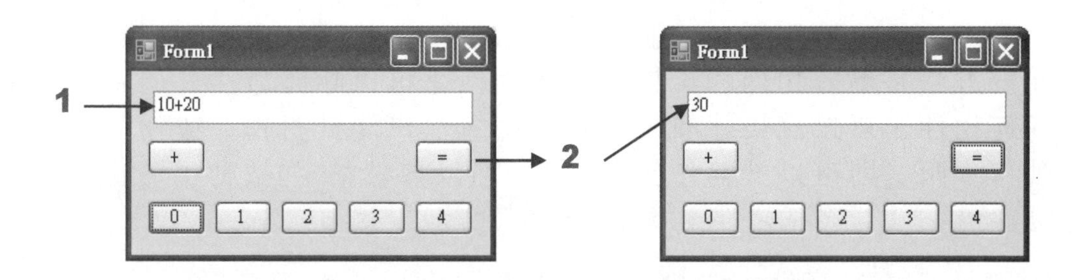

6-7 VB 的內建函式

1 內建函式

內建函式(Function)指的是 VB 提供的一群特殊運算式，內建函式用來執行特殊而複雜的運算，為什麼是特殊而複雜呢？因為函式所進行的運算都是一般運算式所無法完成的，在範例「加法器」中，我們為了將兩個 TextBox 的內容做數值加法運算，因此必須先將它們轉換為數值資料，於是使用 Val 函式來執行轉換運算，Val 函式專門用來「將字串轉換為數值」，這個轉換運算是一般運算式(加、減、串接)所無法完成的。

```
TextBox1.Text=Val(TextBox1.Text) + Val(TextBox2.Text)
```

2 函式的用法

函式的基本語法如下：

```
<函式名稱>([<參數群>])
```

其中函式名稱是函式的識別依據，使用函式時是以函式名稱為依據來呼叫某個函式，你可以將函式名稱當成是運算子一般，用來指定要執行的運算，而參數群則與運算元一樣，用來指定要運算的資料，使用函式時只要以語法為基礎，再加入我們的需求即可，比如說 Val 函式的語法為：

```
Val(<欲轉換的字串>)
```

於是我們就可以使用下列敘述將 TextBox1.Text 轉換為數字：

```
Val(TextBox1.Text)
```

函式其實和物件的方法很類似，都用來執行某一個特定的動作，差別在於方法是屬於物件的，只有經由物件才可以呼叫方法，函式則不屬於任何物件，可以直接呼叫，而物件的方法只能針對物件或物件的屬性做動作，函式則可以針對任何資料/物件(以參數指定)做動作，我們可以這麼說：

```
函式就是不屬於任何物件的方法，方法就是某個物件的專用函式
```

在完全物件導向的程式語言中，函式是不應該存在的，因爲所有的一切都是物件，但 VB(.NET)剛由 VB6.0 升級(其實已經 5 年了)，因此保留著許多 VB6.0 時代的技術，目的是讓 VB6.0 程式設計師可以延用 VB6.0 的技術，函式就是一個例子。

在 VB(.NET)中你會發現有一些方法與函式的功能差不多，這是因爲 VB(.NET)將以前 VB6.0 的函式「物件(方法)化」，目的是將 VB(.NET)「物件導向化」。但 VB(.NET)同時也保留了 VB6.0 的函式，比如說在「改良加法器」中，我們使用字串物件的 SubString 方法取得子字串：

```
TextBox1.Text.SubString(0，TextBox1.Text.IndexOf("+"))   ' 取得+之前的字串
```

其實 VB(.NET)還提供了一個功能相當的函式 Mid，語法與 SubString 相當，下列敘述同樣可以取得 TextBox1.Text 中+之前的子字串：

```
Mid(TextBox1.Text， 1，TextBox1.Text.IndexOf("+") - 1)
```

與 SubString 不同的是，Mid 必須指定子字串的來源字串(TextBox1.Text)，因爲 Mid 之前並沒有加上字串物件名稱。而 VB6.0 的註標啓始值爲 1 而不是 0，因此我們將 Mid 的第 2 個參數<啓始搜尋位置>指定爲 1。另外+的位置也必須減 1 才是+之前的字元總數(TextBox1.Text.IndexOf("+")-1)。

物件導向語言是以物件爲中心、方法爲主流，在 VB(.NET)中如果有方法可以取代函式的功能，應該儘量使用方法。

3　函式的執行結果(傳回值)

函式既然是特殊的運算式，當函式執行完畢時也會產生一個執行(運算)結果，此結果也必然是某一種型別的資料。以 Val 函式而言，其運算結果爲數值資料，比如說在「加法器」中我們使用 Val 將字串轉換爲數值：

```
TextBox3.Text=Val(TextBox1.Text) + Val(TextBox2.Text)
```

Val 函式將 TextBox1.Text 以及 TextBox2.Text 轉換為數字之後，會將轉換的結果 10 以及 20 傳回原先呼叫 Val 的位置，也就是說函式在作業完成之後，函式呼叫敘述將會變成函式的執行結果：

```
TextBox3.Text = 10 + 20
```

☯ Val(TextBox1.Text)的結果 ☯ Val(TextBox2.Text)的結果

函式和方法的運算結果又稱為**傳回值**(Return Value)，這是因為函式是一群事先寫好的運算式(程式敘述)，當我們呼叫函式時，會進入函式內部、執行函式中的所有敘述、產生運算結果，最後將運算結果傳回給呼叫端。

傳回值基本上是用來做回報的，比如說在範例「改良加法器」中，我們呼叫 IndexOf 方法來搜尋+的位置：

```
' 假設 TextBox.Text 為"10+20"，則 IndexOf 的傳回值為 2
TextBox1.Text.SubString(0，TextBox1.Text.IndexOf("+"))
```

當 IndexOf 運作結束時，必須用傳回值向我們回報搜尋的結果，亦即+在 TextBox1.Text 中的位置，因為這是我們呼叫 IndexOf 的目的。

```
TextBox1.Text.SubString(0，2)   ' 有了傳回值(2)，SubString 才可以取出<加數>
```

並不是所有的方法與函式都有傳回值，如 ListBox 的 Clear 方法就沒有傳回值，這是因為 Clear 是用來「清除 ListBox 中的所有項目」，Clear 的工作到底有沒有成功，只要觀察 ListBox 中的項目即可，並不需要多此一舉的回報「是否成功的清除所有的項目」(放屁幹嘛脫褲子？)。

4 我需要記憶所有函式(方法)嗎？

並非每個函式(方法)我們都用得到，胡老師個人的看法是不需去記憶每一個函式(方法)(因為太浪費時間了)，我們可以將 VB 的動態說明當成是函式(方法)字典，有需要時再去查詢即可，當然如果你的時間多、記憶力又超強的話，將所有函式(方法)背起來絕對是一件好事。

5　函式的分類與函式的查詢

如果說你還是想知道 VB 提供了那些函式，或是說你想查詢某一個函式的用法，可以先進入 VB 的線上說明(執行 VB 2005 Express 的『說明/內容』)，然後展開「MSDN Library for Visual Studio 2005 Express 版\Visual Basic Express 文件\參考\Visual Basic 參考\函式」，你會發現 VB 的函式分為轉換函式(Conversion Functions)、數學函式(Math Functions)...等類別，分類的目的是方便查詢：

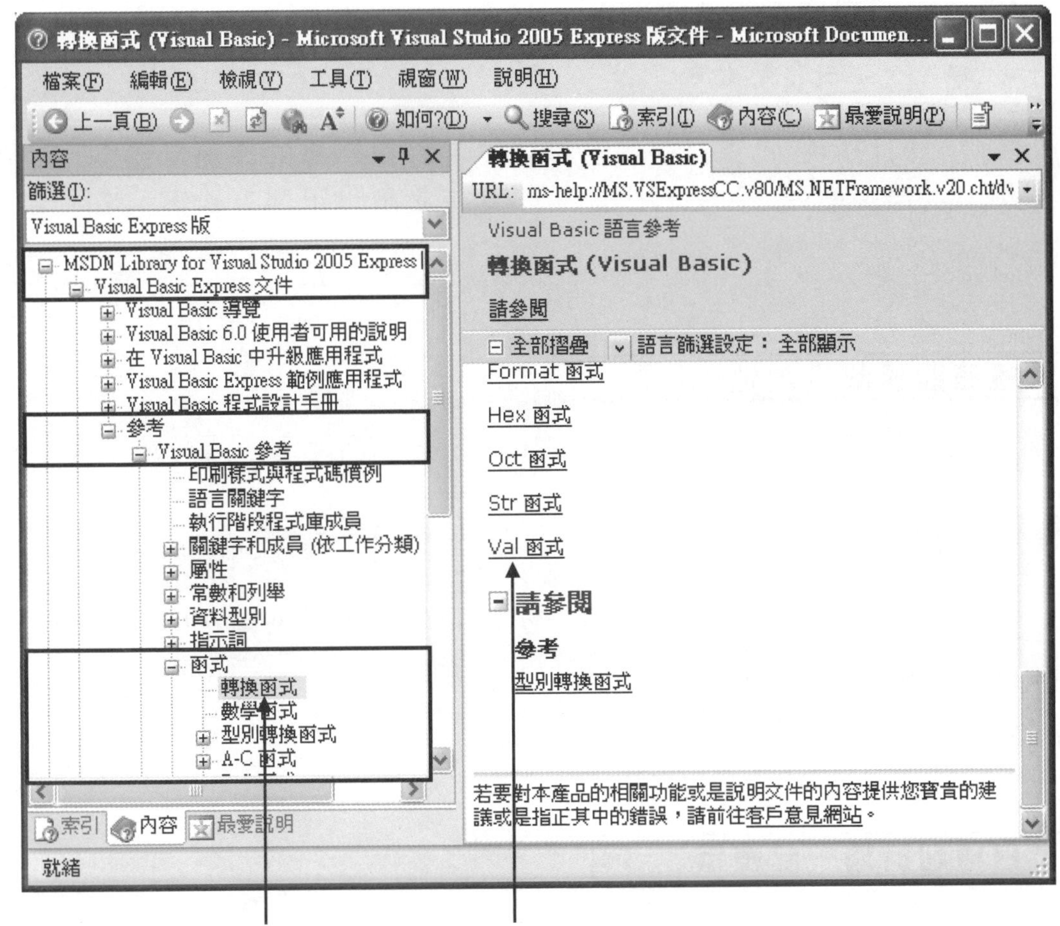

☯ Val 函式是屬於「轉換函式(Conversion Functions)」

6-8 日期/時間資料

1 日期/時間的表示法

VB 的日期以及時間資料屬於同一個型別，我們可以單獨表示日期，也可以單獨表示時間，還可以日期和時間一起表示。

1. 純日期資料表示法

VB 表示日期資料的方式為：

```
#月/日/年#   '西元格式
```

其中#為日期/時間資料的識別符號，就好像字串的識別符號"一樣，舉個例子，民國 95 年 2 月 15 日，在 VB 中必須以下列方式表示：

```
#2/15/2006#
```

2. 純時間資料表示法

純時間資料的表示法則為：

```
#時:分:秒 [AM/PM]#
```

舉個例子，下列兩個時間資料表示的都是「下午 6 點 40 分 0 秒」：

```
#18:40:00#      '24 小時制表示法
#6:40:00 PM#    '12 小時制表示法
```

3. 日期和時間一起表示

也可以將日期與時間表示在同一個資料中，格式為：

```
#月/日/年 時:分:秒 [AM/PM]#
```

舉個例子，下列資料表示「2005 年 6 月 21 日 下午 12 點 23 分」：

```
#6/21/2005 12:23 PM#
```

值得注意的是，當我們省略時間資料時，預設的時間是#12:00:00 AM#：

```
#2/23/2000#    等於    #2/23/2000 12:00:00 AM#
```

若省略日期資料，則預設的日期是#1/1/0001#(西元　元年 1 月 1 日)：

```
#6:40:00 PM#    等於    #1/1/0001 6:40:00 PM#
```

2　日期/時間資料的運算

VB 並未提供任何的運算子給日期/時間使用，但若將日期/時間視為物件，就可以使用日期/時間的方法和屬性來操控日期/時間。第 9 章談到變數時胡老師會介紹日期/時間的部份方法，另外 VB 也提供了日期/時間的相關函式，請自行參考線上說明。

6-9　邏輯資料

邏輯資料又稱為布林資料(Boolean)，只有 True 以及 False 兩種，用來表示真與假兩個相對狀態，我們將在第 7 章討論邏輯資料。

所有的基本型別資料都已介紹完畢，接下來胡老師將再用各種不同的角度來說明資料與型別，讓您可以真正了解資料與型別的來龍去脈！

6-10　不同型別資料的運算

1　不同型別的資料可否一起運算

前幾節所介紹的各種運算，都是針對相同型別的資料，字串的串接運算針對兩個字串資料，數學運算針對兩個數值資料，然而不同型別的資料是否可以一起運算呢？

可以！VB 允許好幾種不同型別的運算，不過就胡老師的個人經驗而言，覺得有意義的運算只有「串接運算」一種，其餘只會造成混淆，應儘量避免！

2　不同資料間的串接運算

1. 串接運算的語法

&運算子可以將任意型別的資料串接在一起、形成一個字串：

```
<資料 1>  &  <資料 2>
```

2. 串接運算的幾個例子

1. 數字與字串

```
"數學:" & 60 & "分"    ' 結果為 "數學:60 分"
```

2. 日期與字串

```
"今天是:" & #6/21/2002#    ' 結果為 "今天是: 6/21/2002"
```

3. +與&的比較

6-2-8 節胡老師曾介紹串接運算子+，這是字串資料專用的串接運算子，而&則可以串接任意型別的資料，包括字串。

胡老師個人的習慣是：用&執行串接運算、不要用+，只有在加法運算時才用+，以便讓+的功用確定，當我們在程式中看到+時就知道是加法運算，也不會懷疑程式中的+到底是做加法運算或者是串接運算。

6-11 資料型別的轉換

1　基本觀念

假設有個運算式如下：

```
"123" + 3
```

兩個運算元不同型別，可以一起運算嗎？有些可以、有些則不行！以上面這個例子而言，在 VB 中是可以做運算的，VB 會先將字串"123"轉換爲數字 123，然後再將 123+3，結果得到 126。

但胡老師建議同學最好不要撰寫這種型式的運算式，因爲很奇怪，幹嘛將字串與數字相加呢？好像沒什麼意義嘛！

胡老師要強調的是，寫程式的原因是因爲現實生活中的資料使用人工作業不容易處理，因此用程式將資料交由電腦處理，所以唯有現實生活中會做的事，我們才有可能寫程式叫電腦幫我們處理，既然在現實生活中我們不可能會處理"123"+3，當然也不可能命令電腦做這件事。

除了前一節所介紹的串接運算(&)之外，胡老師建議你儘量避免將不同型別的資料放在一起做運算，以免造成運算方式的不確定，連你自己都看不懂自己寫的程式。

2　一個例子

在範例「加法器」中，我們使用下列敘述將 TextBox1.Text 與 TextBox2.Text 做數值加法運算：

```
Val(TextBox1.Text) + Val(TextBox2.Text)
```

上列敘述是先將 TextBox1.Text 以及 TextBox2.Text 轉換爲數值資料、再進行加法運算，之所以必須先做型別轉換，是因爲 TextBox1.Text 與 TextBox2.Text 都是字串資料，不先轉換爲數值的話，編譯器會將+認定爲串接運算子，因而得到錯誤的結果"33"：

```
TextBox1.Text + TextBox2.Text   '1.先將 TextBox1 以及 TextBox2 的內容取出來
"3" + "3"   '2.因為"3"和"3"都是字串，因此+被判斷為字串的串接運算
"33"   '3.得到的結果為字串"33"
```

然而我們想進行的運算是 3+3，想得到的結果是 6，因此使用 Val 函式先將 TextBox1.Text 以及 TextBox2.Text 轉換爲數值資料，這樣才可以進行數值加法運算：

```
Val(TextBox1.Text) + Val(TextBox2.Text)   '1.取出 TextBox1 和 TextBox2 的內容
Val("3") + Val("3")   '2.再將字串"3"轉換為數字 3
3 + 3   '3.進行數值加法運算 3+3
6   '4.得到的結果為數字 6
```

3　什麼時候應該做資料轉換

透過加法器的詳細分析，我們可以歸納資料型別的轉換時機：

> **當我們進行某一種運算時，若運算元的型別不合適，必須先將運算元轉換為運算式所能接受的型別**

讓我們再一次的討論下列運算式：

```
"123" + 3
```

假如我們想進行的是「數學加法運算」,就需要兩個數值資料,但"123"並非數值，因此必須先將"123"轉換為 123，再進行數學加法運算：

```
Val("123") + 3
```

如果我們想進行串接運算呢？有兩個方法,第 1 個是使用&運算子：

```
"123" & 3
```

我們也可以先將數值 3 轉換為字串，再進行字串串接：

```
"123" + Ctype(3，String)
```

或是

```
"123" + Convert.ToString(3)
```

其中 Ctype 是 VB 提供的型別轉換函式，語法為：

```
Ctype(<資料>，<型別>)
```

而 Convert 是轉換型別物件,Convert 擁有 20 幾種方法,都用來處理資料的型別：

```
Convert.<方法>(<資料>)    ' 將資料轉換為方法所指定型別
```

ToString()則是 Convert 的方法，用來將其他型別的資料轉為字串。

記住！運算式一定要很明確的表達到底要進行什麼運算，儘量不要寫出模稜兩可的運算式：

```
"123" + 3      ' 到底做加法或串接運算呢？
```

6-12 資料的編碼

1 碼

碼(Code)指的是一群符號的集合，在人類世界中，有英語碼(一群英文符號的集合)、繁體中文碼(一群繁體中文符號文字的集合)....等。在電腦世界中則有 Ascii 碼(標準英數字符號的集合)、Big-5 碼(繁體中文、英數字符號的集合)、UniCode(萬國碼、全世界所有語文符號的集合)。

2 資料的編/解碼

電腦內部是以電子線路儲存資料，照理講電腦應該只能儲存 0、1 兩種資料(符號)，但實際上電腦卻可以儲存 a、b；1、2；胡、明..等人類世界中的符號(資料)，這是怎麼一回事呢？因為有**編碼**(Encoding)技術！

當 User 以鍵盤 Key In 某個人類符號時(比如說 a)時，電腦內部會有一組編碼線路(一個 IC、裏面含有編碼邏輯電路)，這線路會將輸入的符號編成一組 2 進位數字，並將此數字儲存在 RAM 中。而一旦 RAM 中的資料被處理完畢，可能必須將結果送到輸出設備，但總不能將 RAM 中的 0、1 形式資料直接送往輸出設備吧！這樣人類怎麼看得懂？因此必須先將 2 進位資料**解碼**(Decoding)為人類符號，再送到輸出設備：

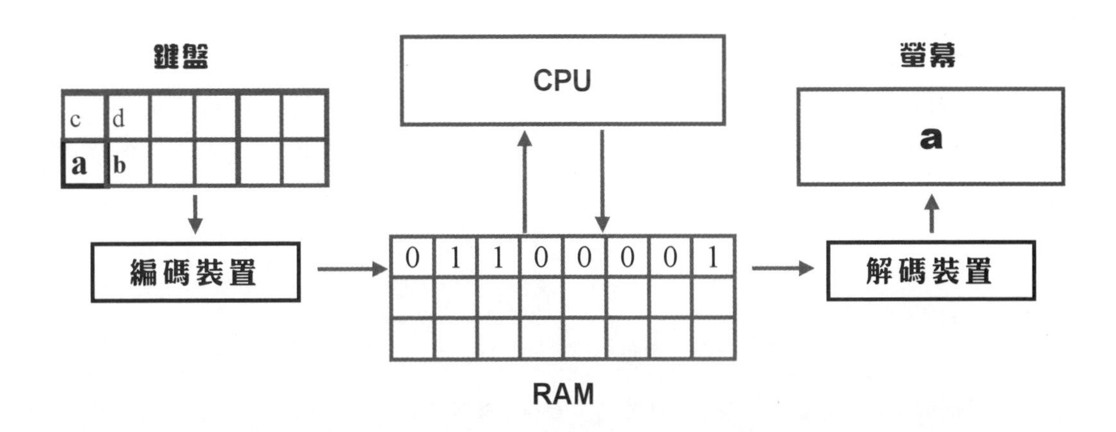

如上圖所示，人類資料要經編碼才能夠儲存於電腦內部，要顯示電腦內部的資料於輸出設備，則必須先將電腦內部的 2 進位資料解碼為人類符號，這樣人類才看得懂，但要注意的是編碼與解碼的規則要相同，才可以忠實呈現(還原)User 輸入的資料。另外不同電腦的編/解碼規則也應相同，否則不同電腦的資料將無法互相交換，想想看如果甲電腦的編碼裝置將 a 編碼為 00001111，而乙電腦的解碼線路將 00001111 解碼為 b，豈不天下大亂，因此我們需要一套統一的編解碼規則。

在電腦發明早期，不同國家的人類符號採用不同的編碼規則，如美國用 ASCII 碼來編/解碼英數字以及英文特殊符號，ASCII 將一個人類符號編碼為 8 個位元的 2 進位碼，台灣則用 BIG-5 碼來編/解碼繁體中文字、英數字以及中英文特殊符號，中國大陸則用 GB 碼來編/解碼簡體中文字、....。值得一提的是，BIG-5 以及 GB 碼是將一個人類符號編成 16 位元的 2 進位碼，因為中文符號比較多。

但這樣會造成不同國家交換資料時出錯，一來因為不同編/解碼規則所包含的符號內容並不相同，二來彼此的編碼方式也不一樣。比如說 BIG-5 碼並未包含簡體中文，GB 碼也未包含繁體中文，BIG-5 可能將胡編成 0000111100001111，但 GB 碼卻將 0000111100001111 解碼為王，於是台灣的「胡老師」到了大陸就變成「王八蛋」了，這還得了，於是 Unicode 出現了。

Unicode 的發明是為了解決不同編/解碼系統進行資料交換時的亂碼問題，Unicode 包含了人類世界中的所有符號，中文、英文、俄文.....，所有的人類符號全部都被編碼為 16 位元的 Unicode，只要所有的電腦都使用 Unicode 系統，那麼全世界的電腦文件都可以交換有無，再也不會有亂碼。

在.Net 環境中預設的內碼系統就是 Unicode，意思是說我們程式中的字串(字元)，會被編碼為一個一個 Unicode 字元，然後儲存起來，只要我們在.Net 環境(VB 2005 Express)中開發程式，並在.Net 環境(安裝有.Net Framework[4])中執行程式，那麼資料編碼機制將能正確的運作，不會有亂碼出現。

---

[4] 關於.Net Framework，會在「跟胡老師學程式」系列中陸續介紹。

3　數值資料的編/解碼

前面所介紹的編碼機制，都是針對字元(符號)而言，數值資料代表的是量的概念，並非符號，因此有另外一套編解碼方式。當編譯器遇到程式中的數字時(比如說 1)，會用 10 進位轉 2 進位的編碼規則將 10 進位數字轉換爲 4 個位元組的 2 進位數字(如果是 64 位元電腦，則被轉爲 8 個位元組)：

```
00000000，00000000，00000000，00000001   ' 這是 2 進位數字 1
```

那字串(元)"1"呢？由於"1"被表示爲字串資料，因此編譯器會以符號看待"1"，將其轉換成對應的 Unicode(00000000 00110001)，這也是爲何下列兩個運算式結果不同的原因：

```
1 + 1         ' 結果為 2
"1" + "1"     ' 結果為"11"
```

4　其他資料的編碼

除了字串、數值資料在輸入/儲存到電腦中時，會被編碼爲二進位資料之外，日期、字元以及邏輯資料也是如此，因爲電腦只能儲存 2 進位資料，至於日期、字元以及邏輯資料是如何被編碼爲 2 進位資料，在「跟胡老師學程式」系列中會陸續介紹，在此同學只要有一個基本概念即可。

6-13 資料的表示方式

1 常値

常値(Literal)就是**常數値**，泛指本章介紹的所有資料：

```
"胡啓明"       ' 字串常値
"胡"C          ' 字元常値
123            ' 整數常値
123.456        ' 實數(浮點數)常値
#12/1/2004#    ' 日期常値
True           ' 邏輯常値
```

之所以稱爲常値是因爲其値恆常不變，舉個例子，下列敘述中的資料 3 是一個整數常値，不管程式如何執行，它永遠是 3：

```
TextBox1.Text = Val(TextBox2.Text) + 3
```

也就是說，常値就是「固定不變的資料」。

2 變動資料表示法

胡老師之所以在這兒提出常値，是因爲在 VB 程式中表示資料時，除了使用常値來表示固定不變的資料之外，還可以使用其他 VB 敘述來表示會變動的資料，比如說在專案「加法器」中，按[=]時所觸發的功能爲：

```
TextBox3.Text = <User 輸入的第 1 個資料> + <User 輸入的第 2 個資料>
```

User 輸入的資料不可能固定，因此必須用變動資料表示法，怎麼變呢？視程式功能而定，User 輸入的第 1 個資料會儲存在 TextBox1.Text 中，亦即第 1 個資料隨著 TextBox1 的內容而變，也就是說 TextBox1.Text 就是 User 輸入的第 1 個資料，同理 TextBox2.Text 就代表 User 輸入的第 2 個資料：

```
TextBox3.Text = TextBox1.Text + TextBox2.Text
```

就表相看來，TextBox1.Text 並不是資料，而是一個屬性值取出敘述，但該敘述執行完畢時(取出 TextBox1.Text 的內容之後)，其結果就會變成資料，因而稱為變動資料表示法。

再舉個例子，在專案「ListBox 的刪除」中，按清除時要執行的是「刪除 ListBox1 中<被選擇的那一列>」：

```
ListBox1.Items.RemoveAt(<被選擇的那一列列號>)
```

其中<被選擇的列號>也是會變動的，所以也要使用程式敘述表示：

```
ListBox1.Items.RemoveAt(ListBox1.SelectedIndex)
```

於是程式執行時，列號將隨著 ListBox1.SelectedIndex(User 選擇的列號)而變。

變動表示法可以使用任意類型的敘述來表示，只要該敘述的執行結果為常值(資料)即可，比如說在專案「改良加法器」中，我們就使用了函式/方法混合在一起的敘述，來表示加數與被加數：

```
TextBox1.Text = Val(TextBox1.Text.SubString(0，  TextBox1.Text.IndexOf("+"))) ' 加數
              + Val(TextBox1.Text.SubString(TextBox1.Text.IndexOf("+") + 1))  ' 被加數
```

6-14 以物件的方式來操控資料

1　所有的資料皆是物件

微軟的.Net 將旗下的程式語言(VB、VC#、VC++、VJ#)帶進了「(幾乎)完全物件導向」時代，在.Net 中所有的東西都是物件，也都可以用物件導向的方式來處理。也就是說每個元件、資料....都有屬性可以改變(或表達)該元件(資料)的特徵，也都有方法可以處理該元件(資料)的相關資料(即本身的屬性)。

本節要以字串資料為例，證明.Net 中的資料可以用物件的方式來處理！

2　字串資料的屬性

底下以一個實例來說明如何使用字串資料的屬性，以證明在 VB 中，字串資料其實與一般元件(TextBox，Button……)一樣，都被視為物件。

1. 規劃程式的功能與介面

本例只是為了說明字串資料的屬性而已，並沒有什麼特別的意義：

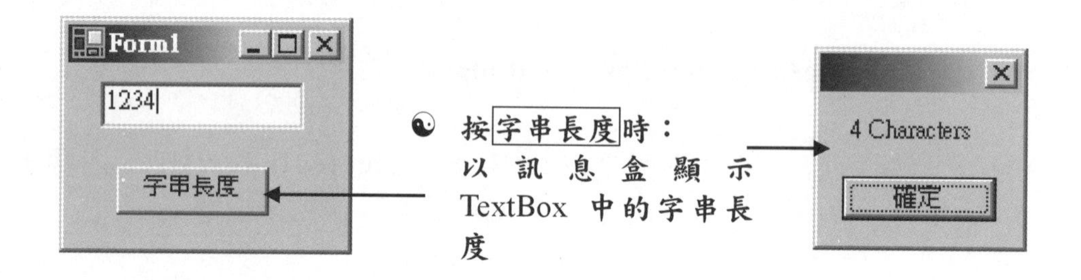

2. 建立專案

請建立專案「字串資料的屬性」。

3. 建立程式介面

請依據「功能及介面」，在 Form1.vb 安裝一個 TextBox 以及一個 Button。

4. 建立程式功能

字串資料的屬性：Form1.Vb

```
' 按字串長度時：以訊息盒顯示 TextBox 中字串的長度
Private Sub Button1_Click(ByVal sender As System.Object， ByVal e As System.EventArgs) Handles Button1.Click
    ' 顯示 TextBox1 中的字串長度，其中 Length 屬性用來表示(儲存)字串的長度
    MessageBox.Show(TextBox1.Text.Length  &  " Characters")
End Sub
```

5. MessageBox 物件

MessageBox 是.Net 中的**訊息盒**物件，用來控制 Windows 訊息盒的顯示，它只有一個方法 Show，用來顯示訊息盒，其語法為：

```
MessageBox.Show(<訊息內容>)
```

6. 測試程式

請執行「字串資料的屬性」，然後：

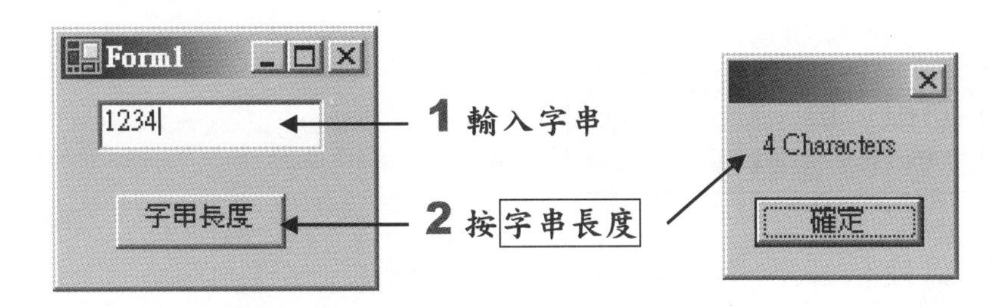

7. TextBox 的 Text 屬性其實儲存著字串資料

前面講過，屬性是用來儲存物件特徵(性質)的地方，屬性裏面會儲存著某個資料，此資料用來表達物件的某個特徵。

既然屬性儲存著資料，那麼該資料一定也有型別(凡資料必有型別)，以 TextBox 元件而言，其 Text 屬性用來儲存使用者輸入的文字內容，不管使用者輸入的是什麼資料，TextBox 都會將其編碼為字串、儲存於 Text 屬性中，於是當我們取出 Text 屬性的內容時將會是字串資料：

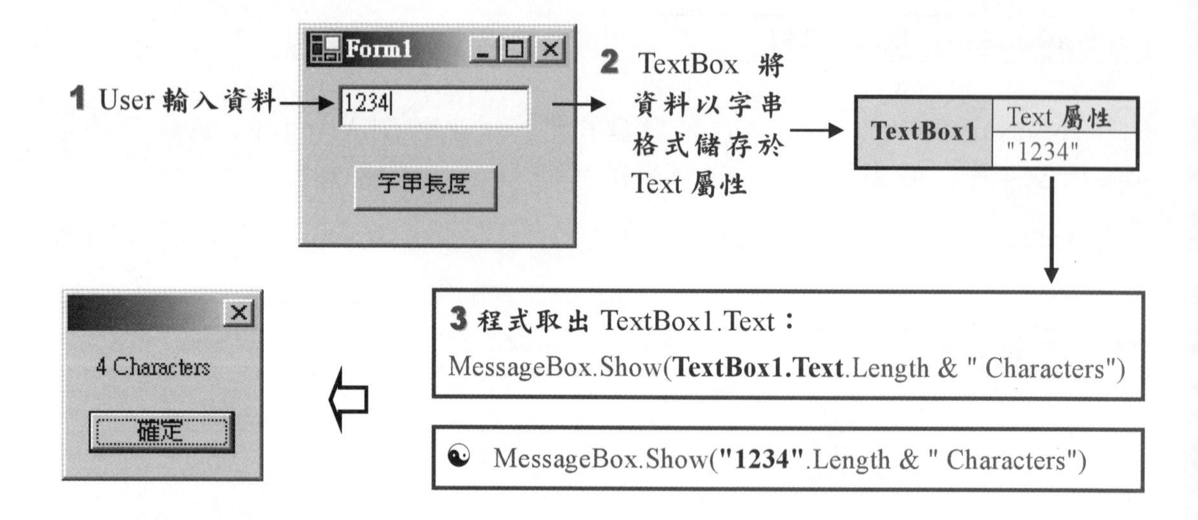

8．Read-Only 與 Read-Write 屬性

物件的屬性依可否指定屬性值分為兩種：

1. Read-Write Property：可讀寫屬性

可讀寫屬性可指定屬性值，比如說 TextBox 的 Text 屬性即為 Read-Write 屬性

2. Read-Only Property：唯讀屬性

唯讀屬性不可指定屬性值，其值是隨著其他屬性動態改變的，比如說字串物件的 Length 屬性，其值是隨著字串的內容(Text)而定，不可直接指定。

3 字串資料的方法

既然字串是物件，當然有方法可用，在範例「改良加法器」中，我們就使用了字串物件的 IndexOf 方法來尋找+在 TextBox1.Text 中的位置：

```
TextBox1.Text.IndexOf("+")
```

我們還使用了 SubString 方法來取得+之前的所有內容：

```
TextBox1.Text.SubString(0，TextBox1.Text.IndexOf("+"))
```

4　字串物件還有那些屬性/方法呢？

如果你想知道字串物件還有那些屬性/方法可用，除了查詢 VB 2005 Express 的動態說明之外，還可以用下列方式快速查詢：

☯ **在程式碼視窗中輸入字串物件的名稱，再輸入.(句點)，即會顯示所有的屬性(手形圖)及方法(紫色菱形圖)。**

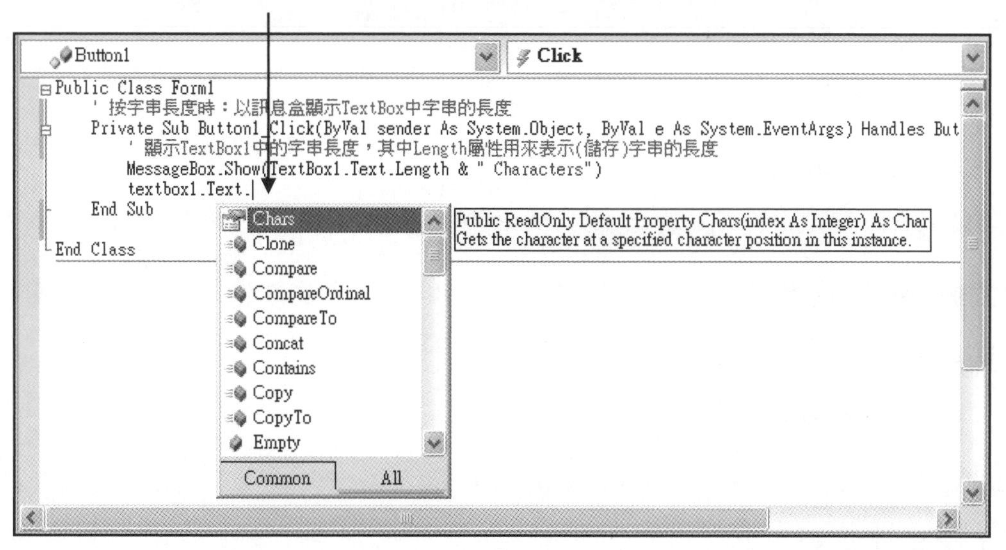

5　胡老師到底要說什麼？

本節(以物件的方式來操控資料)的目的在於讓同學了解：

☯ VB 的資料，都只能使用該型別的運算子來處理，比如說字串只有+運算子，數值資料則有+-*/.....等數學運算子。

☯ 除了 VB 提供的運算子之外，我們還可以將資料當成物件，如此便可以使用型別(類別)所提供的方法與屬性、進一步的處理資料，於是處理(運算)資料的方法就變多了，寫起程式也就更加的方便。

6-15 一個敘述的先後執行次序

第 4 章胡老師曾經說過，VB 的**敘述**(Statement)指的是一列程式，有些敘述比較複雜，會包含兩個以上的敘述，稱爲**複合敘述**(Composition Statement)。舉個例子，在專案「加法器」中，用來執行「將 TextBox 的內容相加、並將結果顯示在 TextBox3」的敘述，就是一個複合敘述：

```
TextBox3.Text = Val(TextBox1.Text) + Val(TextBox2.Text)
```

這個敘述包含了下列幾個(子)敘述：

1. 1 個屬性值指定敘述

```
TextBox3.Text = Val(TextBox1.Text) + Val(TextBox2.Text)
```

2. 1 個(加法)運算式

```
Val(TextBox1.Text) + Val(TextBox2.Text)
```

3. 2 個函式呼叫敘述

```
Val(TextBox1.Text)     以及     Val(TextBox2.Text)
```

4. 2 個屬性值取出敘述

```
TextBox1.Text     以及     TextBox2.Text
```

算一算總共有 6 個敘述，但 CPU 同一時間只能處理(執行)一個敘述[5]，因此這些敘述會被依序執行，但誰先誰後呢？

當一個敘述包含兩個以上的子敘述時，VB 會依「一個敘述的先後執行原則」來進行，原則如下：

1. 確定這個敘述的本質類型

2. 目前的敘述內容符合敘述語法嗎？合法往 3，不合法回 1

3. 處理(執行)這個敘述

讓胡老師以下列敘述爲例，說明一個敘述的先後執行次序：

---

[5] 最新型的雙核心 CPU 則可以同時執行兩個敘述，但敘述的執行還是有先後次序。

```
TextBox3.Text = Val(TextBox1.Text) + Val(TextBox2.Text)
```

第 1 次

1. 確定這個敘述的本質類型

這是一個屬性值設定敘述(這是執行這個敘述的初始(最終)目的)：

```
TextBox3.Text = Val(TextBox1.Text) + Val(TextBox2.Text)
```

2. 目前的敘述內容符合敘述語法嗎？

不符合，因爲屬性值設定敘述的語法爲：

```
<物件名稱>.<屬性名稱>=<屬性值>
```

其中<屬性值>代表的是屬性可以接受(儲存)的資料，其資料型別必須與屬性相符，而 TextBox 的 Text 屬性乃字串型別，因此只能接受(儲存)字串資料。

而下列敘述的前兩個部份符合語法，因爲 TextBox3.Text 正確表達了 TextBox3 物件的 Text 屬性，而=也沒錯。但第 3 個部份則有問題，因爲 Val(TextBox1.Text) + Val(TextBox2.Text)並不是字串資料(而是一個加法運算式)，因此無法直接(立刻)指定給 TextBox3.Text，怎麼辦？將 Val(TextBox1.Text) + Val(TextBox2.Text)處理爲字串資料即可！

```
TextBox3.Text = Val(TextBox1.Text) + Val(TextBox2.Text)
```

OK！現在我們得先處理 Val(TextBox1.Text) + Val(TextBox2.Text)這個子敘述，於是又要重新分析其執行的先後次序了：

第 2 次

1. 確定這個敘述的本質類型：加法運算式

```
Val(TextBox1.Text) + Val(TextBox2.Text)
```

2. 目前的敘述內容符合語法嗎？

不合法，因爲加法運算式的語法爲：

```
<數值資料 1> + <數值資料 2>
```

而 Val(TextBox1.Text)與 Val(TextBox2.Text)都不是數值資料！

又是另一個敘述分析流程(先分析 Val(TextBox1.Text))：

第 3 次

1. 確定這個敘述的本質類型：函式

```
Val(TextBox1.Text)
```

2. 目前的敘述內容合法嗎？

不合法，因為 Val 函式的語法為：

```
Val(<字串資料>)
```

但 TextBox1.Text 並不是字串資料。

再一個分析流程(TextBox1.Text)：

第 4 次

1. 確定這個敘述的本質類型：屬性值取出敘述

```
TextBox1.Text
```

2. 目前的敘述內容合法嗎？

合法(終於...好累喔！)，因為屬性值取出敘述的語法為：

```
<物件名稱>.<屬性名稱>
```

TextBox1.Text 就是用來取出 TextBox1 的 Text 屬性值！

3. 處理(執行)這個敘述：

```
Val("3")    ' 假設 TextBox1 的內容為 3
```

是的！就是這樣反覆的分析，直到敘述符合語法、可以執行為止，底下胡老師將「TextBox3.Text = Val(TextBox1.Text) + Val(TextBox2.Text)」的先後執行次序用另一種方式表達，其中斜體的部份表示每次執行的對象(敘述)，另外我們也假設 TextBox1 的內容為"3"、TextBox2 的內容為"6"：

```
1. TextBox3.Text = Val(TextBox1.Text) + Val(TextBox2.Text)
                                          ' 取出 TextBox1.Text 的值

2. TextBox3.Text = Val("3") + Val(TextBox2.Text)   ' 將"3"轉換為 3

3. TextBox3.Text = 3 + Val(TextBox2.Text)   ' 取出 TextBox2.Text 的值

4. TextBox3.Text = 3 + Val("6")             ' 將"6"轉換為數值 6

5. TextBox3.Text = 3 + 6                    ' 執行加法運算 3+6

6. TextBox3.Text = 9                        ' 將 9 指定給 TextBox3.Text
```

Oh、My！很複雜對不對？可能有同學會問：需要這麼累嗎？需要搞那麼清楚嗎？

絕對需要！程式設計的本質在於邏輯，只要能掌握程式運作邏輯就一定會寫程式，當我們可以將一件事情的來龍去脈搞得一清二楚時，就表示我們的邏輯思惟能力很強，就表示我們的程式撰寫能力很足夠。

如果我們不能將一個敘述的來龍去脈搞得一清二楚(爲何要這麼寫、子敘述執行的先後次序爲何、執行結果爲何....)，你說怎麼可能寫好程式呢？別想偷懶，好好用功吧！

值得一提的是，下列敘述原本是無法直接執行的，因爲 9 並非字串資料，無法指定給 TextBox3.Text：

```
TextBox3.Text = 9    ' 將 9 指定給 TextBox3.Text
```

我們應該先將 9 轉換爲"9"之後，再指定給 TextBox3.Text 才對，但由於 VB 編譯器會自動進行轉換(其原理在第 9 章(變數)會說明白)，因此我們不須自行轉換。

6-16 敘述中的空白問題

在 VB 的敘述中，個體(Entiy)與個體(Entiy)間基本上是不需加空白的，比如說下列兩個敘述，兩者都可以用來指定 TextBox3.Text 的內容為 Val(TextBox1.Text)+Val(TextBox2.Text)，兩者的語法都是正確的：

```
TextBox3.Text=Val(TextBox1.Text)+Val(TextBox2.Text)        ' 個體與個體間沒有空白
TextBox3.Text = Val(TextBox1.Text) + Val(TextBox2.Text)   ' 個體與個體間有空白
```

所謂的個體指的是程式敘述中獨立、不可分割的單元，如下列運算式中，<運算元 1>、<運算子>以及<運算元 2>是 3 個不同的個體：

```
<運算元 1>   <運算元>   <運算元 2>
'32、+、45 是 3 個不同的個體，個體內部不可有空白，彼此間則可以有空白，也可以沒有
32 + 45
```

有時候一個個體會比較複雜(看起來好像是 2 個以上的個體)，此時在語法中我們會用{}將此複雜的個體含括起來，以表示它們是同一個個體：

```
{<物件名稱>.<屬性名稱>}=<屬性性值>
```

上列敘述的第 1 個部份(個體)由 3 個個體<物件名稱>、**.**、<屬性名稱>組成，3 者合起來才可以表示屬性名稱這種個體，3 者間不可以有空白(個體內部絕對不能有空白)，於是我們用{}將之括起來，讓別人(閱讀這份文件的人)知道這是一整個個體。

串接運算(&)敘述是一個例外，在串接運算中個體與個體間一定要有空白，否則會出現語法錯誤：

```
"123"   &   4    'YES！個體間有空白
"123"&4          'NO！個體間沒有空白
```

6-17 本章摘要

本章的重點在於資料、資料型別以及資料的處理運算，爲了處理不同類型的資料(文字、數字、日期...)，程式語言會將資料做分類，不同類型的資料，會以不同的編碼方式儲存在電腦內部，於是不同型別的資料必須使用不同的方式處理，導致不同型別的資料所擁有的運算子也不大相同。

VB 的資料型別分爲**基本資料型別**與**複合資料型別**兩種，本章介紹的是基本資料型別，總共有下列五種：

- 字串
- 字元
- 數值
- 日期
- 邏輯

運算式指的是用來將資料交給 CPU 做運算(處理)的敘述，每一種運算式在執行結束時都會產生一個運算結果。本質上我們要的是運算結果而不是運算式，因此運算結束時運算式會消失不見，由運算結果取而代之、參與接下來的程式運作：

```
TextBox1.Text = 3+3    ' CPU 先處理 3+3
TextBox1.Text = 6      ' 處理完 3+3，3+3 將消失不見，由結果(6)取代
```

每一種運算的結果都會是某種型別的資料，數學運算式產生數值資料，+(字串串接)產生字串資料.....。

不同型別資料間的運算基本上是不合理而且無效的(在語意上)，我們應該儘量避免，如果真有必要將不同型別的資料放在一起運算，也一定要將資料型別做適當的轉換，以確定進行我們想要的運算類型。&是唯一有意義的不同型別運算子，用來將不同型別的資料串接起來，形成一個字串。

除了使用運算子處理資料之外，我們還可以將資料視為物件，用物件的方法處理資料的內容，用屬性存取資料的狀態、特徵。

函式就是特殊的運算式，也可以用來處理資料，不過在 VB 中，函式大都被物件的方法所取代，因為方法就是物件內用的函式，函式就是給所有物件使用的方法。

物件的方法與函式都用來執行某個特定的動作，也都會有動作對象，動作對象固定時不需指定參數(不用再指定動作對象)，動作對象不固定時則必須指定參數(要指定動作的對象)。

在 VB 敘述中表示資料時，可以用**常值**(Literal)或是**變動表示法**，常值代表固定不變的資料，如"胡啓明"、123...等，如果程式中的資料會隨著程式執行方式而變，則必須使用變動表示法：

```
'<運算元 1(2)>隨著 TextBox1(2).Text 而變
TextBox3.Text = TextBox1.Text + TextBox2.Text
```

VB 提供了各式各樣的元件類別，讓我們可以在表單中安裝各種不同的元件，相同類別的元件將具有相同的外觀、屬性、方法，比如說同為 TextBox 類別的 TextBox1 和 TextBox2，兩者都會有 Text 屬性，也都會有 SelectAll 方法(用來選取 TextBox 的所有內容)。

設計應用程式的四大功能時(輸入、儲存、處理、輸出)，除了使用 VB 提供的敘述之外(例如用運算式設計資料處理功能)，也可以使用 VB 的元件。比如說我們可以在表單中安裝 TextBox，就可以讓 User 輸入資料，於是程式就具有輸入的功能了。如果在表單中安裝 ListBox，則可以讓 User 瀏覽一列一列的資料(輸出資料給 User 看)，也可以讓 User 選取一列一列的資料(輸入資料)。

程式設計的核心在於**邏輯**，邏輯思惟能力越強、程式設計能力也就越好，邏輯指的是一件事情的來龍去脈，程式設計師一定要將程式運作的來龍去脈搞得一清二楚，包括程式功能的運作邏輯，以及程式敘述的運作邏輯(敘述的先後執行次序以及執行結果)，邏輯就是程式設計的真如本體(性)，掌握正確的邏輯就能寫出正確的程式。

6-18 本章新增之元件/物件與敘述

1 元件

本表格只列出重要屬性與方法的簡單說明，詳細用法請自行參考線上說明：

元件類別	功用	重要屬性	重要方法
TextBox	輸入/顯示一項資料。	**1.**Text(字串型別)：表示 TextBox 中的文字內容。	**1.**Select(<start>，<length>)： 選取 TextBox 的部份內容。 **2.**SelectAll()： 選取 TextBox 的所有內容。
ListBox	選取/瀏覽多項(一列一列)資料。	**1.**Items(所有 Item 的集合)：表示 ListBox 中的所有項目。	**1.**Items.Add(<data>)： 新增一列(項)資料。 **2.**Items.RemoveAt(<Index>)： 刪除一列(項)資料。 **3.**Items.Clear()：刪除全部資料。
Label	顯示靜態文字	**1.**Text(字串型別)：表示 Label 中的文字內容。	無
ComboBox	輸入/顯示一項資料，或讓 User 選取/瀏覽多項(一列一列)資料。	**1.**Text(字串型別)：表示 ComboBox 中的文字。 **2.**Items(所有 Item 的集合)：表示 ComboBox 中的所有項目。	**1.**Select(<start>，<length>)： 選取部份內容。 **2.**SelectAll()： 選取所有內容。 **3.**Items.Add(<data>)： 新增一列(項)資料。 **4.**Items.RemoveAt(<Index>)： 刪除一列(項)資料。 **5.**Items.Clear()： 刪除全部資料。

2 物件

物件類別	功用	重要屬性	重要方法
字串	表示一個文字	**1.**Length(數值型別)：表示字串的長度。	**1.**IndexOf(<字串>)：搜尋子字串的位置。 **2.**SubString(<啓始位置>[，<字元數目>])：取得字串的子字串。
Convert	轉換資料型別		**1.**ToString(<資料>)：將資料轉換爲字串

3 敘述

敘述名稱	功用	語法
運算式	將資料交由 CPU 處理(運算)。	<運算元 1> <運算子> <運算元 2>
屬性值取出	取得某個物件的屬性值。	<物件名稱>.<屬性名稱>
方法	命令物件執行某個動作。	<物件名稱>.<方法名稱>([<參數>])
函式	執行某個特殊運算。	<函式名稱>([<參數>])
資料表示法	在程式中表示某個資料	"<字串>"、#日期#、……….

4 函式

函式名稱	功用	語法
Val	將字串轉型爲數值	Val(<字串>)
Ctype	轉換資料型別	Ctype(<資料>，<型別>)

6-19 習題

從本章開始，實作題慢慢增多了，建議你至少要嘗試第 2 級的題目，寫不出來沒有關係，至少你自己想過，這樣上網參加討論，或是參加胡老師的線上課程時，才有一個基本的認識，效果才會更好。

1　資料型別(1)

VB 爲什麼要將資料區分爲各種不同的型別？

2　VB 的基本資料型別(1)

請說明 VB 的**基本資料型別(原始資料型別**、Primitive Data Type)有那些？

3　資料轉移(2)

請修改本章範例「ListBox 的刪除」，加入下列功能：

☯ **按清除時不僅會把 ListBox1 中的選項清除，該選項還會出現在 ListBox2**

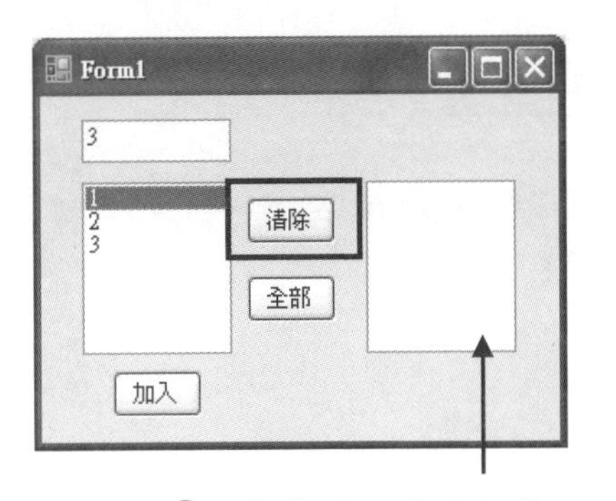

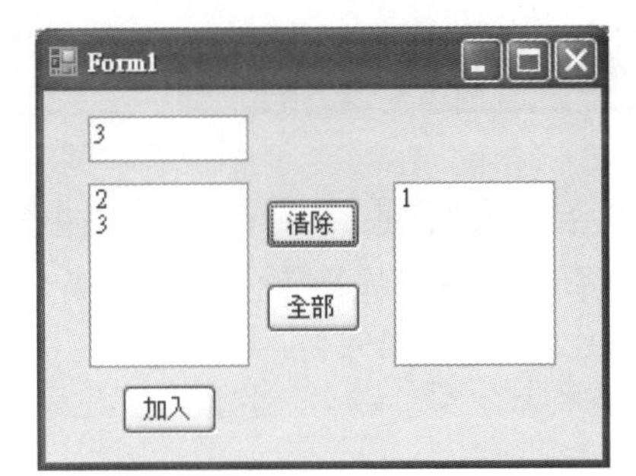

☯ **安裝另一個 ListBox**

> **胡老師的提醒**
>
> **表示 ListBox 選項內容的方法為：<元件名稱>.SelectedItem**

4　ComboBox 的資料轉移(2)

請修改習題 6-3(資料轉移)，以 ComboBox 取代 ListBox1，功能不變：

5　運算式(1)

請說明：

1. 什麼是運算式？

2. 為什麼要使用運算式？

3. 運算式的語法為何(即如何使用運算式，請舉例說明)？

6　運算子的優先順序一(2)

請列出下列運算式的先後運算次序以及運算結果，表達方式請參考 6-15(一個敘述的先後執行順序)：

```
10+5/6*3 & 20*2+5
```

7　ComboBox 的使用模式(2)

ComboBox 基本上組合了 TextBox(輸入資料)以及 ListBox(列示資料)兩種元件的功能，但據胡老師所知，ComboBox 有一個屬性，可以設定 ComboBox 所要扮演的角色(總共有下列三種)，請找出此屬性：

☯ **簡單模式：**
TextBox/ListBox

☯ **組合模式：平常**
TextBox，**展開** ListBox

☯ **下拉模式：**
下拉式的 ListBox

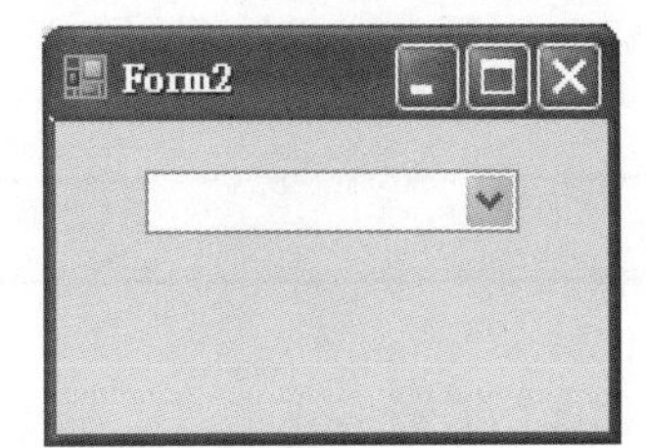

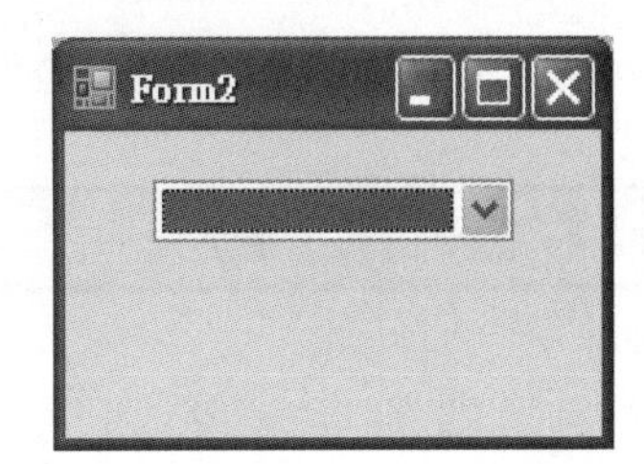

8　物件導向程式設計(1)

請說明什麼是**物件導向程式設計**(OOP)？

9　類別與物件(1)

請說明什麼是類別？什麼是物件？

10　方法(1)

請說明：

1. 什麼是方法？

2. 為什麼要使用方法？

3. 如何使用方法？(請舉例說明)

11　參數(1)

請說明：

1. 什麼是參數？

2. 為什麼要使用參數？

3. 呼叫方法時一定要傳遞參數嗎？

12 屬性(1)

請說明什麼是 Read-Write 屬性？什麼是 Read-Only 屬性？

13 {}(1)

請說明下列語法中，{}的意義：

```
<n>.<f>E{+/-}<x>
```

14 _(1)

請說明在 VB 中，_(底線)的功用爲何？

15 函式(1)

請說明：

1. **什麼是函式(Function)？**
2. **為什麼要使用函式？**
3. **如何使用函式(請舉例說明)？**

16 運算結果(1)

請說明什麼是**運算結果**？什麼是**傳回值**(Return Value)？

17 資料型別的轉換(2)

下列敘述的意義如果是「應付金額(TextBox1.Text)=銷售額(TextBox2.Text)*折扣(0.9)」，請問下列敘述合法嗎？若不合法應如何調整？

```
TextBox1.Text = TextBox2.Text * 0.9
```

18 碼(1)

請說明什麼是**碼**(Code)？什麼是**編碼**(Encoding)？什麼是**解碼**(Decoding)？

19 數值資料的編碼(2)

在 VB 中，2 和"2"有何不同？

20 資料表示方式(2)

請問在 VB 程式敘述中，有幾種資料表示方式，其表示時機為何(在什麼時候要使用什麼表示方式)？

21 一個敘述的先後執行順序(3)

請說明下列敘述包括幾個(子)敘述，並列出這些敘述的先後執行順序，表達方式請參考 6-15(一個敘述的先後執行順序)：

```
TextBox1.Text = Val(TextBox1.Text.SubString(0, TextBox1.Text.IndexOf("+")))  _
            + Val(TextBox1.Text.SubString(TextBox1.Text.IndexOf("+") + 1))
```

22 方案(1)

請說明什麼是方案？為什麼要使用方案？如何使用方案？

23 敘述中的空白(1)

請說明下列敘述合不合法？為什麼？

```
TextBox1.Text="1"+"2"

TextBox1.Text = "1" + "2"

TextBox1.Text=3&4

TextBox1.Text=3 & 4
```

24 註標(1)

請說明什麼是**註標**(Index)？

25 ()運算子(1)

請說明()運算子的功用？

26 自動輸入年月日(3)

請建立下列程式：

1. 程式介面

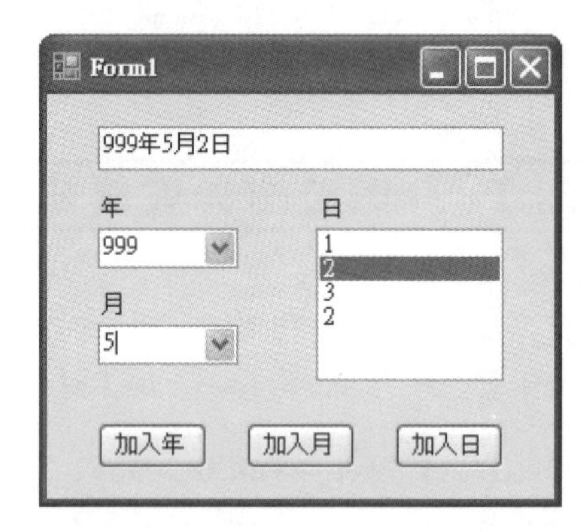

<table>
<tr><th>元件類別</th><th>元件名稱</th><th>屬性</th><th>屬性值</th><th>功用</th></tr>
<tr><td>TextBox</td><td>TextBox1</td><td>Text</td><td>空白</td><td>顯示日期</td></tr>
<tr><td rowspan="3">Label</td><td>Label1</td><td>Text</td><td>年</td><td rowspan="3">說明文字</td></tr>
<tr><td>Label2</td><td>Text</td><td>月</td></tr>
<tr><td>Label3</td><td>Text</td><td>日</td></tr>
<tr><td rowspan="4">ComboBox</td><td rowspan="2">ComboBox1</td><td>Items</td><td>998
999
1000</td><td rowspan="2">選擇年份</td></tr>
<tr><td>Text</td><td>998</td></tr>
<tr><td rowspan="2">ComboBox2</td><td>Items</td><td>1
5
11</td><td rowspan="2">選擇月份</td></tr>
<tr><td>Text</td><td>11</td></tr>
</table>

元件類別	元件名稱	屬性	屬性值	功用
ListBox	ListBox1	Items	1 2 3	選擇日期
Button	Button1	Text	加入年	為 ComboBox1 加入一項
	Button 2	Text	加入月	為 ComboBox2 加入一項
	Button 3	Text	加入日	為 ListBox1 加入一項

2. 程式功能

1. 功能 1~3：

- 選擇 ComboBox1/ComboBox2/ListBox1 中的選項時：

  將 TextBox1 的內容設為：
  「ComboBox1 的內容」
  串接「年」
  串接「ComboBox2 的內容」
  串接「月」
  串接「ListBox1 的內容」
  串接「日」

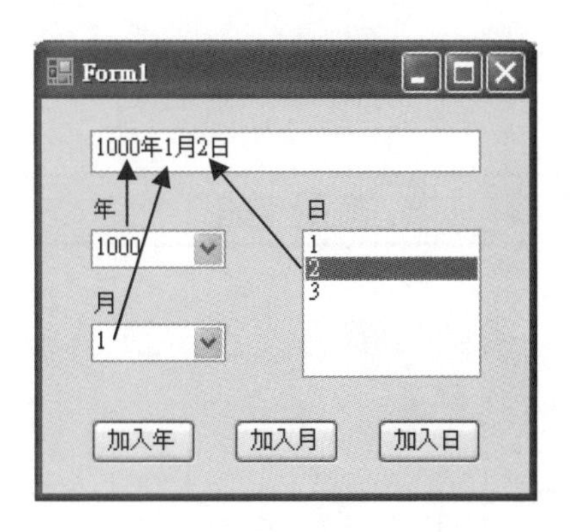

2. 功能 4~6：

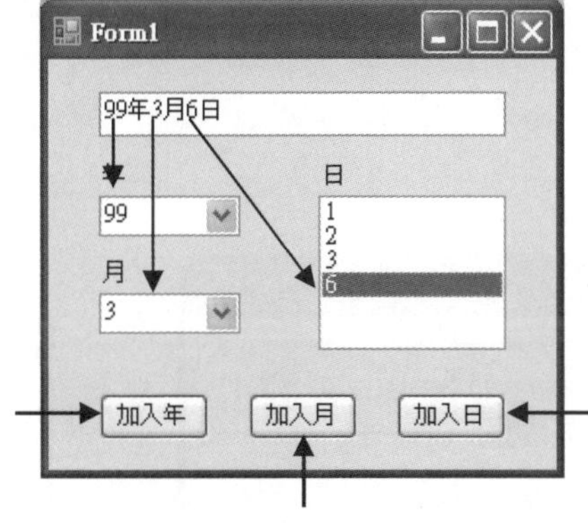

- 按加入年時：
  在 ComboBox1 中加入一列資料，內容為：
  TextBox1 中年左邊的內容

- 按加入日時：
  在 ListBox1 中加入一列資料，內容為：
  TextBox1 中月與日之間的內容

- 按加入月」時：
  在 ComboBox2 中加入一列資料，內容為：TextBox1 中年與月之間的內容

27 VB的敘述(1)

截至目前爲止，你學了那些 VB 敘述呢？請列出這些敘述的名稱、功用、語法。

28 VB的元件(1)

截至目前爲止，你學了那些 VB 元件呢？請列出這些元件的名稱、功用、常用屬性與方法。

29 VB的物件(1)

截至目前爲止，你學了那些 VB 物件呢？請列出這些物件的名稱、功用、常用屬性與方法。

30 VB的函式(1)

截至目前爲止，你學了那些 VB 函式呢？請列出這些函式的名稱、功用以及參數。

6-20 習題執行檔

本書光碟附帶了習題解答的執行檔，目的是讓同學更加了解實作題的題意，你可以先將光碟中的資料夾「VB 2005 初學入門習題 Exe」拷貝到硬碟，然後雙按執行檔(.exe)來了解實作題的運作邏輯：

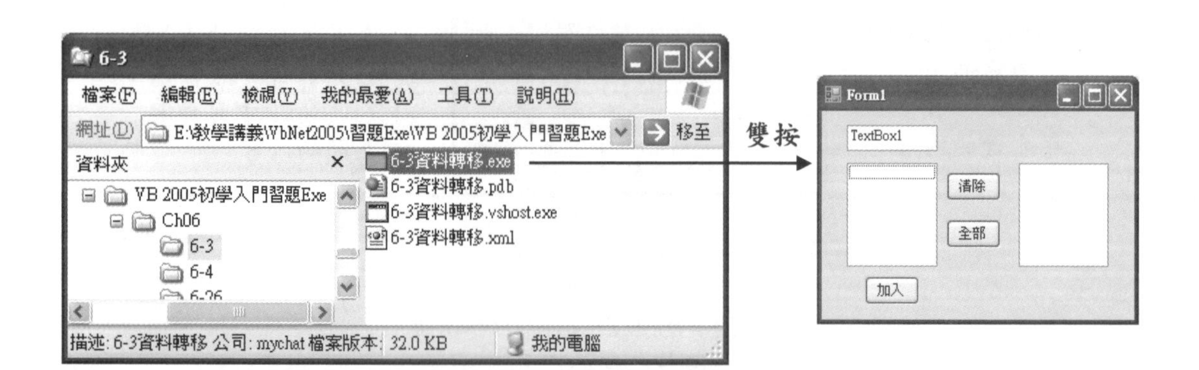

第 7 章

條件分支敘述

前面幾章所介紹的程式敘述，其執行方式都是由上而下的依序執行，但有時候我們會希望程式可以依條件的不同、執行不同的敘述內容，這種技巧稱爲分支。

7-1　程式的分支

在人類世界中，對某個人(如員工、傭人)下命令時，時常會請對方依條件來判斷如何進行接下來的工作，比如說有某個員工，專門負責購買上司的午餐，當上司請該員工購買午餐時，就可能會使用下列敘述：

```
如果　牛肉王有開　就　'依牛肉王是否有開，來判斷、決定買牛肉麵或是蒸餃
　　買一碗牛肉麵
否則
　　買一籠蒸餃
```

寫程式命令電腦幫我們處理資料也一樣，也有可能會請電腦依條件來判斷如何處理資料，因爲電腦所扮演的角色就和員工一樣，使用電腦的原因是我們太忙了，無暇處理身邊的事務，因此請電腦協助處理，電腦幫我們處理的是人類世界中的事務，我們會在人類世界中做的事，我們就(才)有可能會請電腦幫忙處理。

胡老師要表達的是，既然我們會請員工依條件執行工作，當然也有可能請電腦依條件執行不同的敘述，比如說在一個需要密碼才能夠使用的軟體系統中，就可能會請電腦執行下列敘述：

```
如果　輸入的密碼正確　就　'判斷密碼的正確與否，決定是否讓使用者進入系統
　　1.讓使用者進入系統
否則
　　2.不讓使用者進入系統
```

電腦會依據密碼是否正確來決定要執行敘述 1(讓使用者進入系統)或者敘述 2(不讓使用者進入系統)，也就是說敘述 1 和敘述 2 兩者只有其中一列會被執行，像這種「依條件來執行多組敘述其中之 1」的程式設計技巧，專業術語叫**分支**(Branching、一組敘述叫一支)，而本章要介紹的**條件判斷敘述**(Making Decisions，這是胡老師介紹的第 7 種敘述)，就是用來命令電腦依條件分支執行的程式敘述。

7-2　單條件判斷敘述

1　語法

單條件判斷敘述 If，用來讓程式分 2 支執行，當條件成立時執行第 1 支(敘述群 1)、不成立時執行第 2 支(敘述群 2)，其中敘述群指的是 1 個以上的敘述。

```
If <條件式> then    ' 判斷條件式，做為分支依據
    <敘述群 1>      ' 條件式成立時執行敘述群 1
[Else
    <敘述群 2>]     ' 條件式不成立時執行敘述群 2
End If
```

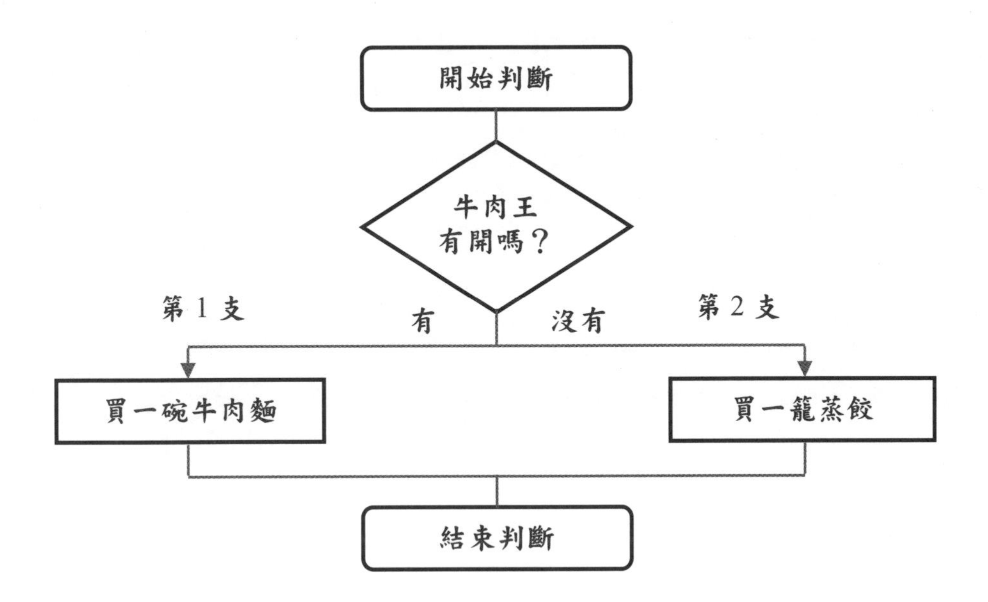

圖 7-1：If 的執行流程圖，

▭ 表示啟點/終點、◇ 表示條件、▭ 表示程式敘述群

2 實例

1. ListBox 刪除的錯誤

執行第 6 章的範例「ListBox 的刪除」時會有下列錯誤：

當未選擇 ListBox1 中的項目就按清除時，將出現下列錯誤訊息，請按一下 Debug，以進一步的處理錯誤，處理完畢時，請按一下**停止偵錯**工具鈕：

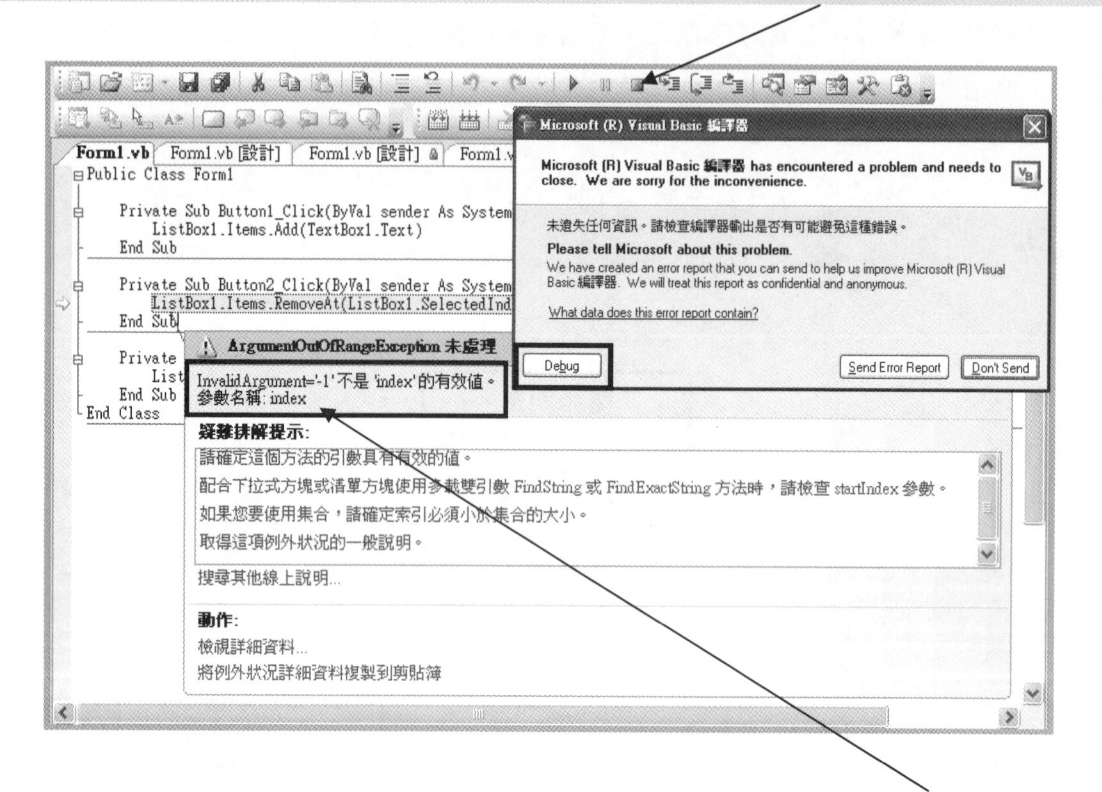

造成錯誤的原因是當 User 未選擇任何項目時，ListBox1.SelectedIndex 會等於-1(無效列號、表示沒有項目被選取)，但 ListBox 的項目註標是由 0 開始，根本沒有-1 這一列，因此發生錯誤。

要處理這個錯誤，我們必須在刪除選項之前，先判斷是否有任何資料被選擇，有的話刪除資料，沒有的話則不需做任何事。

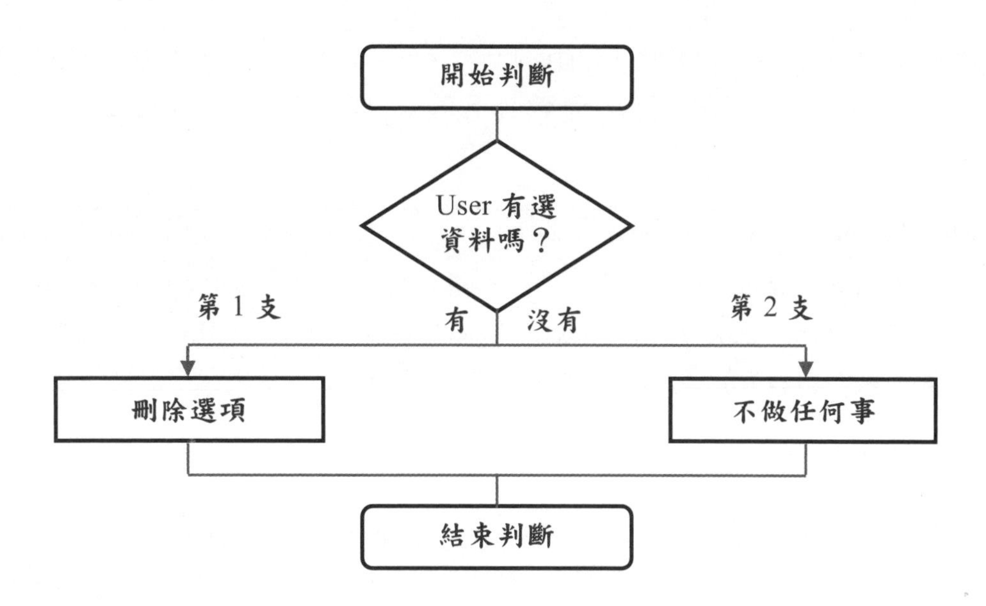

2. 建立專案

為了不破壞專案「ListBox 的刪除」的內容，我們將另外建立一個專案，請建立一個 Windows 專案「單條件」，並將專案「ListBox 的刪除」中的 Form1.Vb 加入到專案中，取代原有的 Form1.vb。

3. 建立程式功能

請開啓專案「單條件」的 Form1.Vb、修改 Button2_Click()的內容：

單條件：Form1.Vb

```
' 按清除時：刪除 ListBox1 中的選項
Private Sub Button2_Click(ByVal sEnder As System.Object， ByVal e As System.EventArgs) Handles Button2.Click
    If  ListBox1.SelectedIndex <> -1 Then    ' 如果  ListBox1 中有項目被選擇  就
        ListBox1.Items.RemoveAt(ListBox1.SelectedIndex)  ' 刪除 ListBox1 中的選項
    Else    ' 否則
        ' 不做任何事就不要撰寫任何程式
    End  If    ' 結束判斷
End Sub
```

值得注意的是，由於當 ListBox1 沒有任何資料項被選取時(也就是條件不成立時)，並不需要執行任何敘述，因此 If 敘述中的 [Else <敘述群 2>] 可以省略：

```
Private Sub Button2_Click(ByVal sEnder As System.Object， ByVal e As System.EventArgs) Handles Button2.Click
    If  ListBox1.SelectedIndex <> -1 Then     ' 如果 ListBox1 中有項目被選擇 就
        ListBox1.Items.RemoveAt(ListBox1.SelectedIndex)  ' 刪除 ListBox1 中的選項
    End If  ' 結束判斷
End Sub
```

```
If <條件式> then
    <敘述群 1>
[ Else   ' 條件式不成立時若不需執行任何程式，可以省略整個 Else 區段
    <敘述群 2> ]
End If
```

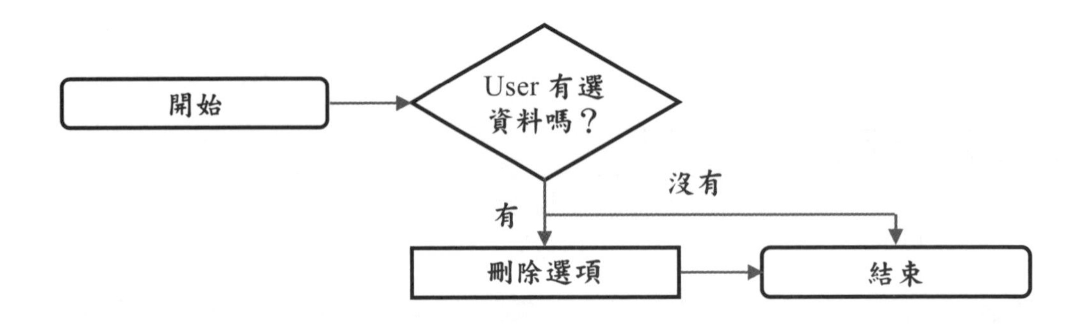

4. 條件式

在 If 敘述中，我們必須用**條件式**來判斷 ListBox 是否有資料被選取，方法是判斷 SelectedIndex 屬性是否爲**-1**，因爲當 ListBox 沒有資料被選取時，SelectedIndex 屬性將不會是**-1**(一定>=0)，所以下列敘述可以表示「ListBox1 有資料項被選取」：

```
ListBox1.SelectedIndex <> -1
```

這種判斷兩個資料是否相等的敘述，稱爲條件式(比較運算式)，詳情請參考 7-3 節。

5. 測試程式

請同學再試一次，在沒有選擇資料的情況下直接按下清除時，會不會出現錯誤？

☯ 未選資料、直接按清除，也不會出錯了！

3　程式的內縮

在 VB 2005 Express 中編輯程式時，VB 2005 Express 會視情況自動將程式**內縮**(Indent)：

☯ 這叫「程式內縮」

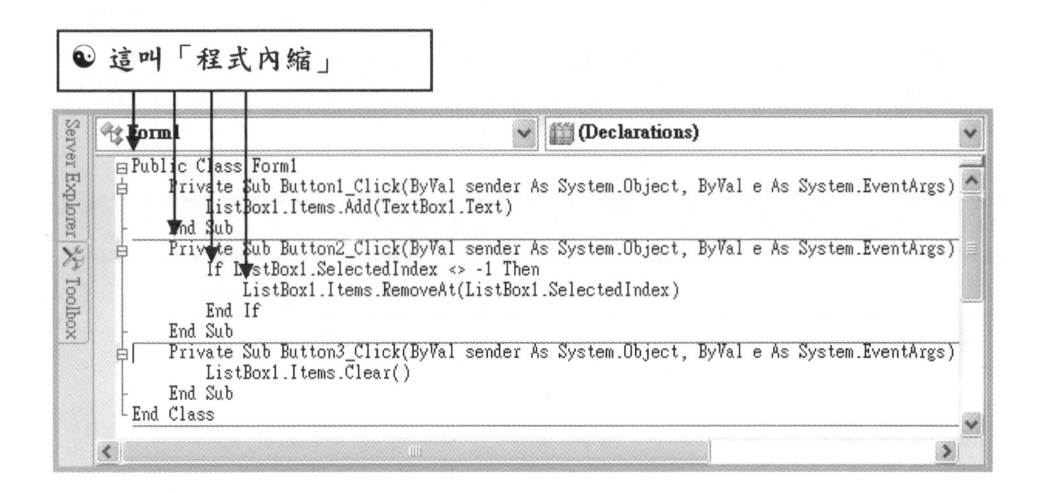


```
Public Class Form1
    Private Sub Button1_Click(ByVal sender As System.Object, ByVal e As System.EventArgs)
        ListBox1.Items.Add(TextBox1.Text)
    End Sub
    Private Sub Button2_Click(ByVal sender As System.Object, ByVal e As System.EventArgs)
        If ListBox1.SelectedIndex <> -1 Then
            ListBox1.Items.RemoveAt(ListBox1.SelectedIndex)
        End If
    End Sub
    Private Sub Button3_Click(ByVal sender As System.Object, ByVal e As System.EventArgs)
        ListBox1.Items.Clear()
    End Sub
End Class
```

將程式內縮的好處是可以提高程式的可讀性：

```
' 1.將程式內縮
Private Sub Button2_Click(ByVal sEnder As System.Object， ByVal e As System.EventArgs) Handles Button2.Click
    ' Button1_Click()中的程式內縮，可以輕易看出 Button1_Click()會觸發那些程式
    If  ListBox1.SelectedIndex <> -1 Then
        'If 中的程式內縮，可以清楚了解條件成立時要執行那些程式
        ListBox1.Items.RemoveAt(ListBox1.SelectedIndex)
    End If
End Sub
```

```
' 2.程式未內縮：比較看不清楚程式的範圍歸屬
Private Sub Button2_Click(ByVal sEnder As System.Object， ByVal e As System.EventArgs) Handles Button2.Click
If  ListBox1.SelectedIndex <> -1 Then
ListBox1.Items.RemoveAt(ListBox1.SelectedIndex)
End If
End Sub
```

早期(5、6 年前)編寫程式時，程式設計師必須自行將程式內縮，VB 2005 Express 則會自動幫我們處理程式的內縮問題，我們只管輸入程式就好了，這將節省不少的時間，嗯...VB 2005 Express 真體貼！

7-3 比較運算式

1 認識比較運算式

比較運算式是一種特殊的運算式，一般用在需要比較判斷的場合，比方說條件判斷敘述中的「條件式」，比較運算式也是運算式的一種，其語法基本上和一般的運算式一樣：

```
<運算元 1>  <比較運算子>  <運算元 2>
```

差別點在於比較運算式使用的是**比較運算子(又稱關係運算子)**而已，而被比較的兩個資料、其型別也必須相同。

2　比較運算子

下表是 VB 中所有的比較運算子，和數學中的比較運算符號差不多，同學稍微瀏覽一下即可：

比較運算符號	比較運算方式
=	等於
>	大於
<	小於
>=或=>	大於等於
<=或=<	小於等於
<>或><	不等於
Like	類似

3　比較運算式的運算結果

每一種運算式在運算結束時都會產生運算結果，比如說字串的串接運算會產生字串資料，數值運算則產生數值資料。

比較運算式則會產生邏輯資料，當比較運算真的成立時，結果爲邏輯 **True**(代表真)，若比較運算不(假的)成立時，結果則爲邏輯 **False**(代表假)，以下列比較運算式而言，其結果將爲 True：

```
1 >= 0   '1 真的 >= 0
```

下列比較運算式的結果則爲 False：

```
1 <= 0   '1 假的 <= 0
```

4 比較運算式的應用

比較運算式最常應用於流程式控制敘述(包括條件判斷與迴圈)中的條件式，而流程控制敘述就是根據比較運算式的運算結果來判斷如何執行程式。

以專案「單條件」中的 Button2_Click()而言，我們在 If 敘述中使用了下列比較運算式：

```
If  ListBox1.SelectedIndex  <>  -1  Then
```

當 ListBox1 中沒有資料項被選取時(ListBox1.SelectedIndex = -1)，整個 If 敘述的執行流程將如下所示：

1. 進行條件式的比較運算：

```
-1  <>  -1  '1.進行比較運算
false  '2.產生運算結果
```

2. If 敘述依據運算結果來決定程式的執行流向：

```
If false Then '條件式假的成立
    ListBox1.Items.RemoveAt(ListBox1.SelectedIndex)    '不執行敘述群 1
'本來應該執行 Else 區段中的敘述群 2，但本例沒有 Else 區段
End If
'直接往 If 敘述之後(End If 的下一列)繼續執行
```

相反的若 ListBox1 中有資料項被選取(ListBox1.SelectedIndex>=0)，則 ListBox1.SelectedIndex <> -1 的運算結果將會是 True：

```
If True Then  '條件式真的成立
    ListBox1.Items.RemoveAt(ListBox1.SelectedIndex)   '執行敘述群 1
End If
```

5　字串的比較

字串資料的比較過程比較複雜，因此胡老師特別提出來說明：

1. 以字元(符號)的 Unicode 為比較對象

比較兩個字串時，是從兩個字串的第 1 個字元開始，1 對 1 的比較相對應的字元，而兩個字元的比較方式則是以字元的 Unicode 爲依據。舉個例子、下列敘述的比較結果將爲 True，因爲 a 的 Unicode(97)大於 A 的 Unicode(65)：

```
"a" > "A"    ' True
```

由上可知、大小寫英文字元由於符號形狀不同、於是其 Unicode 就不相同(Unicode 是依據符號形狀編碼)，因此同一個英文單字的大小寫符號在 VB 中並非相同的字元。

2. =、<>比較

兩個字串的長度與內容必須完全一模一樣才算相等，當 VB 編譯器發現兩個字串不等長時便視爲不相等：

```
"abc"  =   "abcd"     ' False
"abc"  <>  "abcd"     ' True
```

3. >、<比較

>、<的比較方式比較複雜，原則如下：

1. 由第 1 個字元開始比，若在未結束前比出大小，則不再比下去：

```
"cd" > "abc"     ' True：c>a
```

2. 比完其中一個字串時若全部相等，則以長度較長者為大：

```
"abcd"  >  "abc"     ' True
```

4. 實例

讓我們用一個例子來練習字串的比較方式：

A. 功能與介面說明

本例只是要說明字串的比較方式而已：

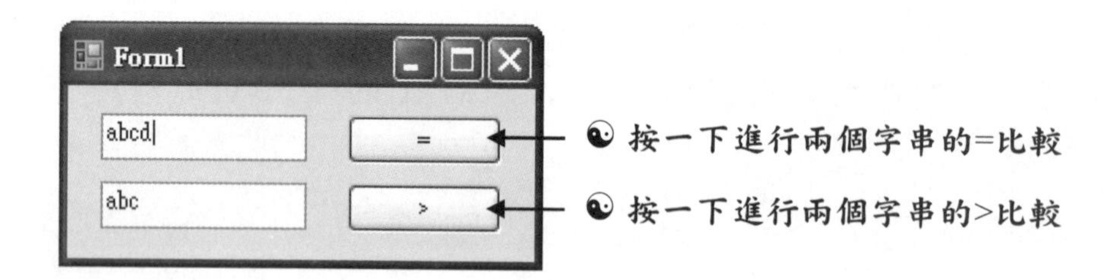

Form1
abcd
abc
=
>
按一下進行兩個字串的=比較
按一下進行兩個字串的>比較

B. 建立專案

請建立一個新專案「字串的比較」。

C. 建立程式介面

請依「功能與介面說明」，在 Form1.Vb 安裝兩個 TextBox 以及兩個 Button。

D. 建立程式功能

請切換到 Form1.Vb 的程式碼視窗，輸入下列程式：

字串的比較：Form1.Vb

```
' 按[=]時：執行字串相等測試，比較 TextBox1 與 TextBox2 的內容是否相等
Private Sub Button1_Click(ByVal sEnder As System.Object, ByVal e As System.EventArgs) Handles Button1.Click
    If  TextBox1.Text = TextBox2.Text  Then
        MessageBox.Show("1=2")      ' 相等
    Else
        MessageBox.Show("1<>2")     ' 不相等
    End If
End Sub
```

```
' 按>時：執行字串大小測試，比較 TextBox1 的內容是否大於 TextBox2
Private Sub Button2_Click(ByVal sEnder As System.Object， ByVal e As System.EventArgs) Handles Button2.Click
    If  TextBox1.Text > TextBox2.Text Then
        MessageBox.Show("1>2")
    Else
        MessageBox.Show("1<2")
    End If
End Sub
```

E. 測試程式

請執行「字串的比較」，然後：

1. 按一下=：測試字串的相等比較

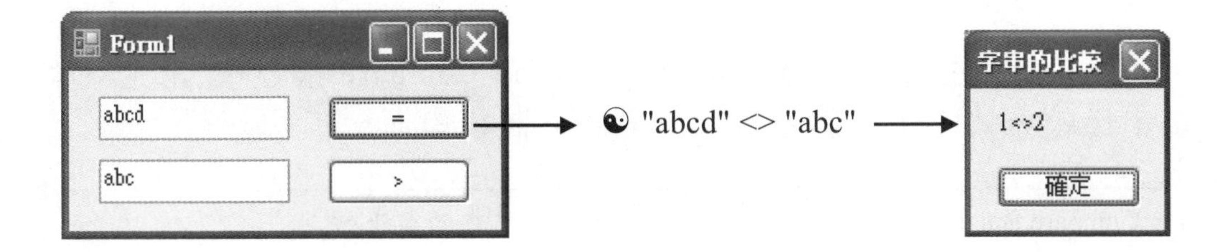

2. 按一下>：測試字串的大小比較

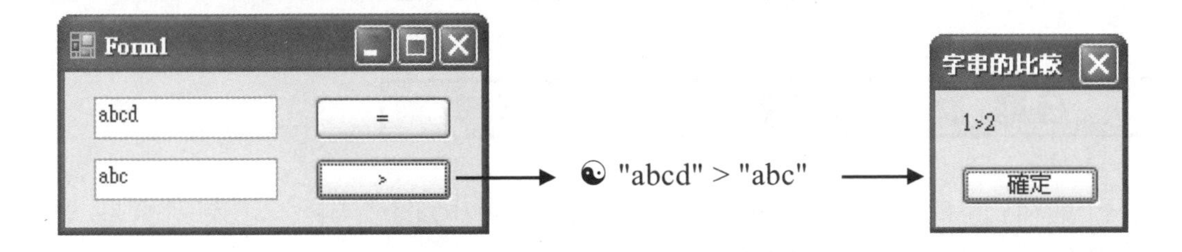

5. Option Compare 設定

專案屬性中的 Option Compare 設定，會影響字串的比較方式，當設定值爲 Binary 時(預設值)，字串中的英文字元是分大小寫的，亦即"a"<>"A"，若設定值爲 Text 則不分大小寫，亦即"a"="A"，設定 Option Compare 的方法如下：

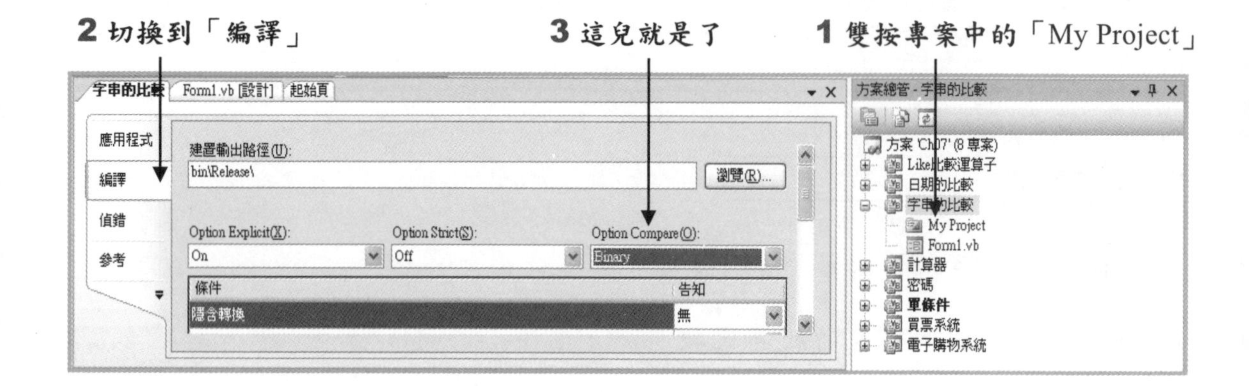

我們也可以在單一程式檔中加入 Option Compare 指令，以指定該模組的字串比較方式，不過影響範圍就僅止於該模組而已！

```
Option Compare Binary    ' Option Compare 必須加在程式的最上方
Public Class Form1
    Inherits System.Windows.Forms.Form
..............以下略過
```

6 日期/時間 的比較

日期/時間的比較也比較特殊，兩個日期/時間資料一定要完全相等(日期以及時間都相等)才算相等，請看下例：

1. 功能與介面說明

本例只是用來說明日期/時間的比較而已：

☯ 測試日期/時間資料的各種相等/不相等狀況。

2. 建立專案

請建立一個新專案「日期的比較」。

3. 建立程式介面

請依「功能與介面說明」，在 Form1.Vb 中安裝三個 Button 元件。

4. 建立程式功能

請切換到 Form1.vb 的程式碼視窗，輸入下列程式：

日期的比較：Form1.Vb

```
' 日期/時間完全相等
Private Sub Button1_Click(ByVal sEnder As System.Object， ByVal e As System.EventArgs) Handles Button1.Click
    If #11/29/2004 9：30：00 PM# = #11/29/2004 9：30：00 PM# Then
        MessageBox.Show("相等")
    Else
        MessageBox.Show("不相等")
    End If
End Sub
```

```
' 日期相等、時間不相等
Private Sub Button2_Click(ByVal sEnder As System.Object， ByVal e As System.EventArgs) Handles Button2.Click
    If #11/29/2004 9：30：00 PM# = #11/29/2004 9：30：01 PM# Then
        MessageBox.Show("相等")
    Else
        MessageBox.Show("不相等")
    End If
End Sub
```

```
' 日期不相等、時間相等
Private Sub Button3_Click(ByVal sEnder As System.Object， ByVal e As System.EventArgs) Handles Button3.Click
    If #11/30/2004 9：30：00 PM# = #11/29/2004 9：30：00 PM# Then
        MessageBox.Show("相等")
    Else
        MessageBox.Show("不相等")
    End If
End Sub
```

5. 測試程式

請執行「日期的比較」，然後：

1. 按一下完全相等： 測試日期/時間完全相等

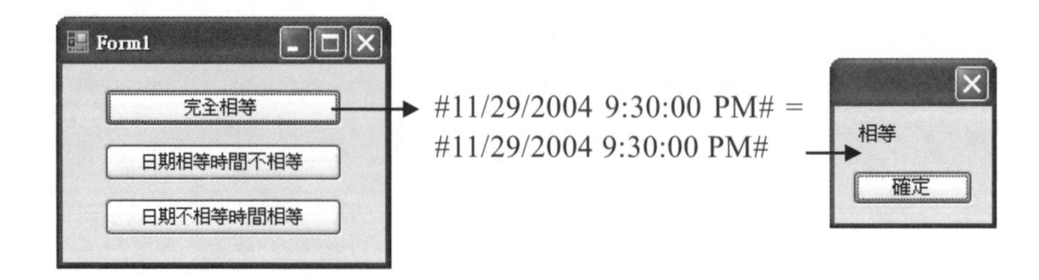

2. 按一下日期相等時間不相等： 測試日期相等、時間不相等

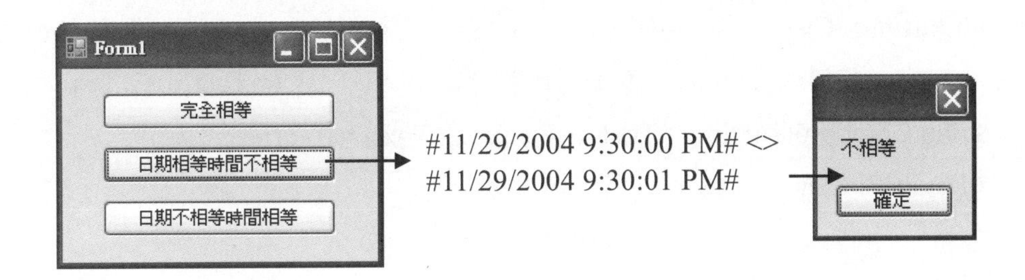

3. 按一下日期不相等時間相等： 測試日期不相等、時間相等

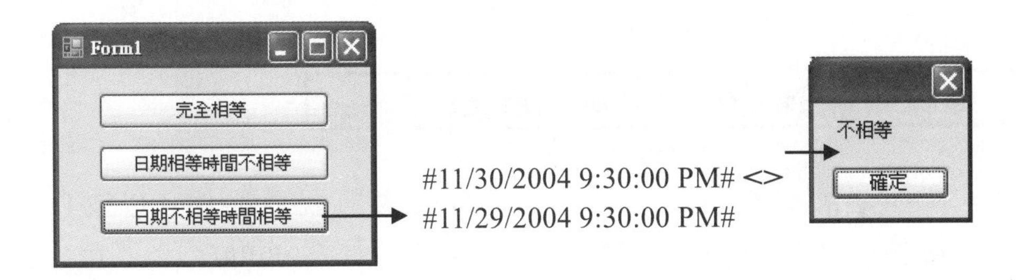

7　資料類別的 Compare 方法

VB 大部份的資料型別(類別)都有 Compare 方法，也可以用來比較兩個資料，其語法為：

```
<型別名稱>.Compare(<資料 1>，<資料 2>)
```

Compare 的傳回值為：

- 資料 1=資料 2：傳回 0
- 資料 1>資料 2：傳回正值
- 資料 1<資料 2：傳回負值

底下我們將修改範例「字串的比較」，使用 String 類別的 Compare 方法來比較 TextBox1.Text 和 TextBox2.Text：

字串的比較：Form1.Vb

```
' 字串相等測試
Private Sub Button1_Click(ByVal sEnder As System.Object， ByVal e As System.EventArgs) Handles Button1.Click
    ' 使用 String 類別的 Compare 方法，比較 TextBox1.Text 和 TextBox2.Text 是否相等
    If  String.Compare(TextBox1.Text ，TextBox2.Text) = 0  Then
        MessageBox.Show("1=2")
    Else
        MessageBox.Show("1<>2")
    End If
End Sub
```

8 資料物件的 CompareTo 方法

第 6 章胡老師曾經說過，我們也可以將資料視爲物件，以物件導向的方式來操控資料，而 VB 大部份的資料物件都有 CompareTo 方法，也可以用來比較資料物件本身與另一個資料，其語法爲：

```
<資料物件名稱>.CompareTo(<資料>)
```

其傳回值則爲：

- 資料物件=資料：傳回 0
- 資料物件>資料：傳回正值
- 資料物件<資料：傳回負值

底下我們將修改範例「字串的比較」，將 TextBox1.Text 視爲一個字串(String)物件，以 TextBox1.Text 的 CompareTo 方法，來比較 TextBox1.Text 和 TextBox2.Text：

字串的比較：Form1.Vb

```
' 字串相等測試
Private Sub Button1_Click(ByVal sEnder As System.Object， ByVal e As System.EventArgs) Handles Button1.Click
    ' 使用 TextBox1.Text 的 CompareTo 方法，比較 TextBox1.Text 本身和 TextBox2.Text
    If  TextBox1.Text.CompareTo(TextBox2.Text) = 0  Then
        MessageBox.Show("1=2")
    Else
        MessageBox.Show("1<>2")
    End If
End Sub
```

值得一提的是，凡是資料類別可用的方法，也可以用資料物件的形式使用，以資料類別的 Compare 方法而言，也可以用資料物件的方式來使用：

```
' 比較 TextBox1.Text 、TextBox2.Text 是否相等
If  TextBox1.Text.Compare(TextBox1.Text ，TextBox2.Text) = 0 Then
```

那類別與物件有何差別呢？請參考本書 6-4(元件的類別)，如果不夠清楚，請參考胡老師的「物件導向程式設計」這門課程。

9　Like 比較運算子

1. 萬用字元

在 VB 中，一個字元就只能表示特定的單一字元，比如說"a"C 就代表字元 a、"胡"C 就代表字元"胡"，而**萬用字元**(wildcard)則可以扮演各種不同的字元，其作用就好像是撲克牌中的**鬼牌**(Joker)一樣，在字串中我們可以加入適當的萬用字元，以表示具有相同特色的某些字串，VB 的萬用字元有下列幾個：

萬用字元	扮演角色(比對方式)	範例
?	可以扮演任意的 1 個字元，而且一定要有 1 個字元與之對應。	"蜂?"：表示字串長度爲 2，第 1 個字元是蜂、第 2 個可以是任意字元，如"蜂蜜"、"蜂膠"...。
*	可以扮演 0 個以上任意內容的字串。	"蜂*"：表示字串的第 1 個字元必須是蜂，第 2 個字元以後可有可無、長度與內容均可以是任意值，如"蜂"、"蜂蜜"、"蜂王乳"...。
#	可以扮演單一數字(0–9)，而且一定要有 1 個字元與之對應。	"##/##"：表示字串長度必須爲 5，最前(後)兩個字元必須是數字，第 3 個字元則固定是/，如"12/12"、"01/23"....。
[<字元串列>]	對應的字串必須含有[..]間的任一字元。	"蜂[蜜膠]"：表示字串長度爲 2，第 1 個字元固定是蜂、第 2 個則是蜜、膠兩者之 1，如"蜂蜜"、"蜂膠"。
[!<字元串列>]	對應的字串不可以含有[..]間的任一字元。	"蜂[!蜜膠]"：表示字串長度必須爲 2，第 1 個字元固定是蜂、第 2 個不可以是蜜、膠兩者之 1，如"蜂寶"、"蜂米"、"蜂丸"...。
[<字元>-<字元]	對應的字串必須含有在[<字元>-<字元]間的任一字元，其中<字元>-<字元>是以字元的 Unicode 爲計算基準。	"[a-c]ook"：表示字串長度爲 4，第 1 個字元可以是 a、b、c 三者之一，第 2~4 個字元固定是 ook，如"aook"、"book"、"cook"。
[!<字元>-<字元]	對應的字串不可以含有在[<字元>-<字元]間的任一字元，其中<字元>-<字元>是以字元的 Unicode 爲計算基準。	"[!a-c]ook"：表示字串長度爲 3，第 1 個字元不可以是 a、b、c 三者之一，第 2~4 個字元固定是 ook，如"dook"、"eook"、"fook"。

2. Like 運算子

Like 運算子專門用在運算元爲字串、而且字串內容含有萬用字元的比較運算式：

```
' 在<被搜尋字串>中搜尋<條件字串>，找得到傳回 True，找不到傳回 False
<被搜尋字串>  Like  <條件字串>
```

其中<被搜尋字串>一般不含萬用字元，就算有也會被當成一般字元，<條件字串>則含有萬用字元，請看下例：

A. 功能與介面說明

本例只是要練習 Like 運算子的用法而已：

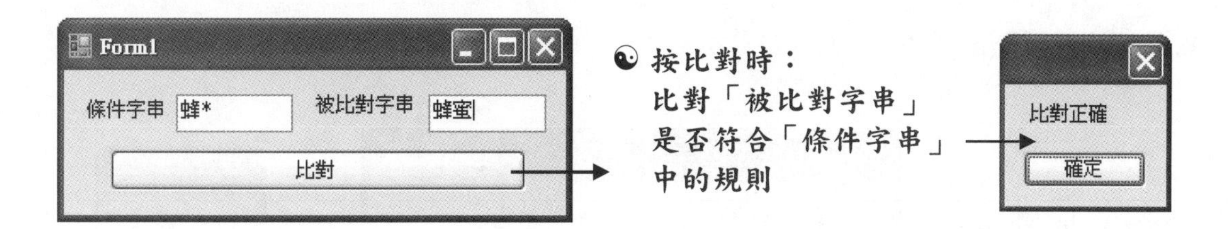

B. 建立專案

請建立一個專案「Like 比較運算子」。

C. 建立程式介面

請依「功能與介面說明」，在 Form1.Vb 中安裝兩個 Label、兩個 TextBox，以及一個 Button：

D. 建立程式功能

Like 比較運算子：Form1.Vb

```
' 按比對時：比對「被比對字串」是否符合「條件字串」中的規則
Private Sub Button1_Click(ByVal sender As System.Object， ByVal e As System.EventArgs) Handles Button1.Click
    ' 用 Like 運算子比對 TextBox2 的內容是否符合 TextBox1 中的字串規則
    If  TextBox2.Text  Like  TextBox1.Text  Then
        MessageBox.Show("比對正確")
    Else
        MessageBox.Show("比對不正確")
    End If
End Sub
```

E. 測試

請執行專案，然後：

1. 測試比對相符：

☯ 胡開頭的所有字串

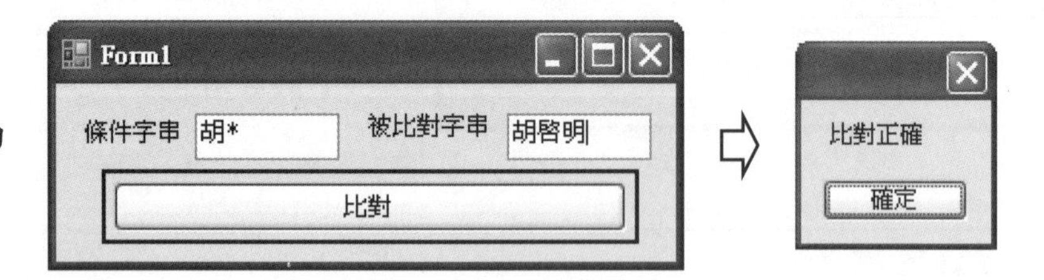

2. 測試比對不相符：

☯ 胡開頭的所有字串

7-4 巢狀 If

If 敘述的內部也可以是另一個 If 敘述，稱爲**巢狀** If(Nested If)敘述：

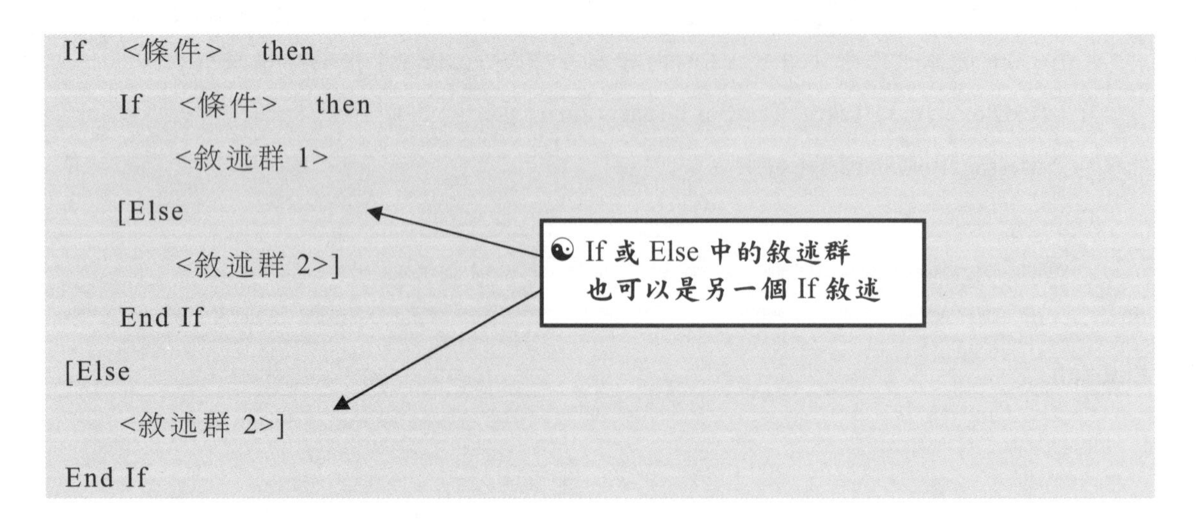

```
If <條件> then
    If <條件> then
        <敘述群 1>
    [Else
        <敘述群 2>]
    End If
[Else
    <敘述群 2>]
End If
```

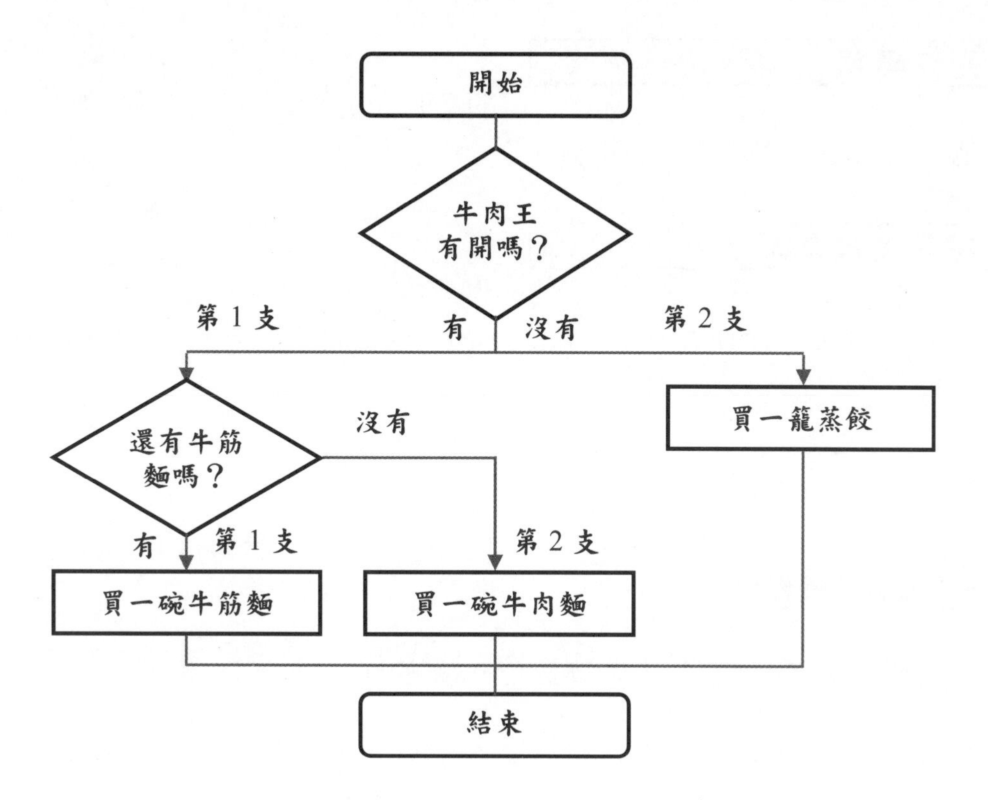

讓胡老師用一個實例來說明：

1. 功能及介面說明

本例爲一個密碼判斷程式，當 User 在 TextBox 中輸入密碼並鍵入 Enter 時，驗証 User 輸入的密碼正不正確：

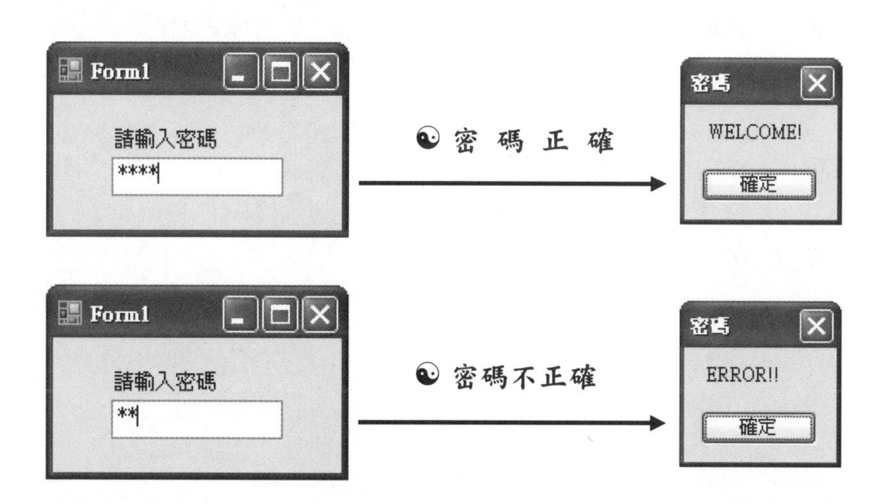

2. 建立專案

請建立一個新專案「密碼」。

3. 建立程式介面

請依「功能及介面說明」，在 Form1.vb 上面安裝一個 Label 以及一個 TextBox。

4. 建立程式功能

A. 程式應該置於那兒

當我們在元件中鍵入某個按鍵時，會產生下列三個事件：

- KeyDown：按下某個按鍵時，最先發生 KeyDown 事件，在 KeyDown 中我們可以處理：

  1. Unicode(請參考下一節)有定義的按鍵：如 a、b、c、d…等
  2. Unicode 沒有定義的按鍵：如 F1~F12….等
  3. 組合鍵：如 Shift、Alt 以及 Ctrl 與其他按鍵之組合

- KeyPress：KeyDown 之後，緊接著會發生 KeyPress 事件，在 KeyPress 中我們只能處理 Unicode 有定義的按鍵(如 a、b、c、d 等)

- KeyUp：KeyPress 之後，接著發生 KeyUp 事件，與 KeyDown 一樣，KeyUp 可以處理所有的按鍵

以本例而言，由於要處理的按鍵 **Enter** 在 Unicode 中有定義，因此可以選擇在任意鍵盤事件中處理，不過我們希望剛按下 Enter 時就立即進行處理，因此決定在 KeyDown 處理。

B. 編輯程式

請開啓 Form1.vb、切換到程式碼視窗，然後在事件程序 TextBox1_KeyDown()中加入下列程式：

密碼：Form1.Vb

```
' 在 TextBox1 中鍵入某個按鍵時：處理、判斷密碼
Private Sub TextBox1_KeyDown(ByVal sEnder As Object， ByVal e As System.Windows.Forms.KeyEventArgs) Handles TextBox1.KeyDown
    If  e.KeyCode = 13 Then     ' 按鍵是 Enter 嗎？
        If  TextBox1.Text = "1234"  Then   ' 密碼正確嗎？
            ' 第 2 個參數"密碼"，用來指定訊息盒的標題文字
            MessageBox.Show("WELCOME!"， "密碼")  ' 密碼正確，顯示 Welcome
        Else
            MessageBox.Show("ERROR!!"， "密碼")  ' 密碼不正確，顯示 Error
        End If
    End If
End Sub
```

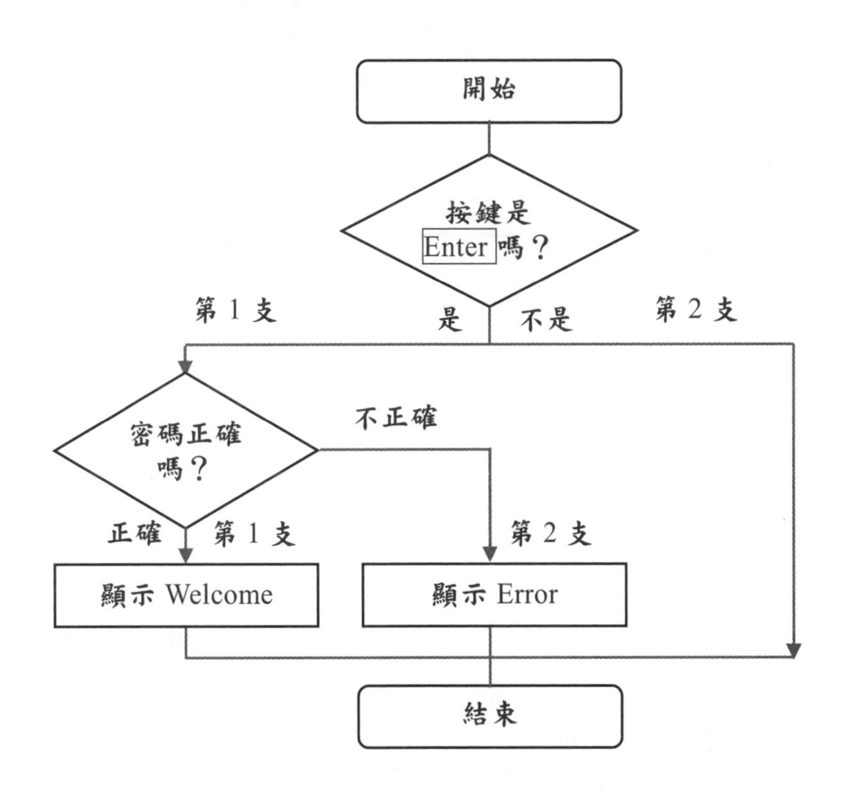

5. 如何表示被按下的按鍵

在 keydown 事件程序中有一個 System.Windows.Forms.KeyEventArgs 型別的參數 e，用來接收按鍵的相關資料，其中屬性 Keycode 用來儲存按鍵的代碼(詳情請參考 7-5)。

```
Private Sub TextBox1_KeyDown(ByVal sEnder As Object，ByVal e As System.Windows.Forms.KeyEventArgs) ....
    If   e.KeyCode =  13   Then    ' 按鍵是 Enter 嗎？
End Sub
```

而在程式語言中要表示鍵盤上的按鍵，必須用其代碼表示(詳情請參考 7-5)，比如說 Enter 的代碼為 13，在程式中便要用 13 來表示 Enter：

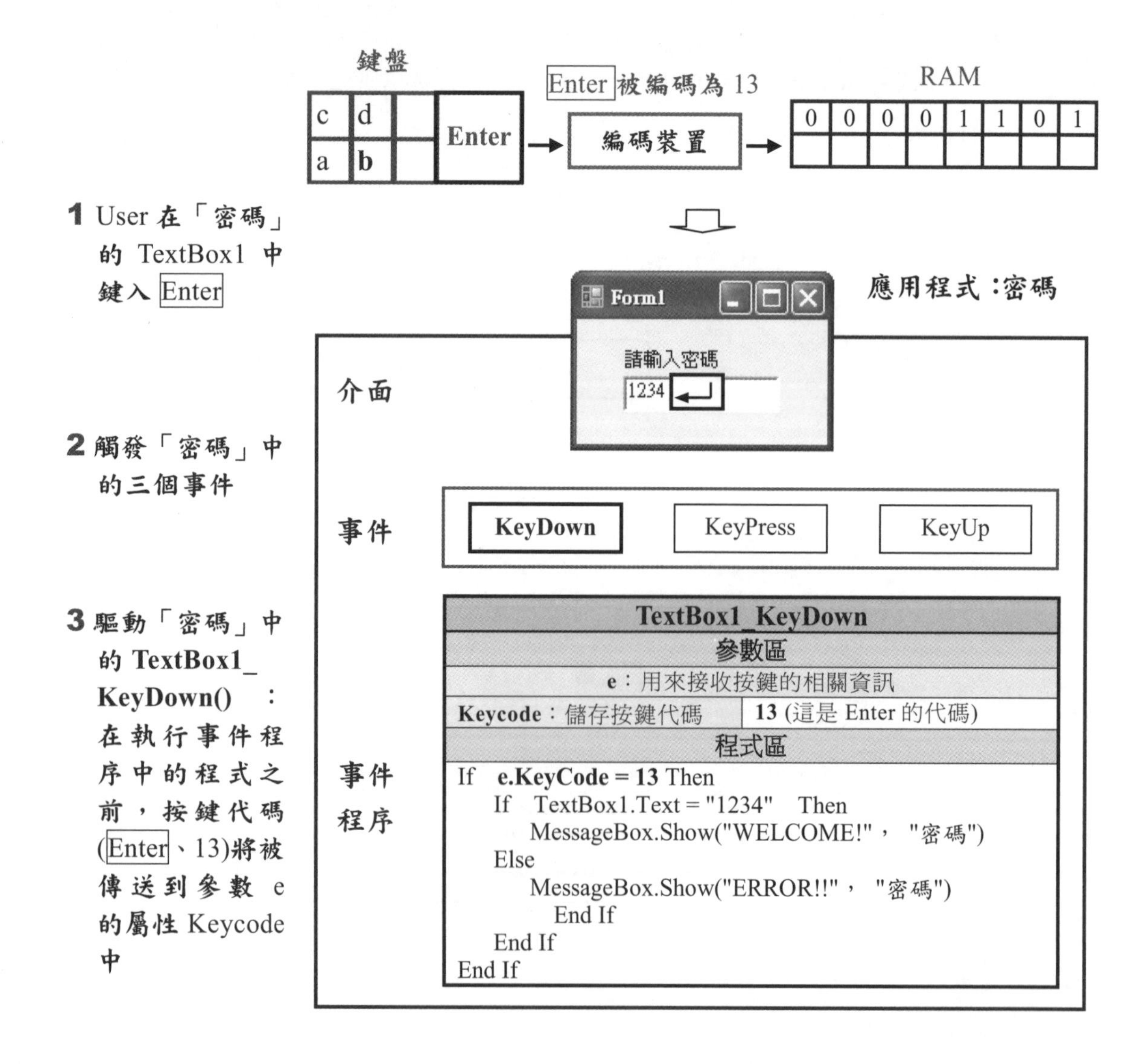

6. 測試

請執行「密碼」，然後：

1. 密碼錯誤測試：請在 TextBox1 中直接鍵入 ENTER

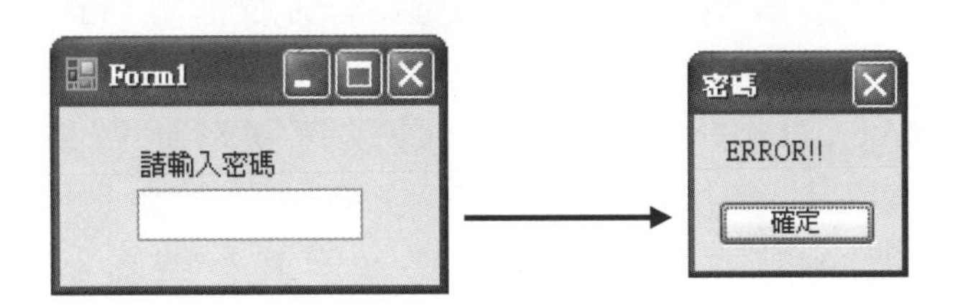

2. 密碼正確測試：在 TextBox1 中輸入 1234、再鍵入 ENTER

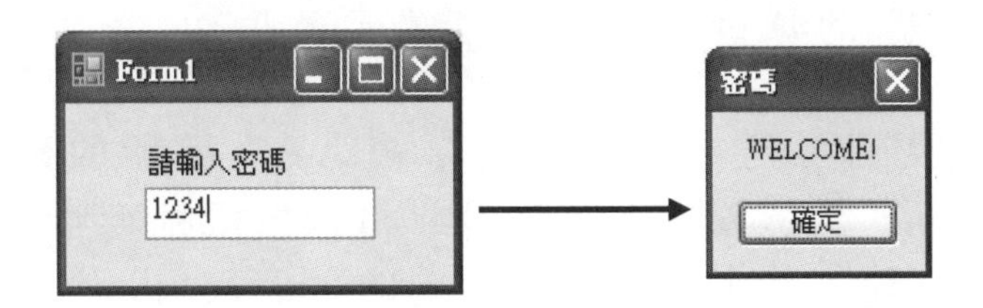

7. TextBox 的 PasswordChar 屬性

執行程式時，你輸入的密碼會「忠實」的顯示在 TextBox1 中，這好像不大恰當，因為密碼應該隱藏起來、不讓別人看到才對。我們可以設定 TextBox1 的 **PasswordChar** 屬性來隱藏密碼，此屬性用來設定 TextBox 的替代顯示字元，預設值是「無」，此時會顯示使用者輸入的字元，為了製造密碼的效果，請將此屬性設定為「*」或其他字元。

8. TextBox 的 Maxlength 屬性

TextBox 的 **Maxlength** 屬性，用來限制 TextBox 內容的最大長度，以本例而言，我們可以將 Maxlength 設為 4，讓 User 最多可以輸入 4 個字元，因為我們的密碼長度是 4 個字元。

7-5 按鍵表示法

1 PC 鍵盤的延伸碼

在 6-12 節(資料的編碼)中，胡老師曾經說過，所有的人類符號在儲存到電腦內部之前，會先經由編碼裝置編爲一串 2 進位資料。但 6-12 節所介紹的編碼系統(ASCII、Unicode....)，是以符號形狀做爲編碼的依據，也就是說你用鍵盤輸入什麼樣的符號，就依符號編爲對應的 2 進位碼，以 Unicode 而言，a 與 A 是兩個不同的編碼，因其符號形狀不同。

依符號編碼的方式對於某些程式是不大適用的，比如說有一個賽車 Game，用按鍵 A 來加速度，如果使用 Unicode 的話，必須限定 User 一定要輸入大寫(或小寫)的 A 才行，這...怎麼玩啊！

於是科學家發明了另一套編解碼系統「PC **鍵盤的延伸碼**(Extended Code)」，其編碼方式是依據按鍵的位置，每個按鍵都有唯一的編碼值，當我們輸入"A"與"a"時，其 Unicode 是不同的，但鍵盤延伸碼卻是相同的。

另外對於一些無形的按鍵，如方向鍵、F1~F12、Ctrl、Shift....，在 Unicode 中並沒有定義，只有在 PC 鍵盤延伸碼才有定義，也就是說，PC 鍵盤延伸碼是用來補充 Unicode 這種符號編碼系統的不足。

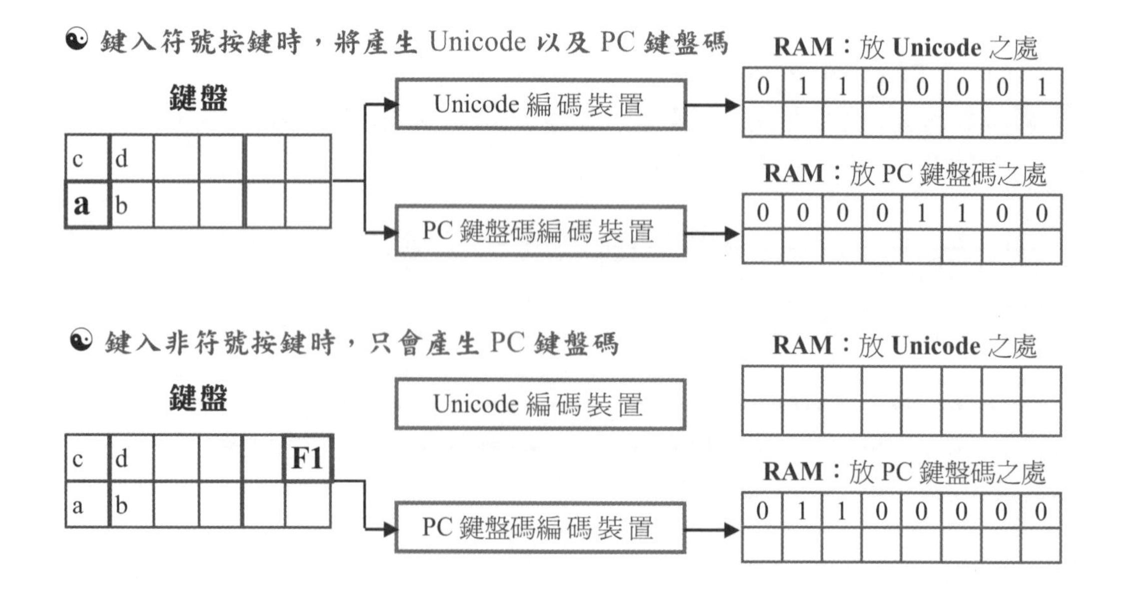

2 KeyDown、KeyPress 以及 KeyUp 的不同

我們可以在 KeyDown、KeyPress 以及 KeyUp 三個事件程序中處理 User 輸入的按鍵，而三者的不同為：

1. 觸發時機不同

KeyDown(剛按下按鍵時)->KeyPress(按到底時)->KeyUp(按到底之後再往上放開時)。

2. 可以處理的按鍵類型不同

1. KeyDown

1. 鍵盤上面的所有按鍵
2. 組合鍵：如 Shift、Alt、Ctrl 與其他按鍵之組合

2. KeyPress

只能處理 Unicode 有定義的按鍵(如 a、b、c、d 等)

3. KeyUp

與 KeyDown 一樣，KeyUp 可以處理所有的按鍵。

3. 取得按鍵的編碼方式不同

KeyDown 與 KeyUp 是接收按鍵的延伸碼，KeyPress 則是接收按鍵的 Unicode，亦即在 KeyDown 與 KeyUp 中要用延伸碼來表示按鍵(e.KeyCode)，在 KeyPress 中則要用 Unicode 來表示按鍵(e.KeyChar)：

☯ KeyDown 中以 KeyCode 接收 PC 鍵盤碼

☯ KeyPress 中以 KeyChar 接收 Unicode

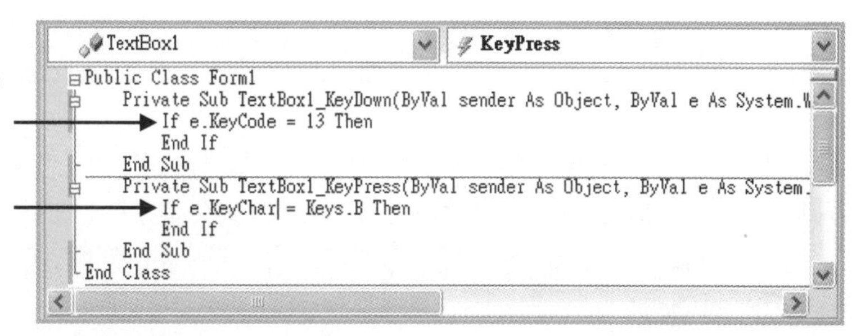

3　按鍵表示法

我們可以用數字的形式來表示 Unicode 中的符號按鍵，以及 PC 鍵盤碼中的鍵盤按鍵，但既不方便又難以記憶，還好 VB 提供了 Keys 列舉型別(列舉型別請參考「VB 資料結構入門」一書)，讓程式設計師可以在程式中輸入 Keys.(句點)、再選擇適當的按鍵英文代碼，即可表示某個按鍵，程式設計師再也不需要記憶(查閱)按鍵代碼了，It's Wonderful！

使用 Keys 列舉表示按鍵的另一個好處是程式比較看得懂(專業術語叫「程式的可讀性高」)，Keys.Enter 是不是比 13 更能表達 Enter 鍵呢？

☯ 在程式中輸入 Keys.，就會出現按鍵列表，我們可以選擇適當的項目來表示某個按鍵

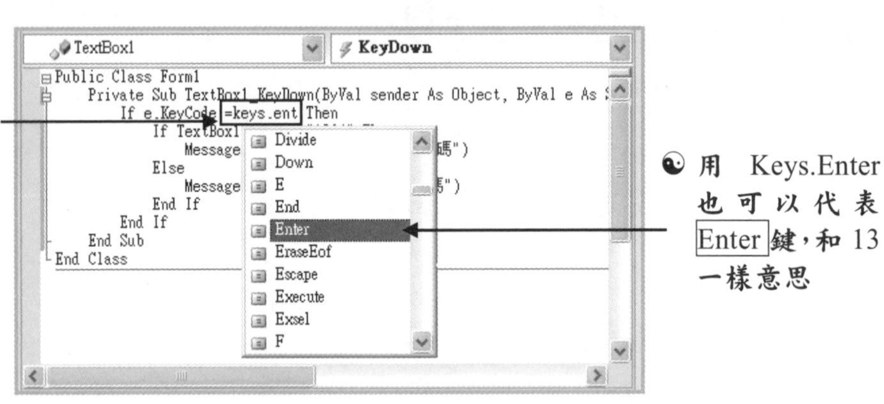

☯ 用 Keys.Enter 也可以代表 Enter 鍵，和 13 一樣意思

胡老師的提醒

你可以用「Keys 列舉型別」、「KeyCode 屬性」以及「KeyChar 屬性」等 3 個關鍵字來查詢按鍵碼的相關資訊。

7-6　多條件判斷敘述

1　語法

If ElseIf 用來讓程式分多支(3 支以上)執行，其分支依據是先判斷第 1 個條件是否成立，成立時執行第 1 個敘述群，並結束 If ElseIf，若條件式不成立則繼續判斷下一個條件，當所有的條件式均不成立時則執行 Else 之後的敘述群 x：

```
If  <條件 1>  Then
    <敘述群 1>
ElseIf  <條件 2>  Then
    <敘述群 2>
    ……………
ElseIf  <條件 n>  Then
    <敘述群 n>
[Else
    <敘述群 x>]
End  If
```

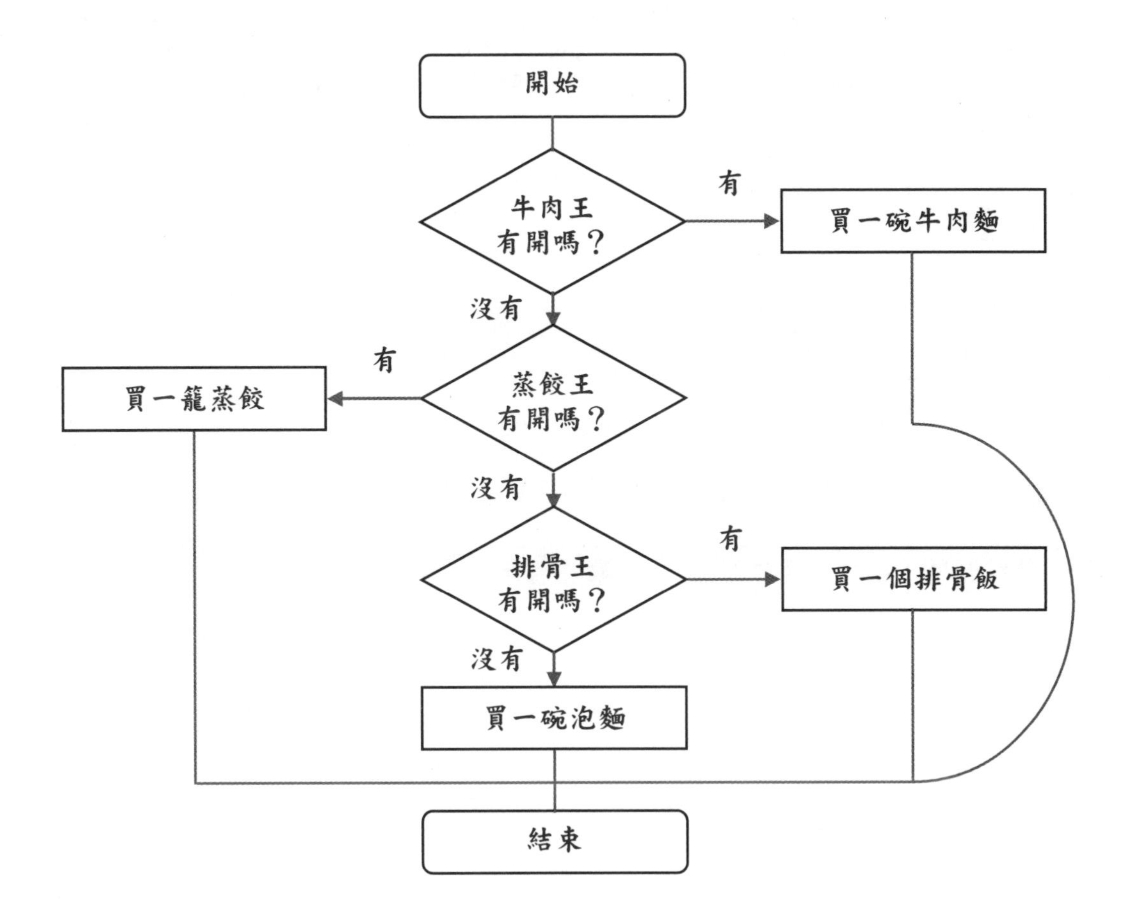

2 實例：計算器

本例要延伸範例「改良加法器」，再加入-*/三個功能，形成一個具有四則運算能力的計算器。

1. 功能及介面說明

☯ 按=時：將 Textbox 的內容設為：TextBox 中運算式的運算結果

☯ 按「+-*/01234」等九個按鈕時：將 Textbox 的內容設為：TextBox 原先的內容 串接 按鈕標題

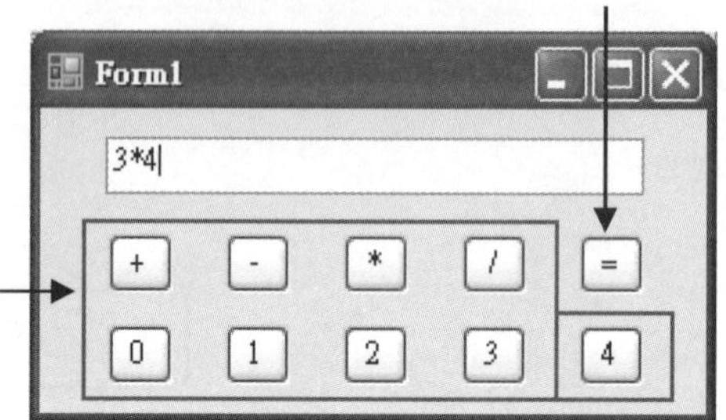

2. 建立專案

請建立一個專案「計算器」。

3. 建立程式介面

請依「功能及介面說明」，在 Form1.vb 安裝下列元件：

元件類別	元件名稱	屬性名稱	屬性值
Label	Label1	Text	計算結果
TextBox	TextBox1	Text	空白
Button	Button1	Text	+
	Button2		-
	Button3		*
	Button4		/
	Button5		0
	Button6		1
	Button7		2
	Button8		3
	Button9		4
	Button10		=

4. 建立程式功能

請開啟 Form1.vb、進入程式碼視窗，並輸入下列程式：

計算器：Form1.Vb

```
' 按+-*/01234：將 Text box 的內容設為：TextBox 原先的內容 串接 按鈕標題
' +
Private Sub Button1_Click(ByVal sEnder As System.Object， ByVal e As System.EventArgs) Handles Button1.Click
    TextBox1.Text = TextBox1.Text & Button1.Text
End Sub
' -
Private Sub Button2_Click(ByVal sEnder As System.Object， ByVal e As System.EventArgs) Handles Button2.Click
    TextBox1.Text = TextBox1.Text & Button2.Text
End Sub
' *
Private Sub Button3_Click(ByVal sEnder As System.Object， ByVal e As System.EventArgs) Handles Button3.Click
    TextBox1.Text = TextBox1.Text & Button3.Text
End Sub
' /
Private Sub Button4_Click(ByVal sEnder As System.Object， ByVal e As System.EventArgs) Handles Button4.Click
    TextBox1.Text = TextBox1.Text & Button4.Text
End Sub
' 0
Private Sub Button5_Click(ByVal sEnder As System.Object， ByVal e As System.EventArgs) Handles Button5.Click
    TextBox1.Text = TextBox1.Text & Button5.Text
End Sub
' 1
Private Sub Button6_Click(ByVal sEnder As System.Object， ByVal e As System.EventArgs) Handles Button6.Click
    TextBox1.Text = TextBox1.Text & Button6.Text
End Sub
```

```
' 2
Private Sub Button7_Click(ByVal sEnder As System.Object， ByVal e As System.EventArgs) Handles Button7.Click
    TextBox1.Text = TextBox1.Text & Button7.Text
End Sub
' 3
Private Sub Button8_Click(ByVal sEnder As System.Object， ByVal e As System.EventArgs) Handles Button8.Click
    TextBox1.Text = TextBox1.Text & Button8.Text
End Sub
' 4
Private Sub Button9_Click(ByVal sEnder As System.Object， ByVal e As System.EventArgs) Handles Button9.Click
    TextBox1.Text = TextBox1.Text & Button9.Text
End Sub
' 按=時：將 TextBox1 的內容設為：TextBox1 中運算式的運算結果
Private Sub Button10_Click(ByVal sEnder As System.Object， ByVal e As System.EventArgs) Handles Button10.Click
    ' 依 User 輸入的運算式類型(+-*/)，決定運算的方式
    If  TextBox1.Text.IndexOf("+") <> -1 Then  ' 加法：運算式中包含+
        TextBox1.Text = Val(TextBox1.Text.Substring(0， TextBox1.Text.IndexOf("+"))) _
                    + Val(TextBox1.Text.Substring(TextBox1.Text.IndexOf("+") + 1))
    ElseIf  TextBox1.Text.IndexOf("-") <> -1 Then  ' 減法：運算式中包含-
        TextBox1.Text = Val(TextBox1.Text.Substring(0， TextBox1.Text.IndexOf("-"))) _
                    - Val(TextBox1.Text.Substring(TextBox1.Text.IndexOf("-") + 1))
    ElseIf  TextBox1.Text.IndexOf("*") <> -1 Then  ' 乘法：運算式中包含*
        TextBox1.Text = Val(TextBox1.Text.Substring(0， TextBox1.Text.IndexOf("*"))) _
                    * Val(TextBox1.Text.Substring(TextBox1.Text.IndexOf("*") + 1))
    ElseIf  TextBox1.Text.IndexOf("/") <> -1 Then  ' 除法：運算式中包含/
        TextBox1.Text = Val(TextBox1.Text.Substring(0， TextBox1.Text.IndexOf("/"))) _
                    / Val(TextBox1.Text.Substring(TextBox1.Text.IndexOf("/") + 1))
    Else  ' 上列條件都未成立時，代表未指定運算方式
        TextBox1.Text = "你未指定運算方式"
    End If
End Sub
```

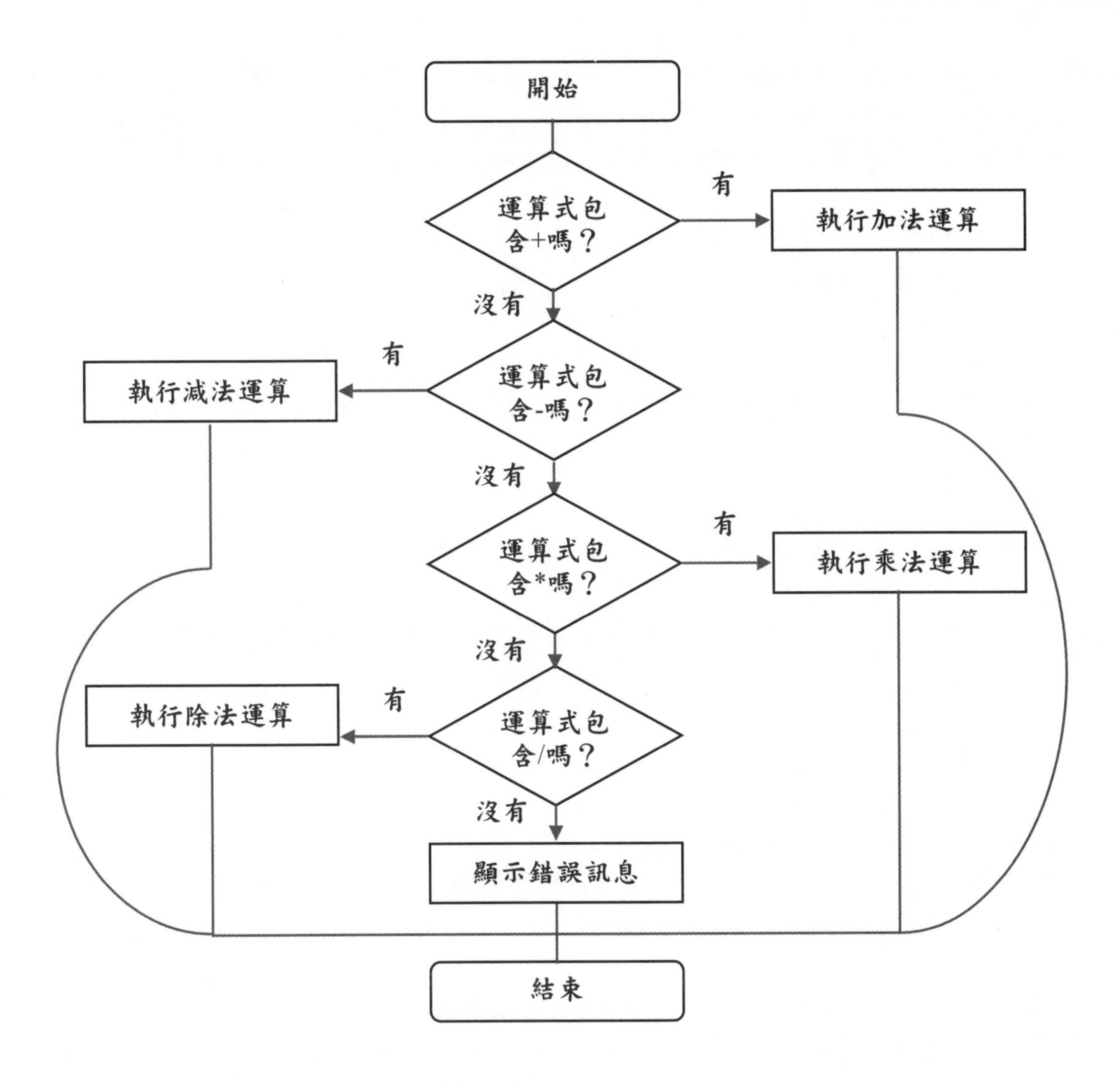

5. 判斷+-*/的方法

和第 6 章範例「改良加法器」一樣，當 User 按[=]時，我們必須將 TextBox1 中的運算式加以運算並顯示結果，但「計算器」運算的方式共有+-*/四種，每一種都必須執行不同的程式，因此我們使用 If ElseIf 讓程式分四支執行，第 1 支(+)我們使用了下列條件式來判斷 TextBox1 中是否有+：

```
TextBox1.Text.IndexOf("+") <> -1
```

當 TextBox1.Text 中包含+時，TextBox1.Text.IndexOf("+")的傳回值不會等於-1(會>=0，找不到才會等於-1)，代表 User 要進行加法運算，於是我們仿照「改良加法器」，以下列敘述執行加法運算、並顯示結果：

```
If    TextBox1.Text.IndexOf("+") <> -1 Then    ' 加法：運算式中包含+
      TextBox1.Text = Val(TextBox1.Text.Substring(0，TextBox1.Text.IndexOf("+"))) _
                    + Val(TextBox1.Text.Substring(TextBox1.Text.IndexOf("+") + 1))
```

依此類推，If ElseIf 的第 2、3、4 支(-*/)使用相同的方法來判斷、運算，只是判斷的對象與運算的方式不同而已：

```
ElseIf   TextBox1.Text.IndexOf("-") <> -1 Then    ' 減法：運算式中包含-
   TextBox1.Text = Val(TextBox1.Text.Substring(0，  TextBox1.Text.IndexOf("-"))) _
                 - Val(TextBox1.Text.Substring(TextBox1.Text.IndexOf("-") + 1))
ElseIf   TextBox1.Text.IndexOf("*") <> -1 Then    ' 乘法：運算式中包含*
   TextBox1.Text = Val(TextBox1.Text.Substring(0，  TextBox1.Text.IndexOf("*"))) _
                 * Val(TextBox1.Text.Substring(TextBox1.Text.IndexOf("*") + 1))
ElseIf   TextBox1.Text.IndexOf("/") <> -1 Then    ' 除法：運算式中包含/
   TextBox1.Text = Val(TextBox1.Text.Substring(0，  TextBox1.Text.IndexOf("/"))) _
                 / Val(TextBox1.Text.Substring(TextBox1.Text.IndexOf("/") + 1))
```

除了+-*/之外，If ElseIf 的最後 1 支代表使用者未指定運算方式，這種情形的可能性非常多，比如說 User 輸入 12、231 或是 1112...等都算是，但就是沒有輸入+-*/，也就是說前四個條件都不成立時的其他情形都屬於這 1 支，因此我們使用 Else 來概括未輸入+-*/的其他所有情形：

```
Else    ' 上列條件都未成立時，代表未指定運算方式
    TextBox1.Text = "你未指定運算方式"
End If
```

7-7　多重分支敘述

1　語法

與 If ElseIf 一樣，Select Case 也用來讓程式分多支(3 支以上)執行，但分支依據是判斷某個資料的值，當資料值符合某個 Case 的條件值時，執行對應的敘述群，並結束 Select Case，若所有的條件值均不相符合，則執行 Case Else 之後的敘述群：

```
Select  Case 資料
        Case  條件值 1
              敘述群 1
        Case  條件值 2
              敘述群 2
              ……
        Case  條件值 n
              敘述群 n
        [Case  else
                 敘述群 x]
End  Select
```

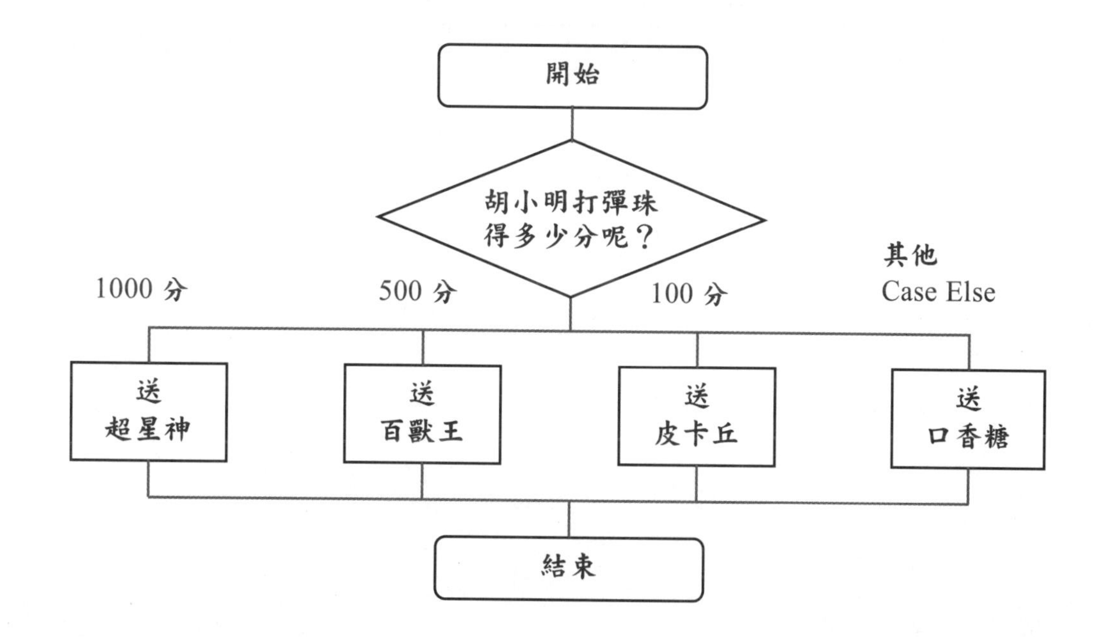

2　實例：買票系統

1. 功能及介面說明

本例是一個可以依身份查詢票價的程式：

☯ **在 ComboBox 選擇身份時：**
在 TextBox 顯示票價

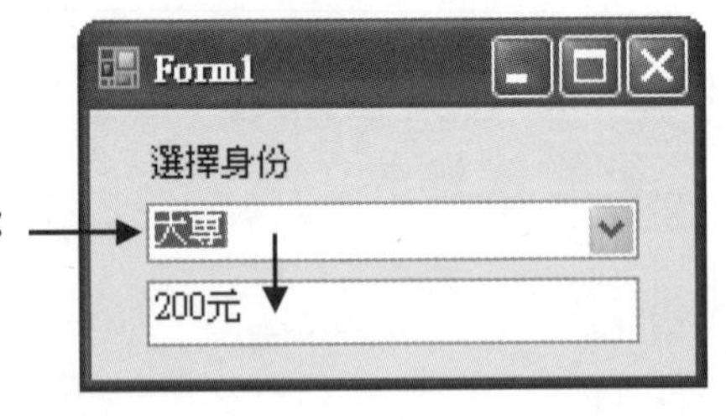

2. 建立專案

請建立一個專案「買票系統」。

3. 建立程式介面

請依「功能及介面說明」，在 Form1.Vb 安裝下列元件：

元件類別	元件名稱	屬性名稱	屬性值
Label	Label1	Text	選擇身份
TextBox	TextBox1	Text	空白
ComboBox	ComboBox1	Items	國小 國中 高中 大專 軍人 公務員 教師 其他

其中 Items 屬性的設定方法如下：

1 選擇 ComboBox，按一下 Items 屬性的 ...

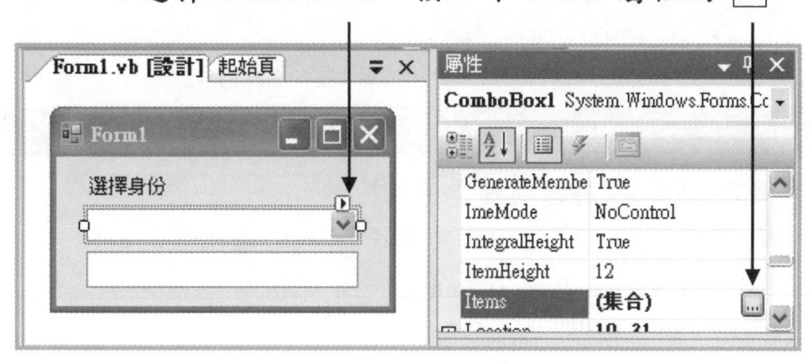

2 輸入每一個 Item，再按 確定

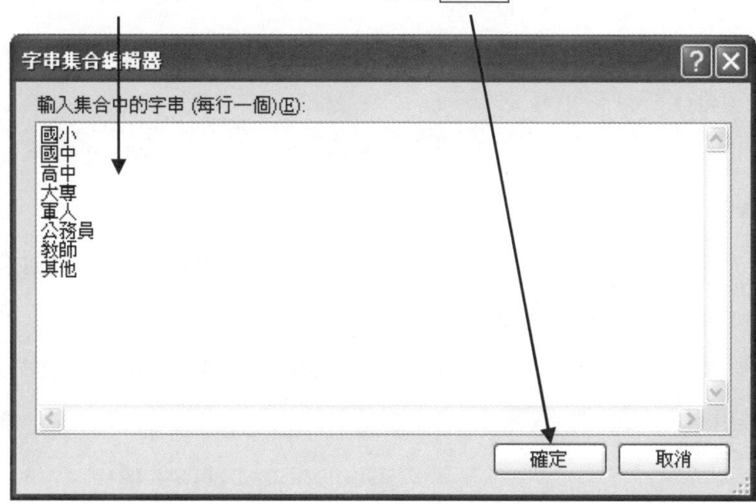

4. 建立程式功能

請開啟 Form1.vb、進入程式碼視窗，並輸入下列程式：

Form1.Vb

```
' ComboBox 選項變更(User 選擇別種身份)時：
' 會觸發 SelectedIndexChanged()(選項改變事件)，我們應該顯示票價
Private Sub ComboBox1_SelectedIndexChanged(ByVal sEnder As System.Object， ByVal e As System.EventArgs)
Handles ComboBox1.SelectedIndexChanged
    ' 依據選項的註標來分支，因註標是(數值)資料，因此用 Select 來分支
    Select Case ComboBox1.SelectedIndex
        Case 0                    ' 國小(ComboBox1 的第 0 項)的票價為 100 元
            TextBox1.Text = "100 元"
        Case 1                    ' 國中(ComboBox1 的第 1 項)的票價為 120 元
            TextBox1.Text = "120 元"
        Case 2                    ' 高中(ComboBox1 的第 2 項)的票價為 150 元
            TextBox1.Text = "150 元"
        Case 3                    ' 大專(ComboBox1 的第 3 項)的票價為 200 元
            TextBox1.Text = "200 元"
        Case 4                    ' 軍人(ComboBox1 的第 4 項)的票價為 220 元
            TextBox1.Text = "220 元"
        Case 5                    ' 公務員(ComboBox1 的第 5 項)的票價為 220 元
            TextBox1.Text = "220 元"
        Case 6                    ' 教師(ComboBox1 的第 6 項)的票價為 220 元
            TextBox1.Text = "220 元"
        Case Else        ' 其他身份(ComboBox1 的第 7 項)的票價一律為 250 元
            TextBox1.Text = "250 元"
    End Select
End Sub
```

其中 Case Else 的部份其實也可以使用 Case 7 來取代，因爲「其他身份」是 ComboBox1 的第 7 項。而使用 Case Else 的好處是不需再 Case 7 中的 7，只要上列所有的 Case(0~6)都不符合，就可以直接執行 Case Else 之後的敘述，因此速度會快一點。

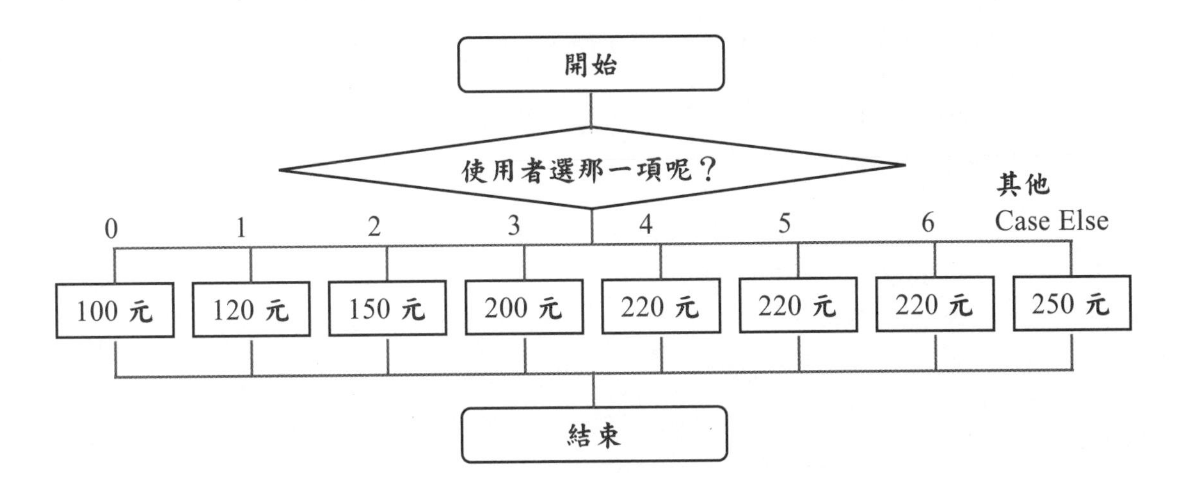

3　Select 的簡化版

在 Select 中若有多個條件值執行相同的程式時，我們可以將這些條件值合而爲一、以簡化程式碼，結合多個條件值的方法如下：

1. **若條件值是連續的：**啟始條件值 to 終止條件值
2. **若條件值是不連續的：**第 1 個條件值，第 2 條件值...，第 n 個條件值

以本例而言，當 ComboBox1.SelectedIndex 爲「4、5、6」時，要執行的程式完全相同，而且 3 個條件值相連續，因此程式可以調整爲：

```
Private Sub ComboBox1_SelectedIndexChanged(...) Handles ComboBox1.SelectedIndexChanged
    Select Case ComboBox1.SelectedIndex   ' 依據選項的註標來分支
        Case 0   ' 國小
            TextBox1.Text = "100 元"
        Case 1   ' 國中
            TextBox1.Text = "120 元"
        Case 2   ' 高中
            TextBox1.Text = "150 元"
        Case 3   ' 大專
            TextBox1.Text = "200 元"
        Case 4 to 6   ' 軍人、公務員 、教師
            TextBox1.Text = "220 元"
        Case Else   ' 其他
            TextBox1.Text = "250 元"
    End Select
End Sub
```

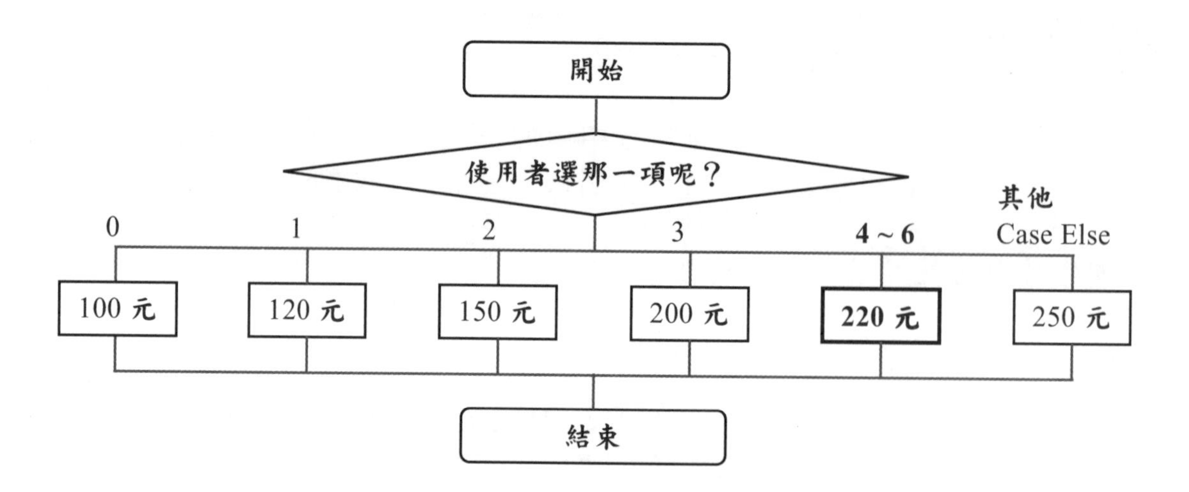

7-8　邏輯資料與邏輯運算

1　邏輯資料的表示法

邏輯資料共有 **True** 和 **False** 兩種，通常用來表示相反的兩種狀態值，True 的意思是真，一般用來表示男、正、有等正方狀態，False 的意思是假、一般用來表示女、反、沒有等反方狀態。

2　邏輯資料的邏輯運算

邏輯資料可以透過六種邏輯運算子來執行邏輯運算，每種邏輯運算都有一個真值表，用來說明邏輯運算的結果(或說方式)。

邏輯運算子最常用來串連多個條件成爲一個大條件，若某一群敘述的執行與否必須參照兩個以上的條件時，流程式控制敘述並沒有能力判斷，此時必須使用邏輯運算子將多個條件處理(運算)成一個，流程控制敘述才有能力判斷。

舉個例子，若 If 敘述中的條件式超過一個，則 If 的語法將如下所示：

```
If <條件式 1> 邏輯符號 1 <條件式 2> 邏輯符號 2 <條件式 3>... 邏輯符號 n-1 <條件式 n>    Then
   <敘述群 1>
[Else
   <敘述群 2>]
End   If
```

我們可以將「條件式 1　邏輯符號 1　條件式 2　邏輯符號 2...條件式 n」視爲用邏輯運算子串接起來的一個大條件，此大條件在什麼樣的情形才算成立，則由條件式中的邏輯運算符號決定(請參考真值表)。

底下是六種邏輯運算符號的介紹以及真值表：

1. And

1. **意義：**而且
2. **條件成立要件：**當兩個條件以 And 來串接時，必須在兩個條件同時成立的情形下，整個大條件才算成立
3. And **運算式語法：**

```
<邏輯資料 1>   And   <邏輯資料 2 >
```

4. **真值表：**

資料 1	資料 2	And 運算結果
False	False	False
False	True	False
True	False	False
True	True	True

由上表可知，當兩個資料皆爲 True 時，And 運算的結果才會等於 True，否則爲 False。

2. AndAlso

AndAlso 的意義、用法與真值表和 And 完全相同，但 AndAlso 會循較短(快)的路徑運算，只要發現一個邏輯資料(或條件式)爲 False，就馬上傳回結果值 False，因爲 And 運算只要有一個資料爲 False，其結果就是 False：

```
12 > 45 And a<3          ' 結果為False，但 a<3 會被運算
12 > 45 AndAlso a<3      ' 結果為False，但 a<3 不會被運算
```

其真值表如下：

資料 1	資料 2	AndAlso 運算結果
False	不評估(所以速度較快)	False
False	不評估(所以速度較快)	False
True	False	False
True	True	True

3. Or

1. **意義：**或是

2. **條件成立要件：**當兩個條件以 Or 來串接時，只要其中一個條件成立，整個大條件就算成立

3. **Or 運算式格式：**

```
<邏輯資料 1>  Or  <邏輯資料 2 >
```

4. **真值表：**

資料 1	資料 2	Or 運算結果
False	False	False
False	True	True
True	False	True
True	True	True

由上表可知，只要其中一個資料是 True，Or 的運算結果就會等於 True，否則爲 False。

4. OrElse

OrElse 的意義、用法與真值表和 Or 完全相同，但 OrElse 會循較短(快)的路徑運算，只要有一個邏輯資料(或條件式)爲 True，就會馬上傳回結果值 True，因爲 Or 運算只要有一個資料爲 True，其結果就是 True：

```
12 < 45 Or a<3         ' 結果為 True，但 a<3 會被運算
12 < 45 OrElse a<3     ' 結果為 True，但 a<3 不會被運算
```

其真值表如下：

資料 1	資料 2	Or 運算結果
False	False	False
False	True	True
True	不評估(所以速度較快)	True
True	不評估(所以速度較快)	True

5. Xor

1. **意義**：互斥或

2. **條件成立要件**：當兩個條件以 Xor 來串接時，必須一個成立、另一個不成立(即兩個條件互斥)，整個大條件才算成立

3. **Xor 運算式格式**：

```
<邏輯資料 1>    Xor    <邏輯資料 2>
```

4. **真值表**：

資料 1	資料 2	Or 運算結果
False	False	False
False	True	True
True	False	True
True	True	False

由上表可知，兩個邏輯資料必須互爲相反值(互斥)，Xor 的運算結果才會等於 True，否則結果爲 False，其運算方式比較特殊，並不常用。

6. Not

1. **意義**：非、不、相反

2. **條件成立要件**：Not 並非用來串接條件，而是用來加在條件式之前，讓條件式的意義相反

3. **NOT 運算式格式**：

```
NOT    <邏輯資料>
```

4. **真值表**：

資料	NOT 運算結果
False	True
True	False

Not 只能針對單一邏輯資料做相反運算，True 會變 False、False 會變 True，如「Not a > 1」，用來表示 a>1 的相反，即 a<=1。

3　邏輯資料的比較運算

1. 基本格式

邏輯資料所能夠進行的第二種運算為比較運算，其格式與一般運算式一樣：

```
<邏輯資料 1>  <比較運算符號>  <邏輯資料 2>
```

2. 運算結果

不過因為邏輯資料只有兩種，因此邏輯資料一般只會進行「等於」比較，目的是判斷兩個邏輯資料是否相等，而邏輯資料進行比較運算的結果與一般的比較運算式一樣，當兩個邏輯資料相等時結果為 True、不相等則為 False。

4　邏輯資料實例：電子購物系統

1. 功能及介面說明

本例是一個電子購物程式，會依據選購的商品、性別以及是否為會員，算出客戶的應付金額：

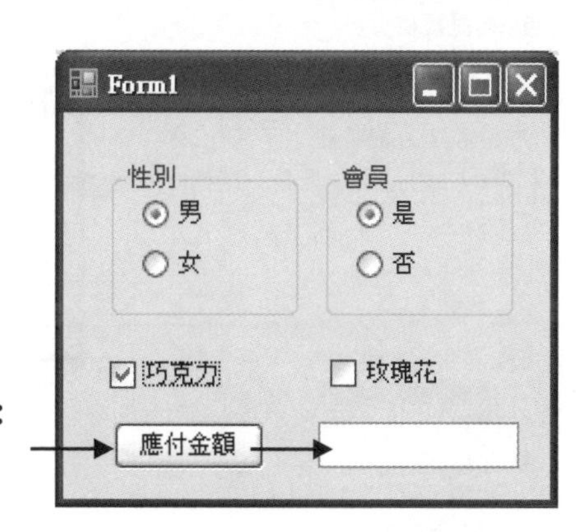

2. 建立專案

請建立一個專案「電子購物系統」。

3. 建立程式介面

請在 Form1.Vb 安裝下列元件：

A. 群組盒

程式介面(表單)中的「男、女」以及「是、否」兩組單選鈕分別被兩個**群組盒**(GroupBox)群組起來，用群組盒將單選鈕分組的原因是：同一群組(盒)中的所有單選鈕只能單選，而不同群組的單選動作則是獨立而不相影響。以本例來說，由於「男、女」是同一個群組，於是男、女只能 2 選 1，而「是、否」是另外一組，也只能選擇其中一個。

請安裝下列 GroupBox：

元件類別	元件名稱	屬性名稱	屬性值
GroupBox	GroupBox1	Text	性別
	GroupBox2	Text	會員

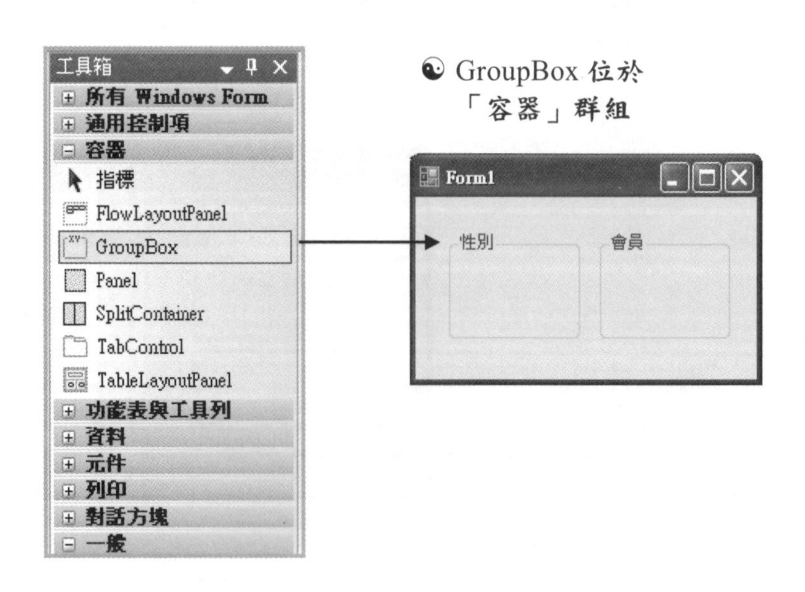

☯ GroupBox 位於「容器」群組

B. 單選鈕

程式介面(表單)中的⊙男、⊙女、⊙是、⊙否等四個元件叫做**單選鈕**(RadioButton)，是一種多選 1 的元件，不管表單(或群組盒)上面有幾個 RadioButton，我們只能選取其中一個。

請安裝下列 RadioButton，安裝時必須用拖曳的方式將 RadioButton 安裝在 GroupBox 裏面，如果想用雙按的方式安裝，則必須先選取 GroupBox，這樣 RadioButton 才會被安裝在 GroupBox 裏面：

元件類別	元件名稱	屬性名稱	屬性值	GroupBox
RadioButton	RaBtnMan	Text	男	GroupBox1
		Checked	True	
	RaBtnWoman	Text	女	GroupBox1
		Checked	False	
	RaBtnMember	Text	是	GroupBox2
		Checked	True	
	RaBtnNotMember	Text	否	GroupBox2
		Checked	False	

☯ RadioButton 位於「通用控制項」群組

C. 核取方塊元件

程式介面(表單)中的「玫瑰花、巧克力」兩個四方形選擇元件，叫做**核取方塊**(CheckBox)，其功用跟 RadioButton 一樣，都用來讓 User 做選擇，不同的是核取方塊可以多選，我們可以全選所有的核取方塊、也可以只選 1 個、2 個....或者全都不選。

請安裝下列 CheckBox 元件：

元件類別	元件名稱	屬性名稱	屬性值
CheckBox	ChkBoxChocolate	Text	巧克力
		Checked	False
	ChkBoxRose	Text	玫瑰花
		Checked	False

CheckBox 位於「通用控制項」群組

D. 其他元件

請繼續安裝下列元件：

元件類別	元件名稱	屬性名稱	屬性值
Button	BtnPay	Text	應付金額
TextBox	TxtPay	Text	空白

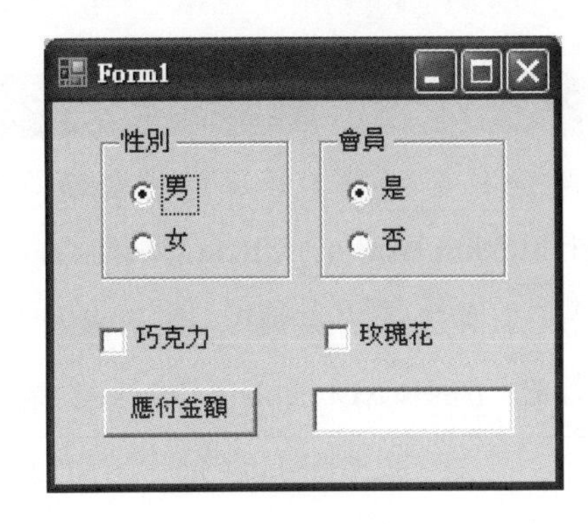

4. 建立程式功能

本程式比較複雜，讓我們先看一下程式的運作流程：

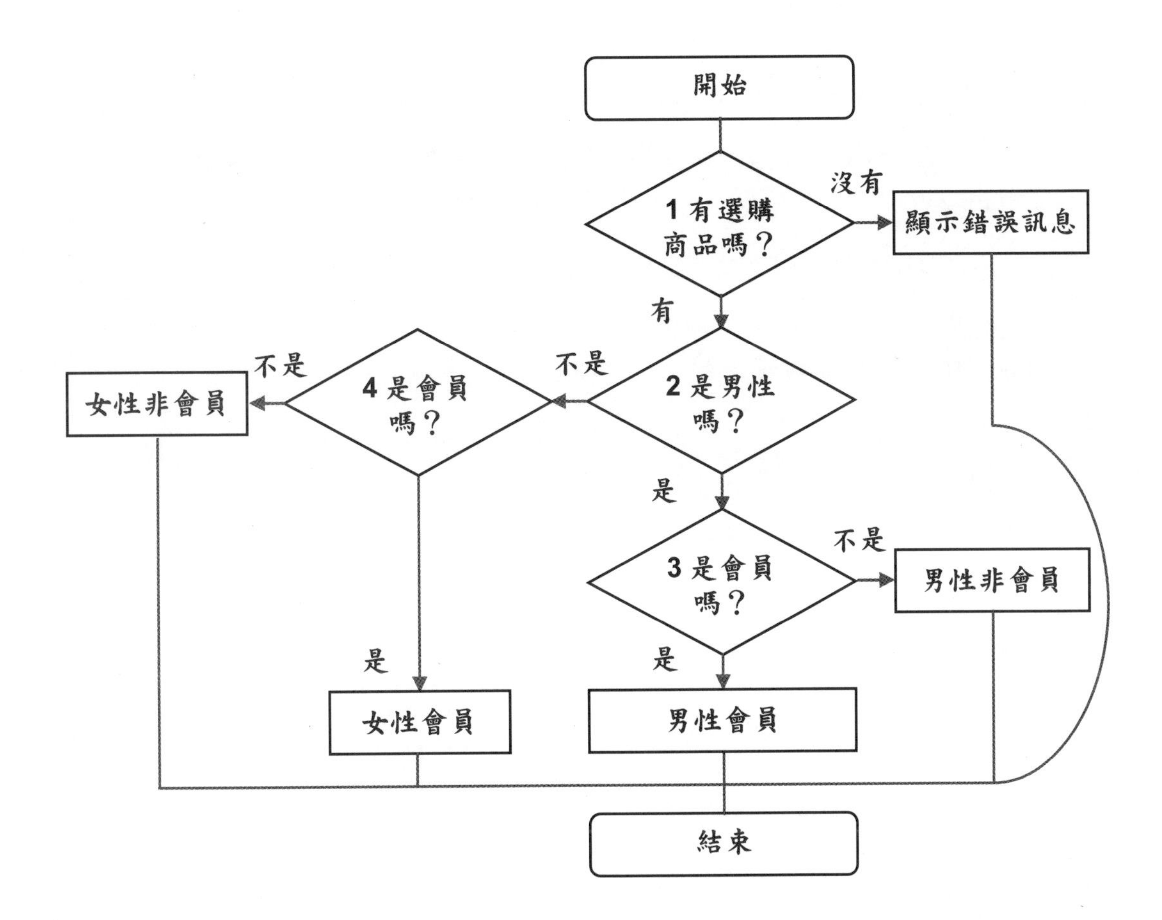

接著請開啓 Form1.vb、切換到程式碼視窗，然後加入下列程式：

電子購物系統：Form1.vb

```
' 按應付金額時：計算應付金額
Private Sub BtnPay_Click(ByVal sEnder As System.Object， ByVal e As System.EventArgs) Handles BtnPay.Click
    '1.有選購商品嗎？(巧克力打勾 或是 玫瑰花打勾)
    If  ChkBoxChocolate.Checked=True  or  ChkBoxRose.Checked=True  then
        If  RaBtnMan.Checked=True  Then   '2.是男性嗎？(⊙男 有核取嗎？)
            If  RaBtnMember.Checked=True  Then  '3.是會員嗎？(⊙會員 有核取嗎？)
                TxtPay.Text = "男性會員"  ' 暫且顯示訂購者身份，確實金額留做習題
            Else
                TxtPay.Text = "男性非會員"
            End  If   '3.判斷會員結束
        Else  ' 女性
            If  RaBtnMember.Checked=True  Then   '4.是會員嗎？(⊙會員 有核取嗎？)
                TxtPay.Text = "女性會員"  ' 暫且顯示訂購者身份，確實金額留做習題
            Else
                TxtPay.Text = "女性非會員"
            End  If   '4.判斷會員結束
        End  If   '2.性別判斷結束
    Else
        TxtPay.text="你沒有訂購任何商品"
    End  If   '1.訂購商品判斷結束
End  Sub
```

5. CheckBox 的 Checked 屬性

CheckBox 的 Checked 屬性用來設定核取方塊要不要打✓，將 Checked 設為 True 時核取方塊會打✓、設為 False 則不會打✓，因此判斷☑巧克力(ChkBoxChocolate 元件)是否有打✓的敘述為：

```
ChkBoxChocolate.Checked = True   '☑巧克力被選取
```

同理，下列敘述可以判斷☐玫瑰花(ChkBoxRose)是否沒有打✓：

```
ChkBoxRose.Checked = False   '☐玫瑰花未被選取
```

6. 以邏輯運算子來串接兩個條件

本例在判斷有無選購商品時，必須同時依據兩個條件：

- ☑巧克力 被選取：ChkBoxChocolate.Checked=True
- ☑玫瑰花 被選取：ChkBoxRose.Checked=True

由於兩個條件只要其中之一成立，就算有訂購商品，因此可以使用邏輯運算子 Or 來串接這兩個條件(請參考 Or 運算子的介紹)：

```
'巧克力或是玫瑰花其中之1被選取，就算有訂購商品
If ChkBoxChocolate.Checked=True or ChkBoxRose.Checked=True then
```

7. 邏輯資料的邏輯運算

為什麼用邏輯運算子串接條件式、稱為邏輯運算呢？

假設 User 核取了 ChkBoxChocolate、但未核取 ChkBoxRose，則「ChkBoxChocolate.Checked=True Or ChkBoxRose.Checked=True」經過兩個比較運算之後將會變成下列敘述：

```
If  True  Or  False  Then  '☑巧克力被選取、☐玫瑰花未被選取
```

由於條件式(比較運算式)的運算結果為邏輯資料，在兩個條件式中間加入邏輯運算子，便形成邏輯運算式了。

接著進行 Or 邏輯運算，結果將為 True：

```
If  True  Then  ' True Or False = True
```

最後 If 敘述會根據這個運算結果決定是否執行<敘述群 1>，由於運算結果為 True，代表條件真的成立，因此執行敘述群 1：

```
If  True  Then
    ' True 執行這兒的敘述
Else
    ' False 執行這兒的敘述
End If
```

8. RadioButton 的 Checked 屬性

RadioButton 也有 Checked 屬性，也用來設定 RadioButton 的選取狀態，將 Checked 設為 True，RadioButton 會被選取，設為 False 則不會，因此判斷⊙男(RaBtnMan)是否被核取的敘述為：

```
If  RaBtnMan.Checked = True  Then  ' 如果⊙男被核取
```

9. 邏輯資料的比較運算

有些條件式(比較運算式)是由邏輯資料所組成，如下列敘述：

```
If   RaBtnMan.Checked = True   Then   ' 如果⊙男被核取
```

其中 RaBtnMan.Checked 本身即爲邏輯值，本來就可以告訴 If 該如何執行程式，實在不用多做一次比較運算(放屁幹嘛脫褲子)。

也就是說，當邏輯資料被應用在比較運算式時，我們可以省略比較運算式中的「<比較運算子> <資料 2>」，直接用「邏輯資料」即可表示一個比較運算式(條件式)，因爲比較運算式的目的本來就是要得到邏輯資料，但該如何省略呢？

以「RaBtnMan.Checked = True」而言，其運算結果將視 RaBtnMan.Checked 的值而定，RaBtnMan.Checked 的值爲 True、則結果爲 True(True = True)，RaBtnMan.Checked 爲 False，則結果爲 False(False = True)。

由此可知，條件式的運算結果等於 RaBtnMan.Checked 的值，因此我們可以將 RaBtnMan.Checked = True 簡化爲：

```
RaBtnMan.Checked
```

這樣不僅程式內容比較少，可以節省編輯程式的時間，而且少做了一次比較運算、執行的速度也比較快。

如果條件式中的比較對象爲邏輯 False，則簡化方式爲：

```
      <資料 1> = False
等於  Not (<資料 1> = True)
等於  Not <資料 1>
```

也就是說當邏輯資料與 Fasle 做=比較時，可以省略=False，然後在邏輯資料之前加一個 Not 即可。

值得一提的是比較運算式可以扮演條件式，因爲比較運算式的結果爲邏輯值，但條件式不見得都是比較運算式，只要任何運算結果爲邏輯值的敘述，或是邏輯值本身，都可以扮演條件式。

10. 測試程式

測試程式時，一定要測試所有可能發生的情況，以本例而言，共有五種情況，請執行專案、進行下列測試：

1. 未訂購商品時

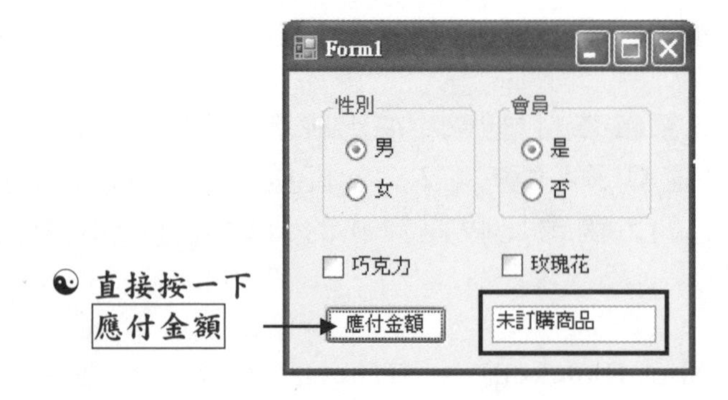

2. 男會員

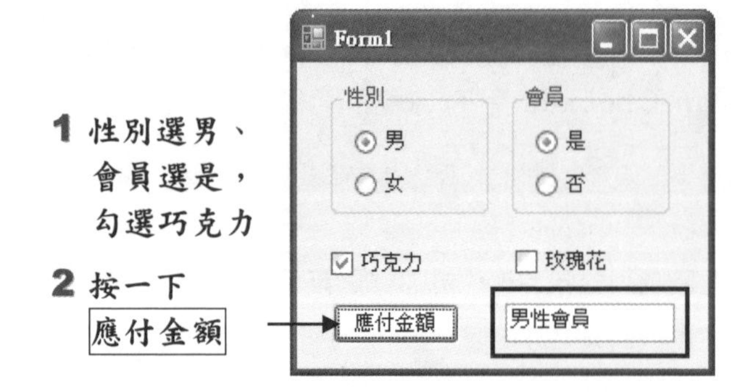

3. 男非會員

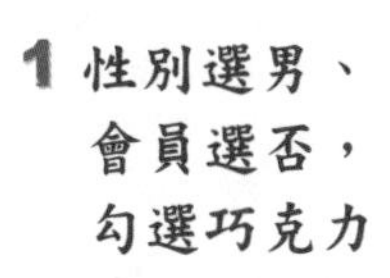

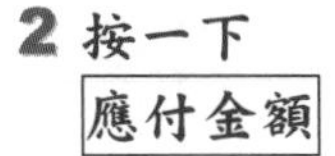

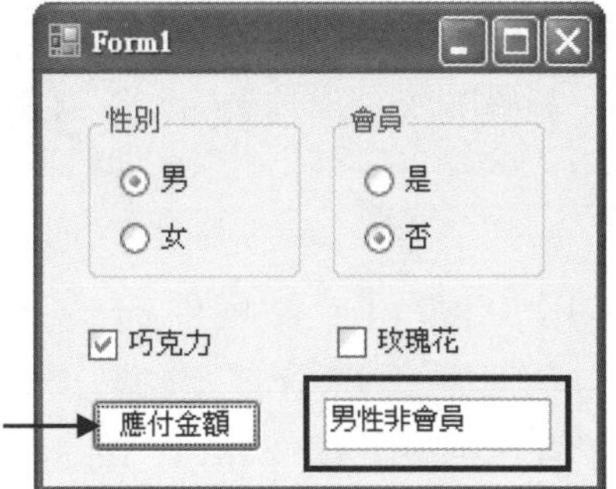

4. 女會員

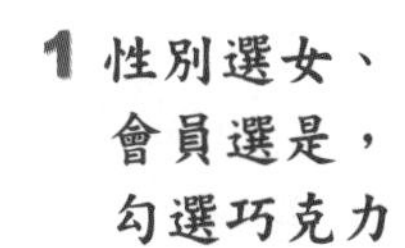

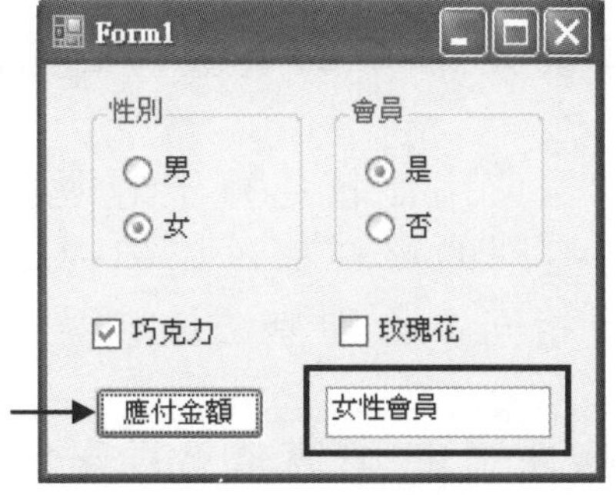

5. 女非會員

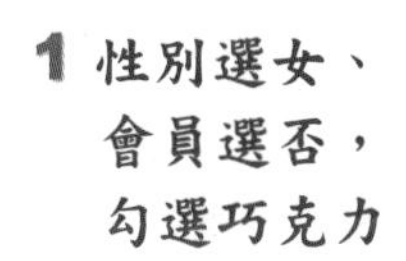

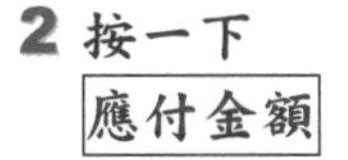

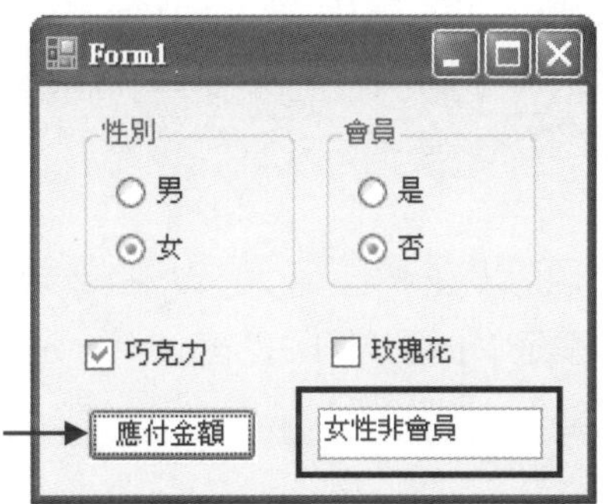

7-9 本章摘要

條件判斷敘述用來讓程式分支，單條件可以讓程式分兩支、雙條件可以讓程式分 3 支、3 條件可以讓程式分 4 支，.....，N 條件可以讓程式分 N+1 支。

單條件分支使用 If 即可，多條件分支則必須使用 If ElseIf 或是 Select Case，If ElseIf 是以條件式爲分支依據，Select Case 則以條件值(資料)爲分支依據，許多的情況使用 If ElseIf 或是 Select Case 都可以，我們可以依自身習慣做選擇，基本上以語法自然(與我們個人的邏輯相應)、架構清楚(比較容易閱讀)爲原則。

不管是 If、If ElseIf 或者是 Select Case，都可以是巢狀結構，但胡老師建議巢狀層數不要太深，一來會讓程式比較複雜難懂，二來會影響效能。

比較運算式就是使用比較運算子的運算式，通常應用於流程控制敘述中的條件式，任何型別的資料都可以進行比較運算，但比較運算的兩個運算元，其型別必須相同，否則無法比較。

比較運算式(條件式)的運算結果爲邏輯資料，流程控制敘述就是依據條件式的運算結果，來決定執行的方向，以 If 而言，條件式結果值爲 True 時會執行 If 區段、爲 Fasle 則執行 Else 區段。

比較字串時是以兩個字串單一字元的 Unicode 爲比較依據，兩個字串的內容與長度完全相同時才算相等，日期/時間的比較則必須兩者的日期和時間完全相同才算相等。

比較字串時，可以在<運算元 2>加入**萬用字元**(wildcard)，以比對<運算元 1>是否包含特定內容的子字串，當<運算元 2>包含萬用字元時，必須使用 Like 運算子進行比較。

除了使用比較運算子來比較兩個資料之外，我們也可以使用資料類別/資料物件的 Compare()方法、或是資料物件的 CompareTo()方法，來比較兩個資料。

邏輯資料只有 True(真)與 False(假)兩種，通常用來表示真/假、正/反...的概念，邏輯資料間可以進行**邏輯運算**，共有 And、AndAlso、Or、OrElse、Xor 以及 Not 六種邏輯運算子。

邏輯運算一般應用於流程控制敘述中，用來將多個條件串接成一個大條件，邏輯資料也可以做比較運算，而且可以簡化比較運算式，簡化方法是去掉<比較運算子>和<邏輯資料 2>、然後視情況加入 Not 於<邏輯資料 1>之前。

PC 鍵盤中的按鍵有兩種編碼值，一種是依符號編碼的 Unicode，另一種則是依按鍵位置編碼的**鍵盤延伸碼**，兩者的差別在於：

- Unicode 並未編碼特殊按鍵(F1~F12...等)以及組合鍵(Alt、Shift、Ctrl)，而延伸碼有。
- Unicode 因爲依符號形狀編碼，因此大小寫英文字元被視爲不同，延伸碼則依位置編碼，同一個按鍵位置不管大小寫都是一樣的。

User 在元件中鍵入按鍵時，會依序觸發 KeyDown、KeyPress 以及 KeyUp 三個事件，KeyDown 以及 KeyUp 接收的是鍵盤的延伸碼，因此按鍵不分大小寫，而且可以處理特殊鍵以及組合鍵，KeyPress 則接收 Unicode，因此會區分大小寫，但無法處理特殊鍵以及組合鍵。

測試程式時一定要針對所有可能發生的情況做完整的測試，以範例「電子購物系統」而言，總共有「未購物」、「男會員」、「男非會員」、「女會員」以及「女非會員」等五種情況，我們必須耐心的一一測試，這樣程式交給客戶時，才能穩定的執行。

7-10 本章新增之元件/物件與敘述

1 元件/物件

本表只列出屬性與方法的簡單說明，詳細用法請參考線上手冊：

元件(類別)	功用	重要屬性	重要方法
GroupBox	將元件分組	1.Text(字串型別)： 表示 Groupbox 中的文字，即群組名稱	
RadioButton	讓 User 執行單選作業	1.Text(字串型別)： 表示 RadioButton 的(說明)文字 2.Checked(邏輯型別)： 表示 RadioButton 的核取狀態	
CheckBox	讓 User 執行多選作業	1.Text(字串型別)： 表示 CheckBox 的(說明)文字。 2.Checked(邏輯型別)： 表示 CheckBox 的核取狀態	
String(或其他資料類別)	操作字串(或其他資料)		1.Compare(<資料 1>，<資料 2>)： 比較兩個資料是否相等，相等傳回 0， 1<2 傳回負值， 1>2 傳回正值
String 物件(或其他資料物件)	代表字串(或其他資料)本身		1.CompareTo(<資料>)： 比較資料(物件)本身與另一個資料是否相等，相等傳回 0， <傳回負值， >傳回正值

2 事件

事件名稱	觸發時機	重要參數
KeyDown	在元件中剛鍵入按鍵時。	1.e：用來接收按鍵的相關資訊，如 e.KeyCode 用來接收按鍵的鍵盤延伸碼。
KeyPress	在元件中鍵入按鍵到底時。	1.e：用來接收按鍵的相關資訊，如 e.KeyChar 用來接收按鍵的 Unicode。
KeyUp	在元件中鍵入按鍵到底之後放開按鍵時。	1.e：用來接收按鍵的相關資訊，如 e.KeyCode 用來接收按鍵的鍵盤延伸碼。
SelectedIndex Changed	當元件(ListBox 與 ComboBox 等條列性元件)的選項改變時	

3 敘述

敘述名稱	功用	語法
邏輯運算式	運算多個邏輯資料的真假，一般用來串接多個條件式	<邏輯運算元 1> <邏輯運算子> <邏輯運算元 2> **或是** <條件 1> <邏輯運算子> <條件 2> 邏輯運算子共有 And、AndAlso、Or、OrElse、Xor 以及 Not 六種

單條件判斷	依據條件真假，讓程式分 2 支執行	If <條件> then
		    <敘述群 1>
		[Else
		    <敘述群 2>]
		End If

比較運算式(條件式)	比較兩個資料是否符合指定的比較運算方式	<資料 1> <比較運算子> <資料 2> 比較運算子共有=、<>、>、>=、<、<=、Like…等

敘述名稱	功用	語法

多條件判斷	依據條件真假，讓程式分多支(3 支以上)執行。	If <條件 1> Then
		    <敘述群 1>
		ElseIf <條件 2> Then
		    <敘述群 2>
		        …
		ElseIf <條件 n> Then
		    <敘述群 n>
		[Else
		     <敘述群 x>]
		End If

多重分支	依據條件值，讓程式分多支(3 支以上)執行。	Select Case <資料>
		        Case <條件值 1>
		            <敘述群 1>
		        Case <條件值 2>
		            <敘述群 2>
		                …
		        Case <條件值 n>
		             <敘述群 n>
		        [Case else
		             <敘述群 x>]
		End Select

7-11 習題

1 程式的分支(1)

請說明：

1. 什麼是程式的分支(Branching)？
2. 為何要讓程式分支？
3. 在 VB 中讓程式分支的技巧(敘述)有那些？

2　比較運算式(1)

請說明：

1. **什麼是比較運算式？**
2. **為何要使用比較運算式？**
3. **如何使用比較運算式？**

3　條件式(1)

請說明：

1. **什麼是條件式？**
2. **為何要使用條件式？**
3. **如何使用條件式？**

4　鍵盤事件(2)

假設你正在設計一套賽車遊戲，其中一個功能是「User 按 A/a)」時「加快速度」，請問應該用那一個鍵盤事件處理這個功能？Why？

5　日期資料的比較(1)

請問下列兩個日期資料相不相等，Why？

```
1.#11/29/2004 21:30:00#
2.#11/29/2004#
```

6　字元(串)的編碼(2)

在 Unicode 中，"a"和"A"有何不同？

7　密碼(3)

請修改本章範例「密碼」，當 User 輸入第 4 個字元時，自動進行密碼的判斷，User 不用再鍵入 ENTER：

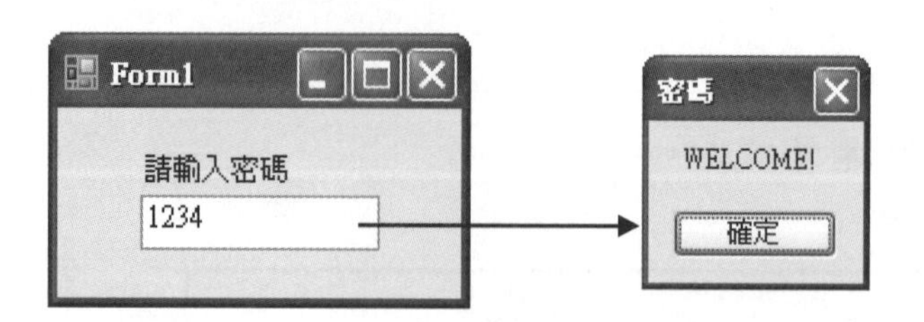

8　密碼帳號(2)

請修改本章範例「密碼」，加入帳號的驗証：

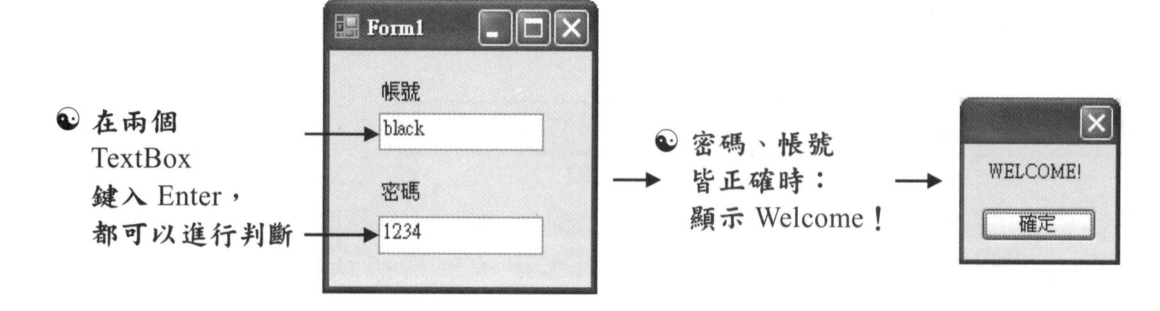

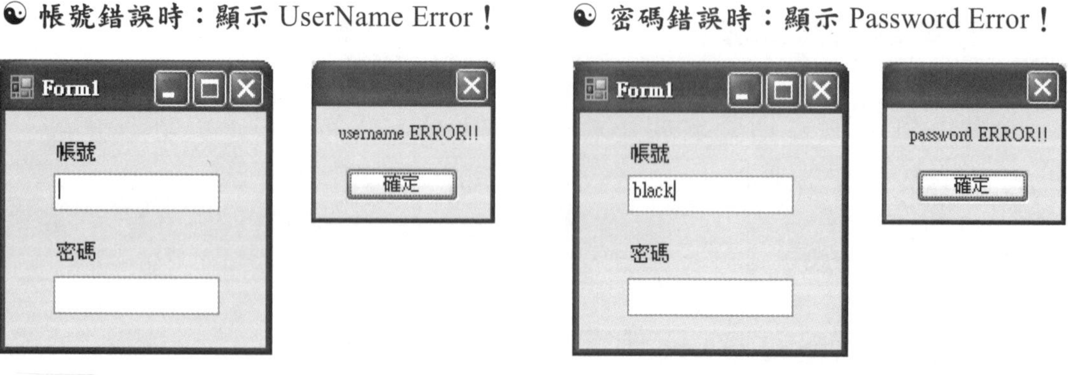

9　英文字的大小寫(2)

請修改習題 7-8「密碼帳號」，不管輸入的帳號是「black」、Black」或「BLACK」…都算正確，亦即不分大小寫。

10 密碼帳號一(2)

請修改習題 7-8「密碼帳號」，加入下列功能：

☯ 未輸入帳號時，無法輸入密碼

☯ 輸入帳號，才可以輸入密碼

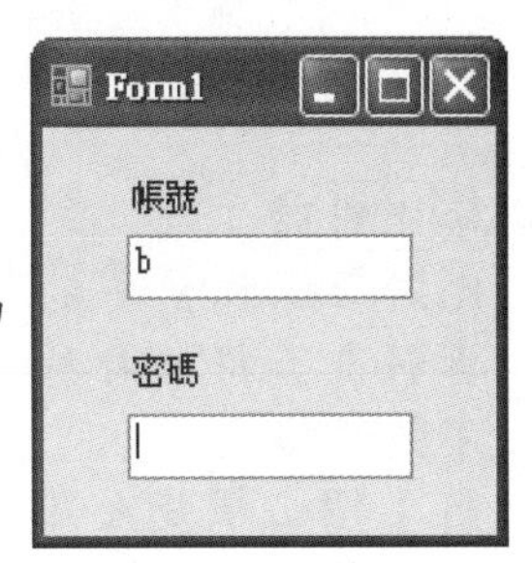

11 密碼帳號二(3)

請修改習題 7-8「密碼帳號」：

1. **加入兩個按鈕**
2. **只要密碼與帳號其中有一個未輸入，確定便無法使用**

☯ 未輸入帳號、密碼

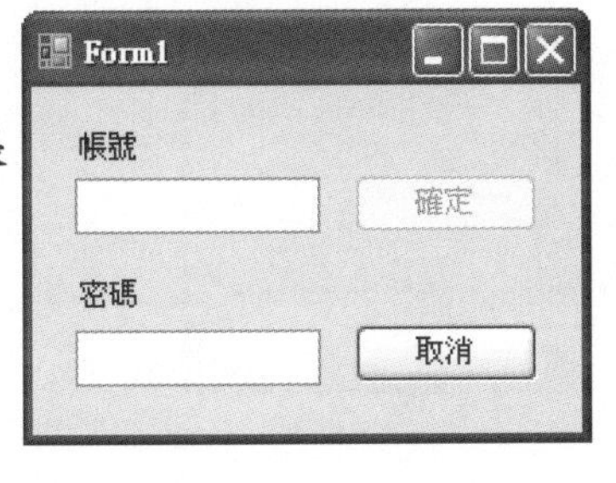

☯ 未輸入密碼

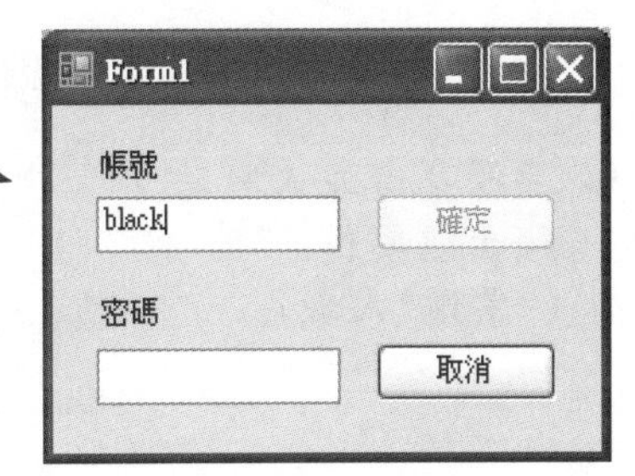

3. **按確定時判斷帳號密碼，在 TextBox 中鍵入 Enter 時則不判斷**

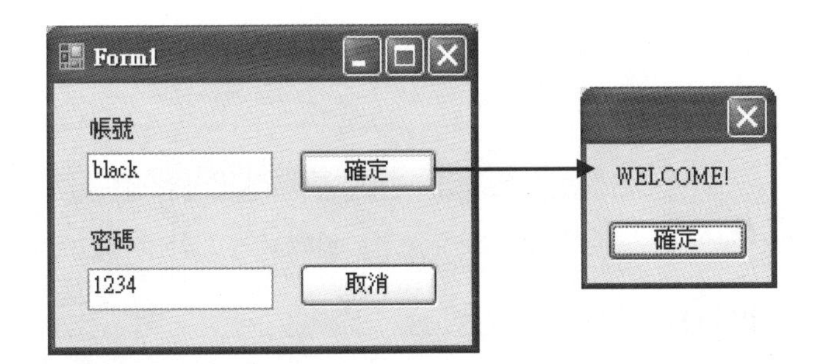

4. **按取消時結束程式(使用 End 敘述即可)**

12 Like 運算子(3)

請建立下列程式：

☯ 按比對時：
比對 Textbox 中的資料是否符合身份字號的格式，
第 1 個必須是大寫英文字元，第 2~9 個必須是數字

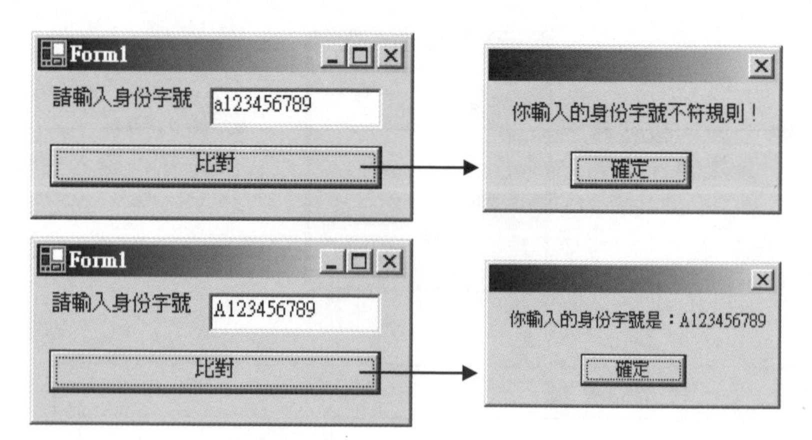

13 買票系統一(2)

請修改本章範例「買票系統」，加入購票人數：

☯ 選擇身份或人數時：
顯示總票價
(=票價*人數)

14 買票系統二(2)

請修改習題 7-13「買票系統一」，加入場次的選擇：

☯ 選擇身份、人數或場次時：
顯示總票價
(=票價*人數*場次折扣)

15 買票系統三(3)

請修改本章範例「買票系統」，在不使用條件分支敘述(Select Case 以及 If)的情形下，也可以達到同樣的結果。

16 Like 運算子一(2)

請設計下列程式，讓 User 只能輸入「胡開頭、長度至少為 2 的字串」，即姓胡的所有人：

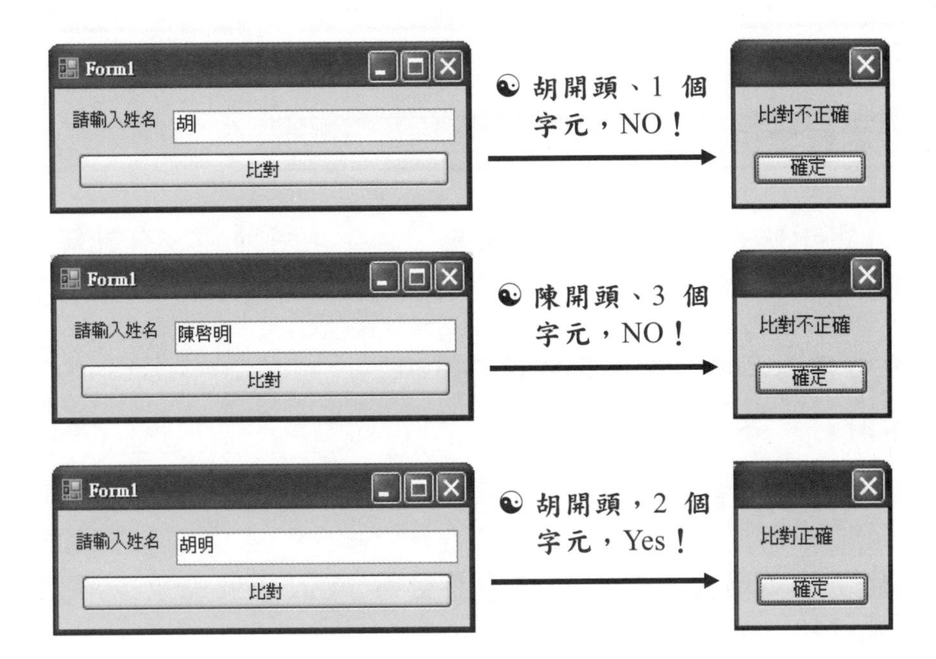

17 計算器(2)

請修改本章範例計算器：

1. 增加一個<-鈕：按一下<-時，將 TextBox 中最右邊的資料刪除

2. 再增加一個 C 鈕：按一下 C 時，將 TextBox 中所有的資料刪除

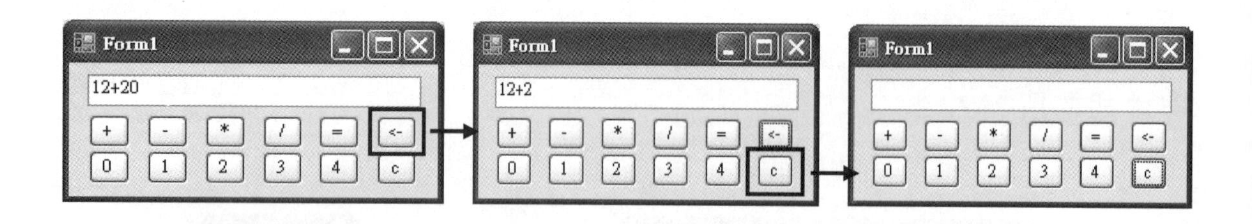

18 電子購物(3)

範例「電子購物系統」我們只完成了一半，目前並沒有計算、顯示應付金額的功能，請同學們依照下列邏輯，完成應付金額的計算：

1. 巧克力訂價為 200、玫瑰花訂價為 300

2. 男性不打折、女性打 9 折

3. 非會員不打折、會員打 9 折

舉個例子，若購買者爲「女性、非會員」，訂購商品爲「巧克力」，則應付金額爲 180。

19 比較運算式的簡化(2)

請問下列敘述可以簡化嗎？該如何簡化？

```
RadioButton1.Checked <> True
```

20 Or 與 OrElse(2)

在範例「電子購物系統」中，我們使用下列敘述判斷 User 是否訂購商品(巧克力與玫瑰花其中之 1 被選取)，請問下列敘述中的 Or 可以由 OrElse 取代嗎？可以的話請說明兩者間的差異？

```
' 巧克力與玫瑰花其中之 1 被選取
If  ChkBoxChocolate.Checked=True or ChkBoxRose.Checked=True  Then
```

21 Keypress(3)

請建立下列程式：

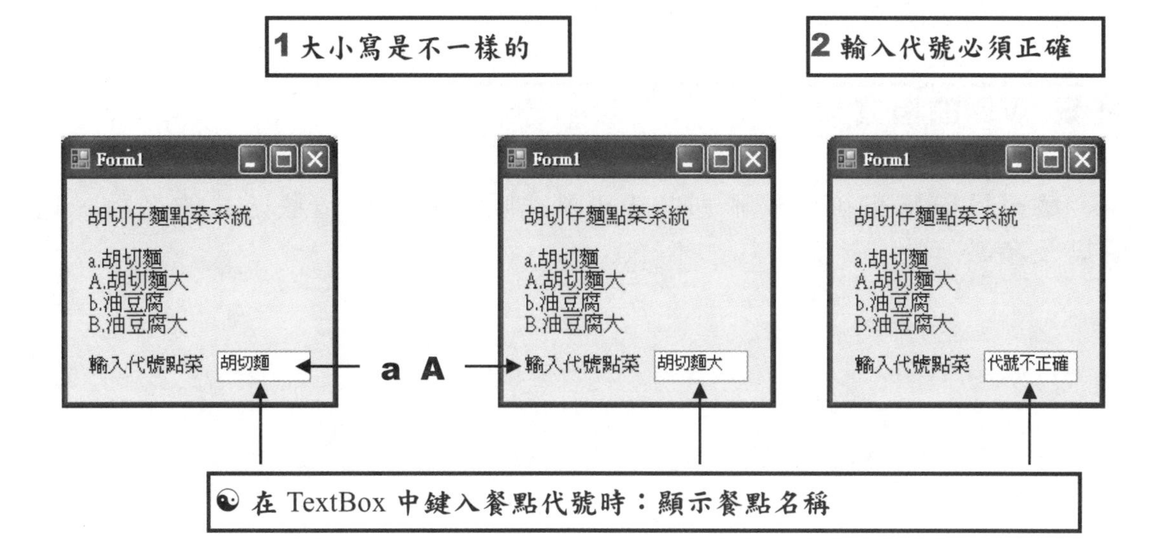

22 VB 的敘述(1)

截至目前爲止，你學了那些 VB 敘述呢？請列出這些敘述的名稱、功用、語法。

23 VB 的元件(1)

截至目前爲止，你學了那些 VB 元件呢？請列出這些元件的名稱、功用、常用屬性與方法。

24 VB 的物件(1)

截至目前爲止，你學了那些 VB 物件呢？請列出這些物件的名稱、功用、常用屬性與方法。

25 VB 的函式(1)

截至目前爲止，你學了那些 VB 函式呢？請列出這些函式的名稱、功用以及參數。

第 8 章

迴圈(Loop)可以讓敘述重覆的執行，當某些程式敘述必須重覆執行時，可以將這些敘述置於迴圈內部，讓原本要重覆撰寫多次的敘述，只要撰寫一次即可。

8-1 For Next

1 從一個實例講起

1. 功能與介面說明

正式介紹迴圈之前，我們先來看一個例子，我們將修改第 7 章的範例「單條件」，按下全部清除時，ListBox1 的所有資料會全部被清除，而且這些資料還會全部出現在 ListBox2 中，也就是將 ListBox1 的所有資料搬移到 ListBox2。一開始我們將用一般的技巧來設計，然後一步一步的轉用迴圈來完成：

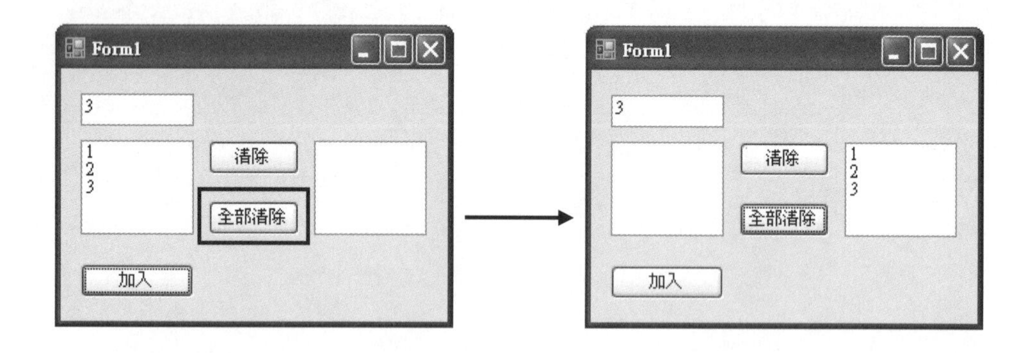

2. 建立專案

請建立一個專案「沒迴圈」。

3. 加入模組(表單)

爲了節省時間，你可以將第 7 章範例「單條件」中的 Form1.Vb 加入本專案，取代原有的 Form1.Vb，當然，你也可以自行安裝所有的元件。

4. 建立程式介面

請依「功能與介面說明」，在 Form1.vb 安裝 3 個 Button、一個 TextBox，以及兩個 ListBox。如果你剛剛有複製「單條件」中的 Form1.vb，則只要再安裝一個 ListBox 即可。

5．建立程式功能

為了簡化問題，我們先假設 ListBox1 中要刪除的資料共有三項：

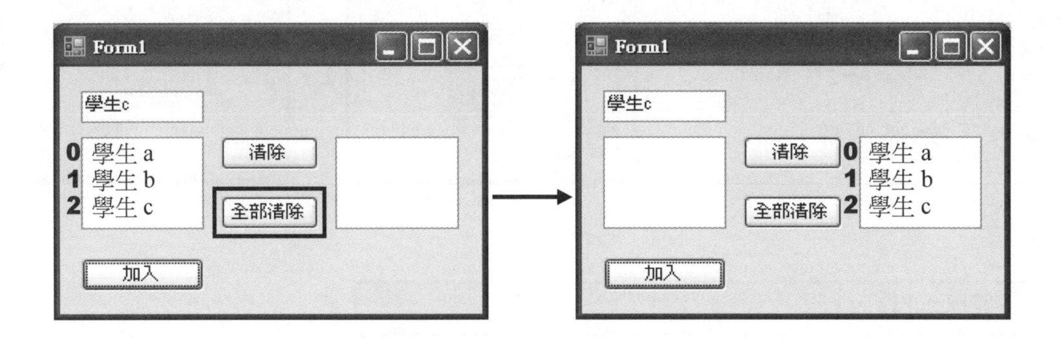

請開啟 Form1.vb，切換到程式碼視窗，輸入下列程式：

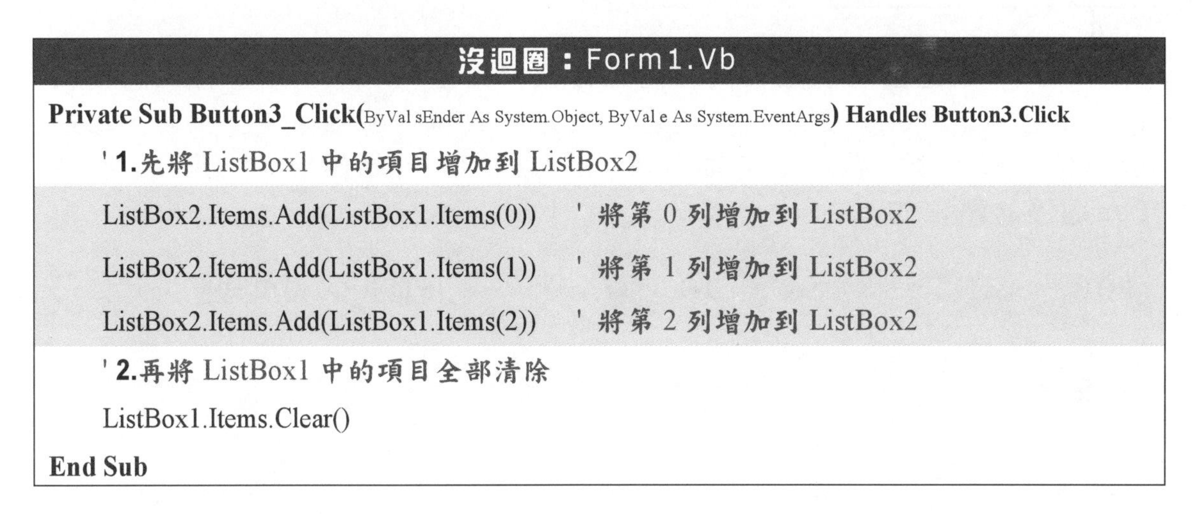

沒迴圈：Form1.Vb

```
Private Sub Button3_Click(ByVal sEnder As System.Object, ByVal e As System.EventArgs) Handles Button3.Click
    ' 1.先將 ListBox1 中的項目增加到 ListBox2
    ListBox2.Items.Add(ListBox1.Items(0))    ' 將第 0 列增加到 ListBox2
    ListBox2.Items.Add(ListBox1.Items(1))    ' 將第 1 列增加到 ListBox2
    ListBox2.Items.Add(ListBox1.Items(2))    ' 將第 2 列增加到 ListBox2
    ' 2.再將 ListBox1 中的項目全部清除
    ListBox1.Items.Clear()
End Sub
```

6．表示 ListBox 中個別資料項的內容

表示 ListBox 個別資料項內容的方法為：

<元件名稱>.Items(<列號>)

以 ListBox1 的第 3 列資料("學生 c")而言，其列號為 2，於是其內容表示法為 **ListBox1.Items(2)**：

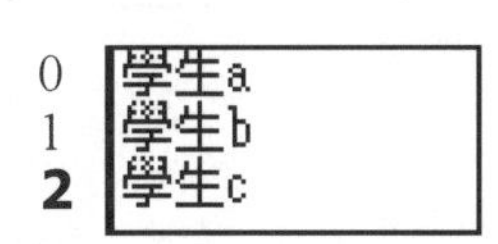

7. 測試

請執行程式，然後：

1. **在** ListBox1 **中加入「**1、2、3**」三項資料**
2. **按一下 全部清除**

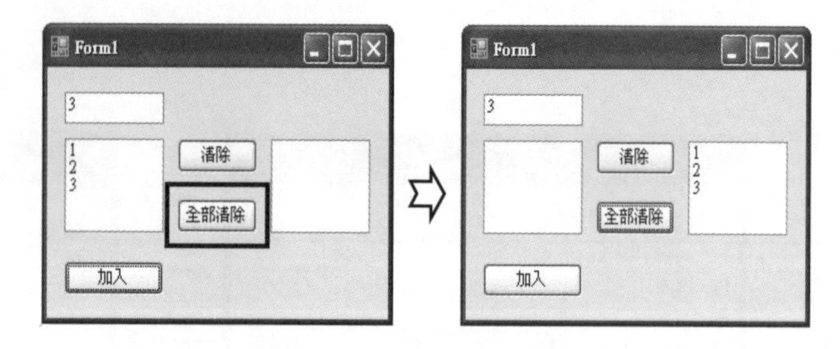

2 For Next

1. 語法

For Next **迴圈**可以讓程式敘述重覆執行固定的次數，只要將欲重覆執行的敘述置於 For 迴圈中，再適當的設定計數器的啓始值、終止值，以及步進值，即可讓這些敘述重覆的執行「(終止值-啓始值)\步進值+1」次，For 迴圈的語法如下：

```
FOR    <計數器> = <啓始值>   TO   <終止值>        [STEP <步進值>]
       <敘述群>
NEXT
```

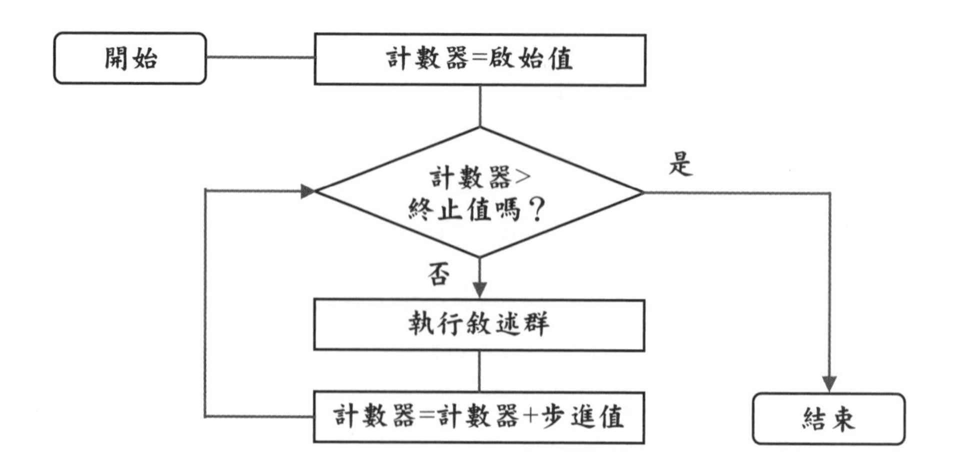

For Next 的相關語法說明如下：

1. **計數器**：就是一個變數(下一章會談到)
2. **起始值**：可以是任意的整數(包括 0 及負數)
3. **終止值**：可以是任意的整數(包括 0 及負數)
4. **步進值**：可以是任意的整數(包括正負數)

接下來我們將使用 For 迴圈來改良範例「沒迴圈」，讓程式更簡潔！

2. For 迴圈的運用邏輯

要置於迴圈中重覆執行的敘述，必須符合下列兩個條件其中之一：

1. **好幾個(組)完全相同的敘述(群)**
2. **好幾個(組)相類似的敘述(群)，所謂相類似指的是大部份相同，少部份不同，而不同的部份一定要呈規則性變化**

在「沒迴圈」的 Button3_Click 中，包含了下列三個相類似的敘述：

```
Private Sub Button3_Click(ByVal sEnder As System.Object, ByVal e As System.EventArgs) Handles Button3.Click
    ListBox2.Items.Add(ListBox1.Items(0))    ' 將第 0 列增加到 ListBox2
    ListBox2.Items.Add(ListBox1.Items(1))    ' 將第 1 列增加到 ListBox2
    ListBox2.Items.Add(ListBox1.Items(2))    ' 將第 2 列增加到 ListBox2
    ListBox1.Items.Clear()
End Sub
```

加網底的三個敘述，除了()中的數字不同之外，其餘完全相同，而且數字間的關係是有規則的(公差為 1 的等差級數)，符合迴圈敘述的第 2 種規則「好幾個(組)相類似的敘述(群)」，因此可以使用迴圈來簡化。

又因為這三個相類似敘述呈現「起始值(0)、終止值(2)」的規則性變化，其重覆次數將固定為「(終止值－啓始值)\步進值+1」((2-0)\1+1=3 次)，因此適合使用 For 迴圈。

3. 使用 FOR 迴圈

請建立專案「For 迴圈」，並將專案「沒迴圈」中的 Form1.Vb 加入專案，取代原有的 Form1.Vb，然後將 Button3_Click()中的程式修改如下：

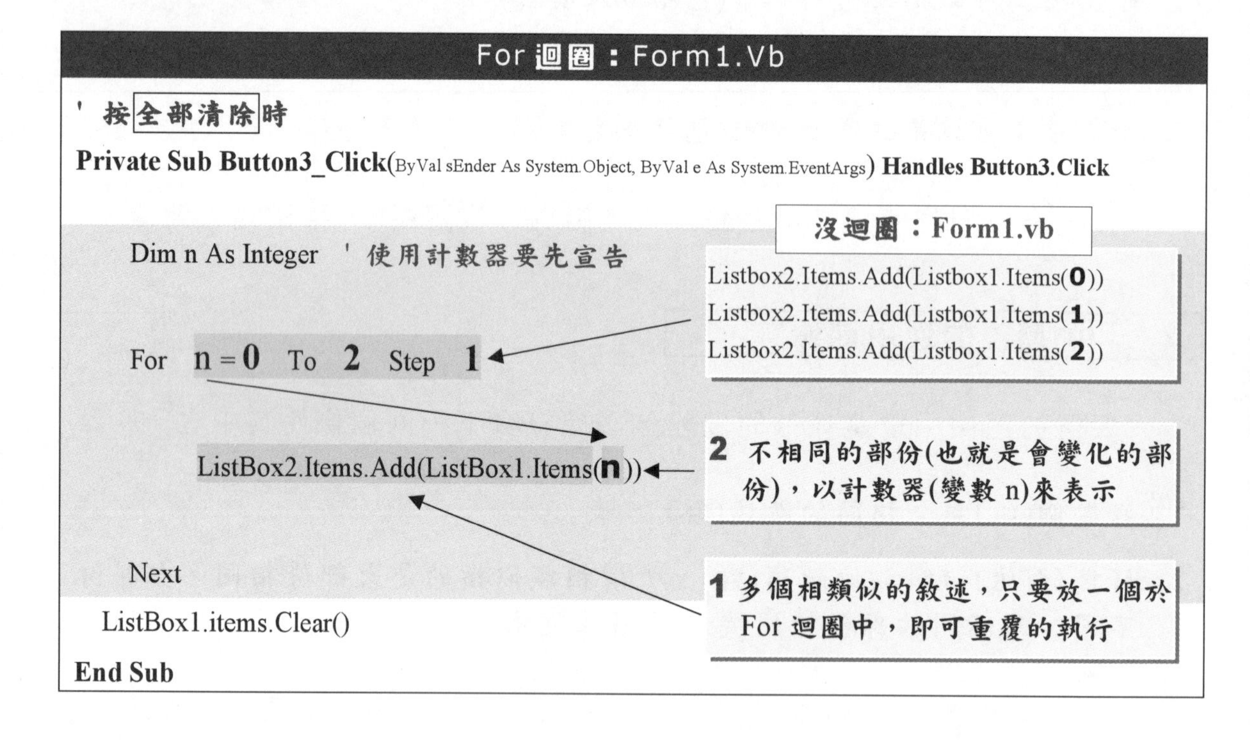

注意事項

計數器的宣告將在第 9 章詳細說明。

4. 步進值的省略

當 For 迴圈的步進值為 1 時，我們可以省略「Step 步進值」，以本例而言，可以簡化如下：

```
For  n = 0  To  2  [      ]    ' 省略 Step 1
        ListBox2.Items.Add ListBox1.Items(n)
Next
```

5. 測試

請執行程式，然後：

1. 在 ListBox1 中加入「1、2、3」三項資料

2. 按一下全部清除

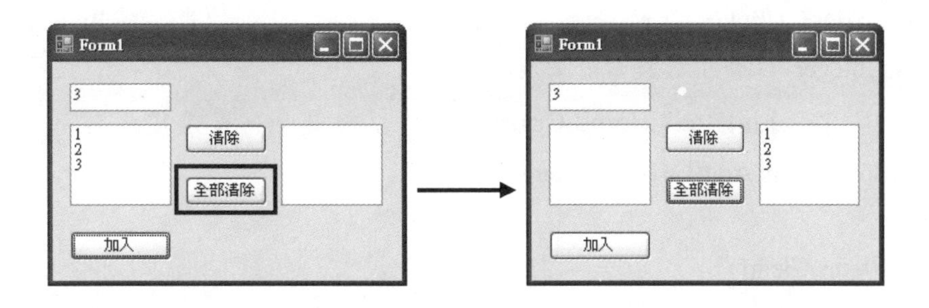

3 For 迴圈的改良

在「FOR 迴圈」中，我們假設 User 會固定在 ListBox1 中新增 3 項資料，因此下列敘述可以將 3 項資料增加到 ListBox2：

```
For  n = 0  To  2
     ListBox2.Items.Add(ListBox1.Items(n))
Next
```

然而這只是爲了方便講解 For 迴圈所做的權宜設計，在實際情況中，計數器 n 的起始值將固定爲 0(因爲第 1 項的註標固定爲 0)，但終止值將視 User 輸入的資料項數而定(變)，然而不管 User 輸入幾項，都必須由第 0 項處理至最後一項：

```
For  n = 0 To  ListBox1 最後一項的註標
     ListBox2.Items.Add ListBox1.Items(n)
Next n
```

但 ListBox 並沒有屬性或方法，可以表示「最後一項的註標」，倒是有一個屬性 Items.Count，用來表示資料項總數，又由於 ListBox 的註標由 0 開始，因此最後一項註標等於：

```
<ListBox 元件>.Items.Count – 1   ' 最後一項註標 = 資料項總數-1
```

接下來我們將修改範例「For 迴圈」，讓程式可以處理任意的資料項數，請建立專案「For 迴圈的改良」，再將「For 迴圈」中的 Form1.Vb 加入專案，取代原有的 Form1.Vb，然後將 Button3_Click()修改如下：

For 迴圈的改良：Form1.Vb

```
' 按全部清除時
Private Sub Button3_Click(ByVal sEnder As System.Object, ByVal e As System.EventArgs) Handles Button3.Click
    Dim n As Integer   ' 使用計數器前必須宣告
    For  n = 0  To  ListBox1.Items.Count - 1     ' 由第 0 列至最後一列
        ListBox2.Items.Add(ListBox1.Items(n))
    Next n
    ListBox1.Items.Clear()
End Sub
```

最後請測試程式，方法與測試「For 迴圈」一樣，不同的是你可以隨心所欲的新增任意資料到 ListBox1 中，按全部清除時，所有的資料將會一項不漏的增加到 ListBox2。

4 啓始值與終止值的關係

For 迴圈中的啓始值可以小於、等於、甚至大於終止值，但要注意：

1. 步進值會影響計數器「超過」終止值的方式：

當步進值爲正時，計數器大於終止值就算超過，當步進值爲負時，計數器小於終止值才算超過。

2. 若啟始值一開始就超過終止值，則迴圈連一次都不會執行：

```
For  i  =  1  to  0
    <欲重覆的敘述>  ' 連一之都不會執行
Next
```

5　計數器的型別

在 VB 2005 Express 的線上說明中，微軟建議將 For 迴圈計數器的型別宣告爲 Integer，以增進程式的執行效能，至於 Integer 到底是什麼？胡老師將在第 9 章(變數)介紹。

```
Dim  n  As  Integer   ' 將計數器宣告為 Integer 時效能最好
For  n = 0  To  ListBox1.Items.Count - 1
    ListBox2.Items.Add(ListBox1.Items(n))
Next
```

8 - 2 While

1　語法

While **迴圈**用來讓敘述重覆執行不固定的次數，實際執行次數是以條件式來控制：

```
While  <條件式>
        <敘述群>
End  While
```

While 會判斷條件式是否成立，成立時執行<敘述群>，不成立則結束 While 迴圈，往 End While 之後繼續執行其他敘述。

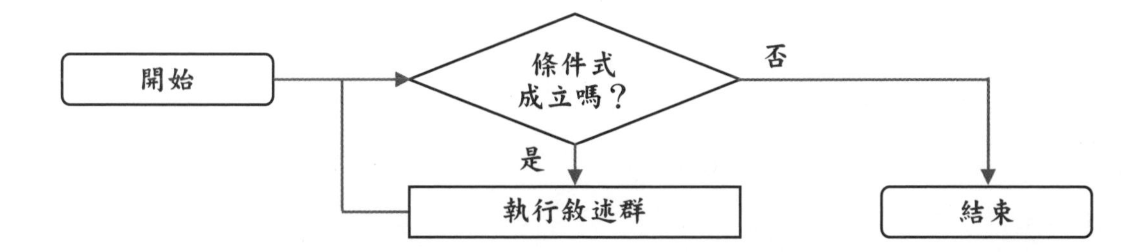

2　實例：輸入盒

讓我們用一個實例來說明 While 迴圈的應用。

1. 功能及介面說明

本例是一個用來終止系統(程式)的程式，在結束系統之前，必須先輸入密碼(重要系統可不能隨意結束)，密碼正確就結束系統，不正確則重新輸入密碼：

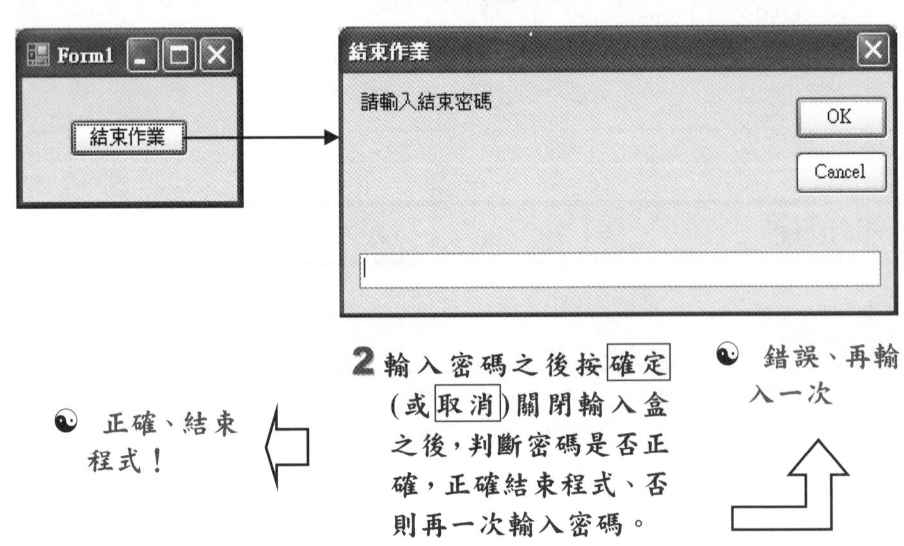

1 按結束作業時：
出現下列輸入盒，讓 User 輸入密碼
Form1
結束作業
結束作業
請輸入結束密碼
OK
Cancel
2 輸入密碼之後按確定(或取消)關閉輸入盒之後，判斷密碼是否正確，正確結束程式、否則再一次輸入密碼。
正確、結束程式！
錯誤、再輸入一次

2. 建立專案

請建立一個專案「輸入盒」。

3. 建立程式介面

請依「功能及介面說明」，在 Form1.vb 安裝一個 Button 元件。

4. 建立程式功能

請開啟 Form1.vb、進入 Button1_Click()、輸入下列程式：

輸入盒：Form1.Vb

```
' 按結束作業時
Private Sub Button1_Click(ByVal sEnder As System.Object, ByVal e As System.EventArgs) Handles Button1.Click
    Dim x As String      ' 宣告一個用來儲存密碼的變數 x
    While x <> "over"    ' 密碼不正確時(輸入的密碼(x)不等於正確密碼"over")，再輸入一次
        ' 顯示輸入盒，並將輸入密碼暫存於變數 x，以利判斷
        x = InputBox("請輸入結束密碼", "結束作業")
        If  x = "over"  Then  End  ' 密碼正確,結束程式
    End While
End Sub
```

☯ 這兩列用來執行「輸入密碼，判斷密碼是否正確」，將其置於 While 迴圈中即可被重覆執行(重覆輸入、判斷密碼)，直到條件式不成立(密碼正確)為止。

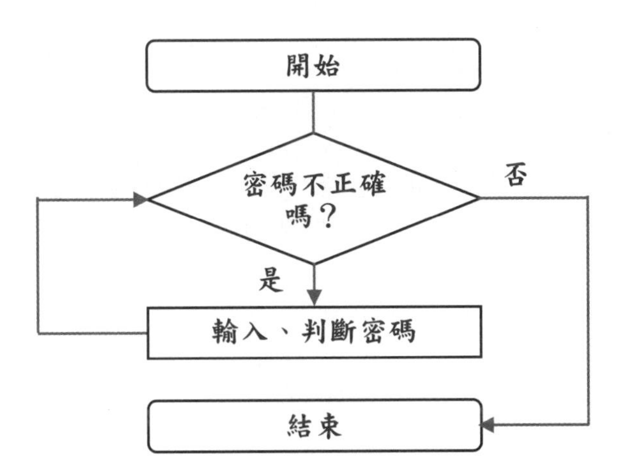

5 . InputBox 函式

1. 功能：顯示輸入盒、讓 User 輸入資料

2. 語法：

InputBox(<提示訊息>[，<抬頭>，<輸入欄預設值>，<輸入盒位置 X 座標>，<輸入盒位置 Y 座標>])

3. 參數　提示訊息

輸入盒位置 X 座標

輸入盒位置 Y 座標

6 . 變數

變數是用來暫存資料的地方，其性質就跟物件的屬性一樣，差別在於屬性是某個物件的專用變數，只能儲存該物件的相關資料，而變數則可以暫存任何資料，這些資料不一定跟某個物件有關。

變數通常用來暫存程式中要處理的資料，以本例而言，當使用者輸入密碼之後，我們必須將密碼暫存起來，供接續的程式判斷密碼是否正確，因此我們用變數 x 來暫存使用者輸入的密碼：

```
x = InputBox("請輸入結束密碼", "結束作業")   ' 將輸入密碼暫存於變數 x，以利判斷
```

上列敘述用來將資料(User 輸入的密碼)暫存於變數 x，其語法與屬性值設定敘述差不多，因為屬性就是變數：

```
<變數名稱>=<資料>
```

我們還利用下列敘述將變數 x 的內容取出來，以便與正確的密碼做比較：

```
If   x = "over"   Then   End   ' 取出 x 的內容，與"over"做=比較
```

取出變數內容的方法也與取出屬性值一樣：

```
<變數名稱>
```

與屬性不同的是使用變數之前必須先宣告，這樣 VB 編譯器才會安排一個空間給變數儲存資料：

```
Dim x As String   ' 宣告一個用來儲存密碼的變數 x
```

我們可以這麼說：屬性就是某個物件的專用變數，當我們在表單中安裝某個元件時，VB 編譯器會自動幫這個元件宣告一些變數，以便讓該元件可以儲存所有的屬性值，因此我們不需爲元件宣告變數(屬性)。

注意事項

關於變數的進一步說明請參考第 9 章。

7. 簡化版的 If

若 If 敘述在條件式成立時只要執行一個敘述，而且沒有 Else 區段，可以簡化爲：

```
If   <條件式>   Then   <一個敘述>
```

本例我們就使用了這種技巧，讓密碼正確時結束程式：

```
If   x = "over"   Then   End   ' 密碼正確，結束程式
```

8. END 敘述

END 敘述用來結束 VB 程式，只要執行 END 敘述即可立即結束程式、回到 VB 2005 Express 或是 Windows 環境中。

9. 測試

請執行程式，然後：

1. 按一下結束作業：此時會出現 InputBox，請直接按確定

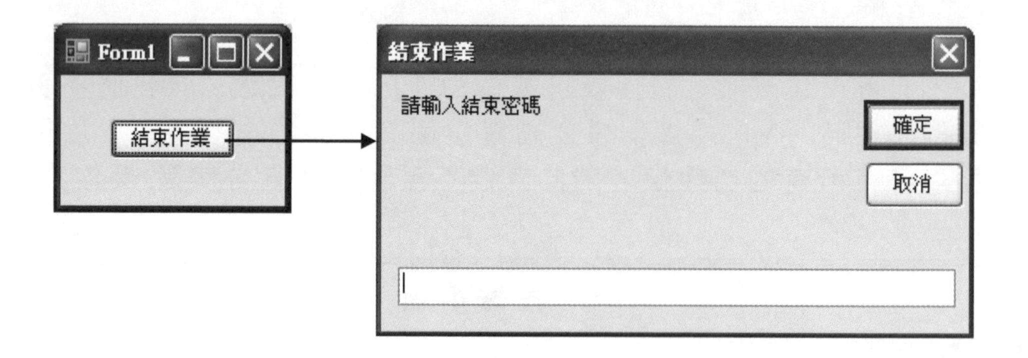

2. InputBox **將再一次出現：**請輸入 over(小寫)、然後按確定

3. 此時會結束程式的執行

8-3 Do While Loop

與 While 一樣，Do While Loop 也適合執行「次數不固定」的迴圈，其語法如下：

```
Do  While  <條件式>
    <敘述群>
Loop
```

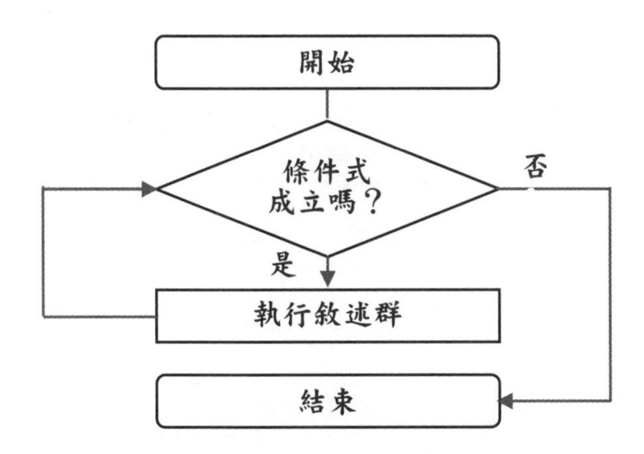

Do While Loop 的運作方式與 While 完全相同，因此你可以選擇其中一個你比較喜歡的來用，不需刻意兩者都要用到(表示你很厲害)。其實就胡老師個人的習慣而言，幾乎都是用 While 來撰寫「不固定次數」的迴圈，但話又講回來，程式設計師除了要具備撰寫程式的能力之外，還要具備看懂他人程式的能力，因此還是有必要了解 Do While Loop。

本節並沒有 Do While Loop 的實例，不過會有習題讓同學練習。

8-4 Do Until Loop

與 While、Do While Loop 一樣，Do Until Loop 也可以執行「次數不固定」的迴圈，不過 Do Until 的運作邏輯與前兩者相反，它會在「條件成立」時結束迴圈。底下是 Do Until 的語法，Do Until Loop 的實例也是安排在習題中，請同學自行練習：

```
Do    Until    <條件式>
      <敘述群>
Loop
```

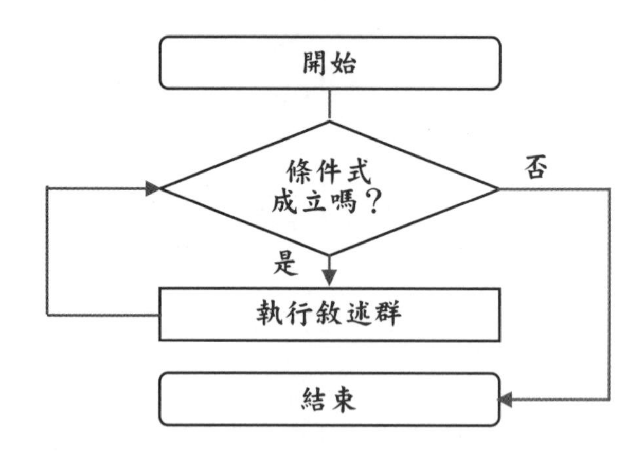

8-5 至少執行一次的迴圈

1 While 與 Exit While

當條件式不成立時，While 迴圈中的敘述將不會被執行，如果說第一次判斷時條件即不成立，則迴圈中的敘述將連一次都不會被執行：

```
a=100
While   a < 100   ' 一開始條件式即不成立，故迴圈中的敘述將永遠不會被執行
    If   a mod 2  =  0   Then   b = b + 1
End While
```

然而有時候我們可能會希望迴圈中的敘述至少要執行一次，比如說「輸入盒」，其輸入、判斷密碼的動作至少要做一次，因此應該設計爲「至少執行一次的迴圈」：

至少執行一次的迴圈：Form1.Vb

```
' 按[結束作業]時
Private Sub Button1_Click(ByVal sEnder As System.Object, ByVal e As System.EventArgs) Handles Button1.Click
    Dim x As String
    While  True    ' 將條件式設為 True，以使迴圈至少執行一次
        x = InputBox("請輸入結束密碼", "結束作業")     ' 輸入密碼
        ' 將條件式設為 True 時，一定要在迴圈中設下跳出迴圈的條件，以本例而言，
        ' 條件為「密碼正確時跳出迴圈」，否則將形成無窮迴圈，程式將因而當掉
        If  x = "over"  Then  Exit While
    End While
    End  ' 一跳出迴圈，代表密碼正確，立刻執行 End、結束程式
End Sub
```

上列的 While 迴圈中，由於條件式固定爲 True，會無條件進入迴圈中執行，因此迴圈至少會**迴繞**(Iteration)一次，不過使用這種技巧時一定要有配套措施，讓迴圈在適當時機結束迴繞，否則將造成爲**無窮迴圈**(Infinite Loop)，程式會因而當掉。

配套措施一般是在迴圈中使用 If 敘述讓某個條件成立時跳出迴圈，以本例而言，我們使用下列敘述判斷是否結束迴圈，其中 Exit While 用來強制結束 While 迴圈(即跳到 End While 之後執行)：

```
While  True
    x = InputBox("請輸入結束密碼", "結束作業")
    If  x = "over"  Then  Exit While
End While
```

2 Do Loop While

Do While Loop 也可以寫成下列形式，使得迴圈至少執行一次，當條件式成立時繼續執行，直到條件不成立：

```
Do
    <敘述群>
Loop  While  <條件>
```

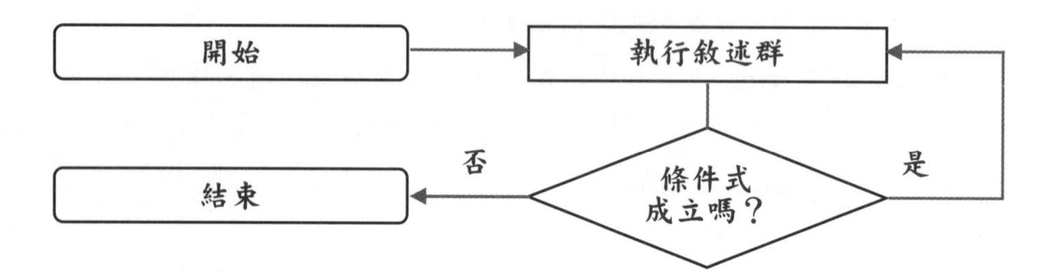

3 Do Loop Until

與 Do While Loop 一樣，Do Until Loop 也可以寫成下列形式，讓迴圈至少執行一次，當條件式不成立時繼續執行，直到條件成立時結束：

```
Do
    <敘述群>
Loop  Until  <條件>
```

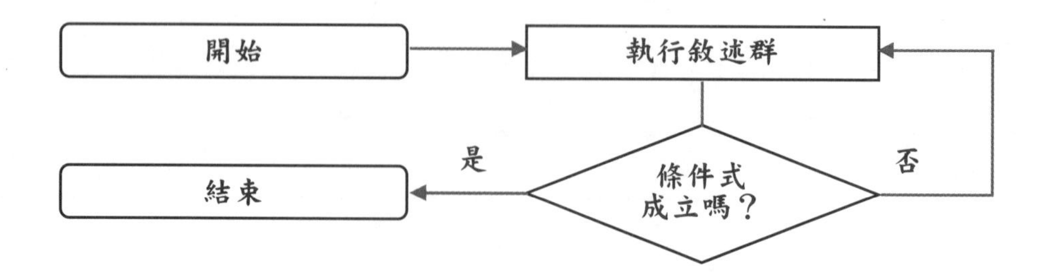

Do While Loop 和 Do Until Loop 的實例，都安排在習題中讓同學自行練習。

4 提早離開迴圈

除了 **Exit While** 可以強制結束 While 迴圈之外，VB 還供了其他的 Exit 敘述，用來強制結束不同的程式結構：

1. Exit While：跳出 While
2. Exit For：跳出 For
3. Exit Do：跳出 Do While 與 Do Loop
4. Exit Select：跳出 Select Case
5. Exit Try：跳出 Try[1]
6. Exit Sub：跳出 Sub(事件程序)

[1] Try 結構會在「程式設計基本功系列」的「Windows 程式設計入門」中介紹

8-6 巢狀迴圈

1 認識巢狀迴圈

與巢狀 If 一樣，迴圈內的敘述群中也可以是另一個迴圈敘述，這種迴圈叫做**巢狀迴圈**(Nested Loop)。

2 實例：33 乘法

1. 功能及介面說明

胡老師將使用巢狀迴圈中最有名的例子「99 乘法」，來講解巢狀迴圈，不過 99 乘法對於初學者而言可能複雜了點，因此胡老師決定使用比較簡單的 33 乘法：

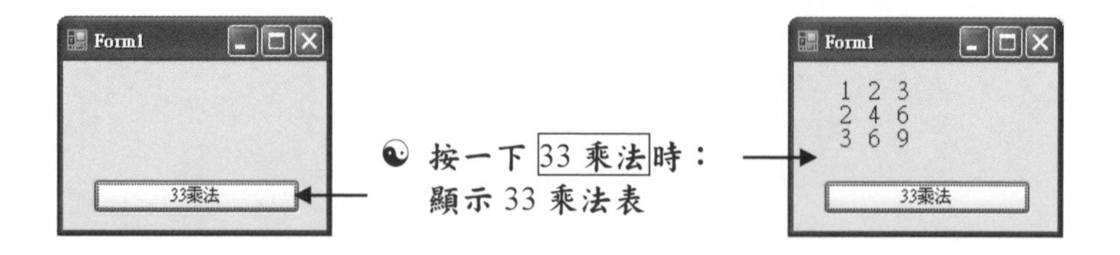

2. 建立專案

請建立一個專案

3. 建立程式介面

請依「功能及介面說明」，在 Form1.vb 安裝一個 Label(用來顯示 33 乘法表)以及一個 Button：

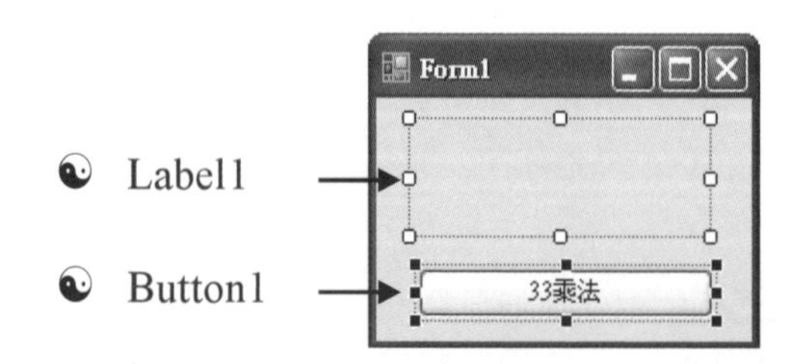

4. 建立程式功能

A. 程式運作邏輯

1. 顯示第 1 列

1. 顯示三個空格之後再顯示 1*1
2. 顯示三個空格之後再顯示 1*2
3. 顯示三個空格之後再顯示 2*3

2. 顯示第 2 列

1. 顯示三個空格之後再顯示 2*1
2. 顯示三個空格之後再顯示 2*2
3. 顯示三個空格之後再顯示 2*3

3. 顯示第 3 列

1. 顯示三個空格之後再顯示 3*1
2. 顯示三個空格之後再顯示 3*2
3. 顯示三個空格之後再顯示 3*3

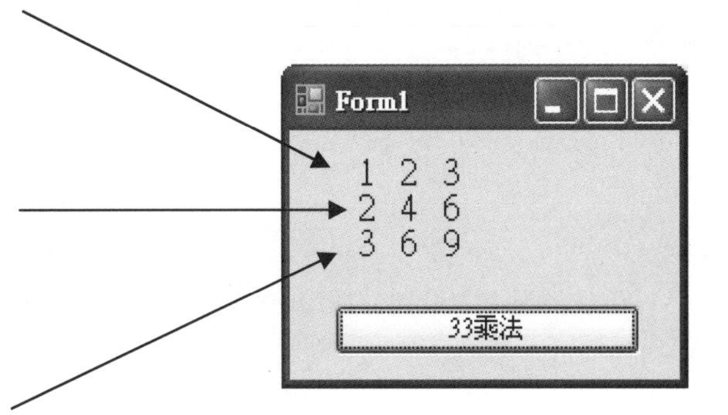

B. 編輯程式

1. 顯示第一列

```
Label1.Text = Label1.Text & "      " & 1 * 1
Label1.Text = Label1.Text & "      " & 1 * 2
Label1.Text = Label1.Text & "      " & 1 * 3
```

請注意！上列三個敘述除了「1*1」、「1*2」、「1*3」中的被乘數「1、2、3」不同之外，其餘完全相同、一再重覆，這讓我們想起胡老師的話「一再重覆的多個敘述，只要將其中一個置於迴圈中即可」

```
For   i=1   to   3
      Label1.Text = Label1.Text & "      " & 1 * i
Next
```

2. 顯示第二列：

顯示第二列的方法和第一列差不多，差別在於乘數而已：

```
For   i=1   to   3
      Label1.Text = Label1.Text & "     " & 2 * i   ' 第 2 列的乘數為 2
Next
```

3. 顯示第三列：

同理，第三列的乘數為 3：

```
For   i=1   to   3
      Label1.Text = Label1.Text & "     " & 3 * i
Next   i
```

4. 將三個迴圈整合為巢狀迴圈：

底下是整合後的完整程式碼：

```
' 顯示第一列
For   i=1   to   3
      Label1.Text = Label1.Text & "     " & 1 * i
Next   i
' 顯示第二列
For   i=1   to   3
      Label1.Text = Label1.Text & "     " & 2 * i
Next   i
' 顯示第三列
For   i=1   to   3
      Label1.Text = Label1.Text & "     " & 3 * i
Next   i
```

咦...，上列三個迴圈除了乘數分別為 **1**、**2**、**3** 之外其餘完全相同，是不是又可以用迴圈來簡化呢？是的！我們只要將其中一個迴圈置於 **FOR** 迴圈中(因為要重覆執行 3 次，而且有啓始值與終止值)，並將不同之處(乘數)由計數器來表示即可，底下是調整後的程式：

33 乘法：Form1.Vb

```
' 按 33 乘法時
Private Sub Button1_Click(ByVal sEnder As System.Object, ByVal e As System.EventArgs) Handles Button1.Click
    Dim j As Int16, i As Int16    ' 宣告兩個計數器，因為有兩個迴圈
    For j = 1 To 3    ' 外迴圈：用來重覆顯示 3 列資料
        For i = 1 To 3    ' 內迴圈：用來重覆顯示每一列中的 3 項資料
            Label1.Text = Label1.Text & "    " & j * i
        Next
        Label1.Text = Label1.Text & vbCrLf    ' 顯示下一列之前，將游標換行(列)
    Next
End Sub
```

在內迴圈之下的敘述「Label1.Text = Label1.Text & vbCrLf」，用來將 Label1 的游標移至下一列的第一行，這是因爲內迴圈顯示一列資料之後，必須先換列才能顯示下一列資料，而 vbCrLf 是 VB 中的換行字元，詳情請參考下一節。

5. 測試

請執行程式，然後按一下 33 乘法：

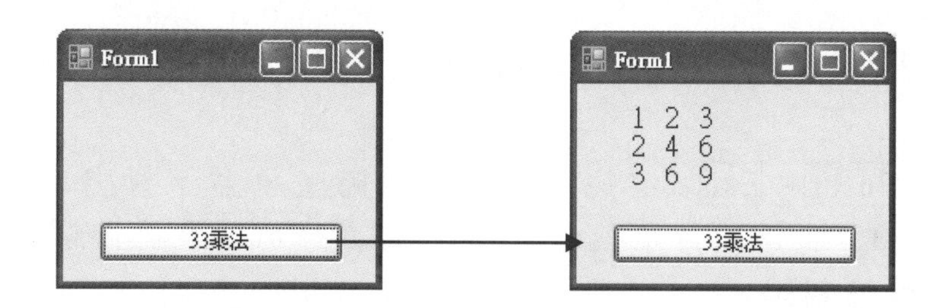

8-7 VB中的特殊字元

鍵盤上的按鍵基本上分為五大類：

1. **可顯示按鍵：**如 a、b、c、1、2、3....等
2. **特殊控制鍵：**如 Enter....等(UniCode 0~31)
3. **輔助按鍵：**如 Atl、Ctrl、Shift....等
4. **狀態切換鍵：**如 Insert、NumLock......等
5. **特殊功能鍵：**如 F1~F12...等

胡老師想討論的是可顯示按鍵以及特殊控制鍵，這也是 Unicode 有定義的部份(其餘按鍵只有鍵盤延伸碼定義)。當你按下鍵盤中的 a、b，1、2...時，螢幕上將會出現按鍵上面的符號，這些按鍵稱為可顯示按鍵，在 VB 中表示這些按鍵對應的字元時，有下列兩種方式：

1. 字元(串)表示法：

```
"<字元>" 或是 "<字元>"C
```

如"a"、"b"或是"a"C、"b"C...等

2. 標準表示法：

```
Chr(<字元的 Unicode>)
```

如 Chr(97)代表"a"、Chr(98)代表"b"...等

另外像 Enter、Esc...這些按鍵，鍵入時螢幕並不會出現對應的符號(Enter、Esc...)，而是執行了某個動作(比如說 Enter 會將游標換列)，這些按鍵稱為**特殊控制鍵**。

鍵入特殊控制鍵可能會執行 1 個以上的動作，以 Enter 而言，總共執行了**游標返回**(Cariage Return)以及**換行**(Line Feed)兩個動作。亦即鍵入一個特殊控制鍵可能會在電腦內部(RAM 或磁碟)儲存 1 個以上的資料，在 VB 中表示特殊控制鍵對應的字元時，也有下列兩種表示方式：

1. 標準表示法：

```
Chr(<字元的 Unicode>)
```

比如說 Cr 字元(Cariage Return)的表示法為：

```
Chr(13)   ' Unicode 字元碼 13 用來讓游標返回某一列的第一行
```

2. 常數符號表示法：

以標準表示法表示特殊控制字元時，我們必須知道字元的 Unicode 才行，使用起來並不方便，因此 VB 為常用的特殊控制字元定義了**常數符號**，讓我們可以用較具意義的符號來表示這些特殊控制字元，下列是和範例「33 乘法」有關的特殊控制字元：

- vbCr：將插入點移到某一列的第一欄(Unicode 13)
- vbLf：插入點移到下一列(Unicode 10)
- VbCrLf：將插入點移到下一列的第一欄(Unicode 13 + Unicode 10)

```
Label1.Text = Label1.Text & vbCrLf   ' 將換列字元指定給 Label.Text，將造成游標換列
```

3. ControlChars 列舉表示法

VB 還提供了 ControlChars 列舉，我們只要在程式中鍵入 ControlChars，再鍵入.(句點)，就可以用選取的方式輸入控制字元：

- ControlChars.NewLine 和 VbCrLf 同義

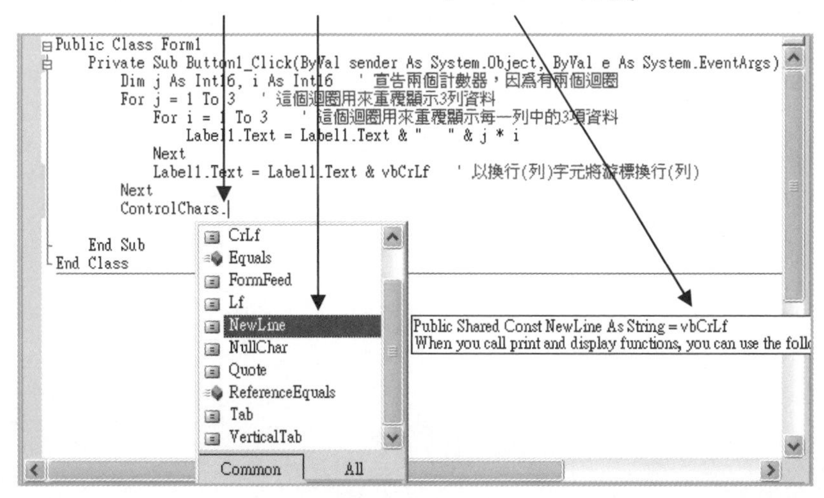

8-8 Continue

Continue 用來提早結束迴圈的某一次迴繞(Iteration)：

```
While   <條件式 1>
…………..<敘述群 1>
   ' 條件式成立時略過<敘述群 2>，繼續進行下一次的迴繞(判斷條件式 1)
   if  <條件式 2>  then  Continue While
…..…….<敘述群 2>
End  While
```

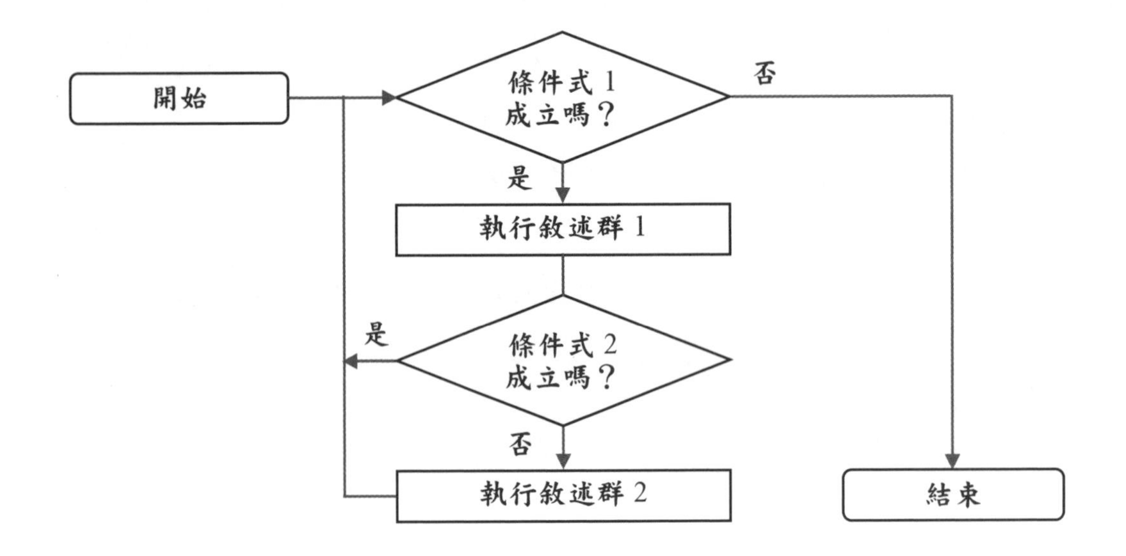

除了 Continue While 之外，VB 還提供 Continue For 以及 Continue Do，分別使用於 For 以及 Do 迴圈。

VB6.0 時代胡老師曾提過「Continue 無用論」，一來使用 Continue 的程式比較不容易閱讀，二來可以用別的技巧取代 Continue：

```
While <條件式 1>
……..<敘述群 1>
    if  <與 Continue 相反的條件式 2>  then
……..<敘述群 2>
    End  If
End While
```

不過還是有人習慣使用 Continue，要不要用就看你自己囉！

8-9 本章摘要

迴圈(Loop)是讓某一群敘述重覆執行的程式敘述(技巧)，一般而言，For 迴圈適合執行次數固定、而且有啓始値與終止値的迴圈，次數不固定的迴圈則適用 While、Do While Loop 或是 Do Until Loop。

有時候我們會希望迴圈中的敘述至少執行一次，此時我們可以使用下列三種技巧，一般人的習慣是使用 Do Loop While，因爲寫起來比較順：

- While 配合 Exit While
- Do Loop While
- Do Loop Until

迴圈之中還可以有另一個迴圈，形成**巢狀迴圈**(Nested Loop)，巢狀迴圈最好不要太多層，以免難以閱讀又影響效能。

鍵盤中的**可顯示按鍵**指的是鍵入之後可以在螢幕上看到按鍵對應的符號者，在程式中表示可顯示按鍵只要使用對應的符號字元即可，**特殊控制鍵**則是無形的，專門用來產生某種控制動作，表示特殊控制鍵的方法有下列幾種：

- Chr(<字元 Unicode>)：如 Chr(10) & Chr(13)
- 常數符號表示法：如 VbCrLf
- ControlChars 列舉：如 ControlChars.NewLine

Continue 可以略過迴圈中的某些敘述、提早進行下一次的**迴繞**(Iteration)，不過由於可以使用 If 技巧取代 Continue，加上 Continue 容易讓程式結構混亂，因此胡老師並不常用 Continue。

8-10 本章新增之元件/物件與敘述

1 元件

本表只列出屬性與方法的簡單說明，詳細用法請參考線上說明：

元件	功用	重要屬性	重要方法
ListBox	讓 User 選取/瀏覽多項資料。	**1.**Items(n)：表示 ListBox 中第 n 項的內容。	

2 敘述

敘述名稱	功用	語法
For Next	讓敘述重覆執行固定的次數：(終止值-啓始值)\步進值+1 次。	FOR <計數器>=<啓始值> TO <終止值> [STEP <步進值>] <敘述群> NEXT
While	讓敘述重覆執行不固定的次數，直到條件式不成立爲止。	While <條件式> <敘述群> End While
Do While Loop	讓敘述重覆執行不固定的次數，直到條件式不成立爲止。	Do While <條件式> <敘述群> Loop
Do Until Loop	讓敘述重覆執行不固定的次數，直到條件式成立爲止。	Do Until <條件式> <敘述群> Loop

敘述名稱	功用	語法
Do Loop While	讓敘述重覆執行不固定的次數，直到條件式不成立爲止，但至少會執行一次迴圈。	Do <敘述群> Loop While <條件>
Do Loop Until	讓敘述重覆執行不固定的次數，直到條件式成立爲止，但至少會執行一次迴圈。	Do <敘述群> Loop Untile <條件>
Exit	跳出某個敘述架構。	1.Exit While：跳出 While 2.Exit For：跳出 For 3.Exit Do：跳出 Do While 與 Do Loop 4.Exit Select：跳出 Select Case 5.Exit Try：跳出 Try 6.Exit Sub：跳出 Sub(事件程序)

3　函式

函式名稱	功用	語法
InputBox	顯示輸入盒、讓 User 輸入資料	InputBox(<提示訊息>[，<標題文字>，<輸入欄預設值>，<輸入盒位置 X 座標>，<輸入盒位置 Y 座標>])

8-11 習題

1　迴圈運作邏輯練習(2)

請問下列迴圈總共會執行幾次：

```
For   i = 24 To 0   Step -3

      ........................

Next
```

2 While 與 For 的互換(3)

請修改本章範例「輸入盒」:

1. 用 For 取代 While
2. 每按一次結束作業,會有三次輸入機會,只要其中一次答對即顯示訊息視窗「正確」、並結束程式,若三次均輸入錯誤則顯示訊息視窗「錯誤」,並回到程式中(可以再按結束作業,進行下三次的輸入):

原有的程式

```
Private Sub Button1_Click(ByVal sEnder As System.Object, ByVal e As System.EventArgs) Handles Button1.Click
    Dim x As String          ' 宣告一個用來儲存密碼的變數 x
    While x <> "over"        ' 密碼不正確時,再輸入一次
        x = InputBox("請輸入結束密碼", "結束作業")    ' 輸入密碼,並暫存於變數 x
        If  x = "over"  Then  End  ' 密碼正確、結束程式
    End While
End Sub
```

習題要求

```
Private Sub Button1_Click(ByVal sEnder As System.Object, ByVal e As System.EventArgs) Handles Button1.Click
    Dim x As String
    For  <自行填入>       ' 讓「輸入、判斷密碼」最多只能做 3 次
        ' 自行決定是否調整迴圈中的敘述
    Next
End Sub
```

3 Do While Loop(2)

請修改本章範例「輸入盒」,使用 Do While Loop 取代 While。

4 至少執行一次的迴圈(2)

請修改習題 8-3(Do While Loop):

1. 使用 Do Until Loop 取代 Do While Loop

2. 讓迴圈至少執行一次！

5　For 與 While 的互換(2)

請修改本章範例「33 乘法」，用 While 取代 For，執行結果不變。

6　99 乘法一(2)

請修改本章範例「33 乘法」，將 33 乘法表擴充為 99 乘法表：

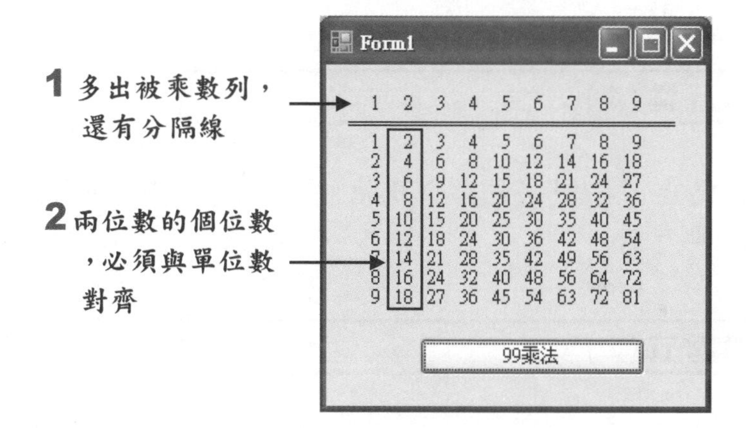

7　99 乘法二(3)

修改習題 8-6(99 乘法一)：

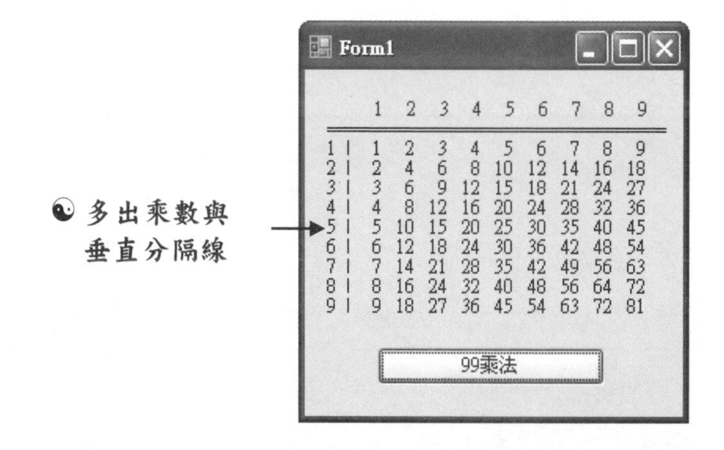

8　迴圈(1)

請說明：

1. 什麼是迴圈？

2. 為什麼要使用迴圈？

3. 迴圈有幾種，每一種迴圈的使用時機為何？

9　VB 的敘述(1)

截至目前爲止，你學了那些 VB 敘述呢？請列出這些敘述的名稱、功用、語法。

10　VB 的元件(1)

截至目前爲止，你學了那些 VB 元件呢？請列出這些元件的名稱、功用、常用屬性與方法。

11　VB 的函式(1)

截至目前爲止，你學了那些 VB 函式呢？請列出這些函式的名稱、功用以及參數。

第 9 章

變數與資料型別

第 5 章(資料處理概論)胡老師曾經講過，一個程式應具備四大功能：

1. **輸入資料**
2. **儲存資料**
3. **處理資料**
4. **輸出資料**

本章要討論的是儲存資料的技巧,你將學習如何將資料儲存至記憶體，以及取出記憶體中的資料。

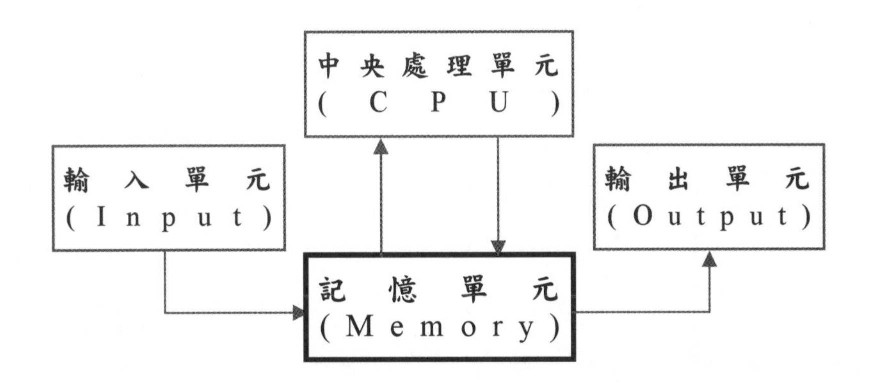

9-1 認識變數

變數(Variable)就是記憶體，也就是用來暫存資料的 RAM！

學過 BCC(電腦概論)的同學應該知道，RAM 的內部是由一條一條的電子線路組合而成，每一條線路稱為一個 **bit**(位元)，而儲存資料的基本單位則為 8 條線路，稱為一個 **Byte**(位元組)，之所以 8 條一組是因為最早期的編碼系統 ASCII，將一個英數字資料編為 8 個 2 進位數字。

也就是說，RAM 的結構基本上是一個一個 Byte 相連而成，每一個 Byte 可以儲存一個 ASCII 字元(或其他形式的資料)，而 Byte 與 Byte 間必須有一個識別方式，存取資料時才有依據。最原始的識別方式是**位址編號** (**Address Number**、簡稱 **Address**)，每一個 Byte 都有一個獨一無二的位址編號。

有了位址編號我們就可以指定要存取那一個 Byte，在低階語言(組合語言)中，程式設計師就是使用位址編號來表示某一塊記憶體。但位址編號並不方便記憶，因此在高階語言中改用變數來表示記憶體空間，也就是說、高階語言中的變數就等於記憶體，學習變數的目的就在於培養記憶體的使用技巧，這些技巧包括：

- 如何用變數來表示某一個記憶體單元
- 如何將資料儲存到某一個記憶體單元
- 如何取出某一個記憶體單元中的資料

RAM (暫存資料)	位址編號 (電腦內定)	變數名稱 (程式設計師定義)
"a"	0	x
0	1	y(一個變數可以對應一個以上的 Byte)
1	2	
"b"	3	z
....		

9-2　什麼時候要使用變數

變數就是記憶體，而記憶體是用來記憶(儲存)資料的，當程式需要「將資料記起來」時，就得使用變數。

以第 8 章的範例「輸入盒」為例，當我們按結束作業時，會出現一個輸入盒讓使用者輸入密碼，使用者輸入密碼之後我們必須將輸入的密碼記起來，以供接續的程式取出、與真正的密碼相比較。

在「輸入盒」中我們使用變數 x 來暫存「使用者輸入的密碼」，並在接下來的敘述中將 x 的內容取出來、與真正的密碼"over"做比較：

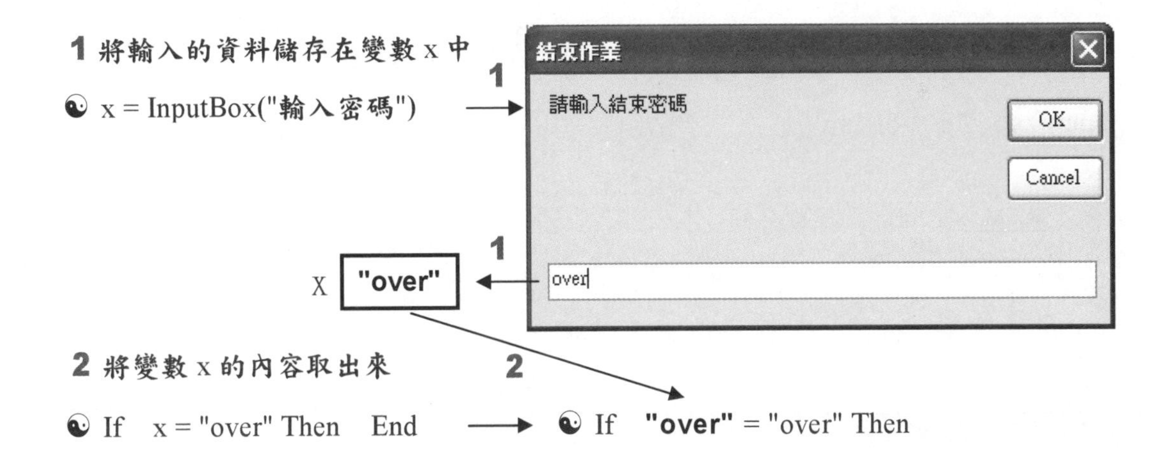

由變數 x 的使用，我們可以整理出變數的使用時機：

> **當某資料待會兒還必須處理時，必須將該資料記憶(暫存)在變數中，待會兒才可以由變數取出資料繼續處理**

9-3 變數的使用方法

1 變數的使用方法

變數的使用是有一定規則的，VB 變數的使用規則如下：

1. 宣告變數

使用變數前必須先宣告變數，以取得儲存資料的記憶空間，宣告變數的方法如下：

```
Dim <變數名稱> As <型別>
```

在輸入盒中，我們用下列敘述宣告了 String 型別的變數 x：

```
Dim x As String
```

RAM	位址	變數名稱
	100	x

關於變數名稱以及型別請參考本章的後續章節。

2. 使用(存取)變數

1. 將資料儲存到變數中：

```
<變數名稱> = <資料>
```

上列敘述一般稱爲**指定運算式**，意思是將指定運算子「=」右邊的資料指定給左邊的變數(或是元件的屬性)，下列敘述就是一個指定運算式，用來將資料"over"指定給變數 x：

```
x = "over"
```

RAM	位址	變數名稱
"over"	100	x

2. 取得變數中的資料：

```
<變數名稱>
```

在輸入盒中，我們用下列敘述取出變數 x 的內容、和"over"做=比較：

```
If    x = "over"    Then
```

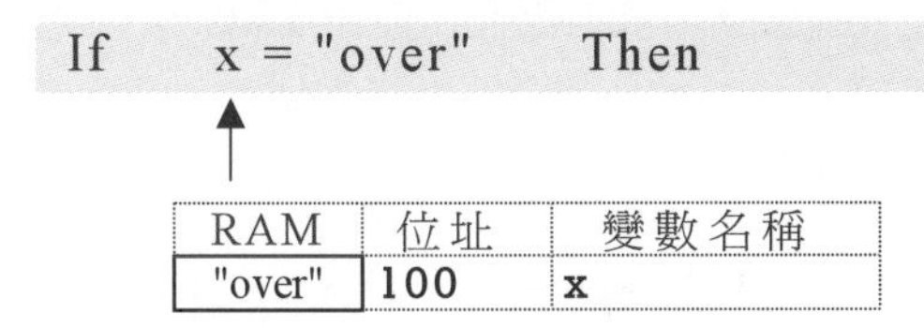

RAM	位址	變數名稱
"over"	100	x

2　變數的使用實例

讓我們再以第 8 章的範例「輸入盒」為例，說明變數的使用方法：

輸入盒：Form1.vb

```
' 按 結束作業 時
Private Sub Button1_Click(ByVal sEnder As System.Object, ByVal e As System.EventArgs) Handles Button1.Click
' 1.宣告變數
' 由於程式中使用了變數 x，因此必須先宣告，目的是告訴 VB 編譯器：
' 「請給我一塊記憶體，用來儲存字串資料(String)，並將這塊記憶體命名為 x」
    Dim x As String          → X [   ] RAM
    While True
' 2.使用變數(將資料儲存到變數)
' 將 InputBox 函式的傳回值(輸入的密碼)儲存在變數 x 中
        x = InputBox("請輸入結束密碼", "結束作業")   → X ["over"] RAM
' 2.使用變數(取得變數中的資料)
' 將 x 的內容取出、與資料"over"做=比較
        If x = "over" Then End
    End While
End Sub
```

3 Option Explicit

在 VB 6.0 時代，我們可以透過 Option Explicit 敘述來強制變數要先宣告(VB6.0 預設不用宣告變數)，VB 還是保留 Option Explicit 這個功能，不過預設值是 On，亦即使用變數前一定要先宣告，但我們也可以改變設定，方法是：

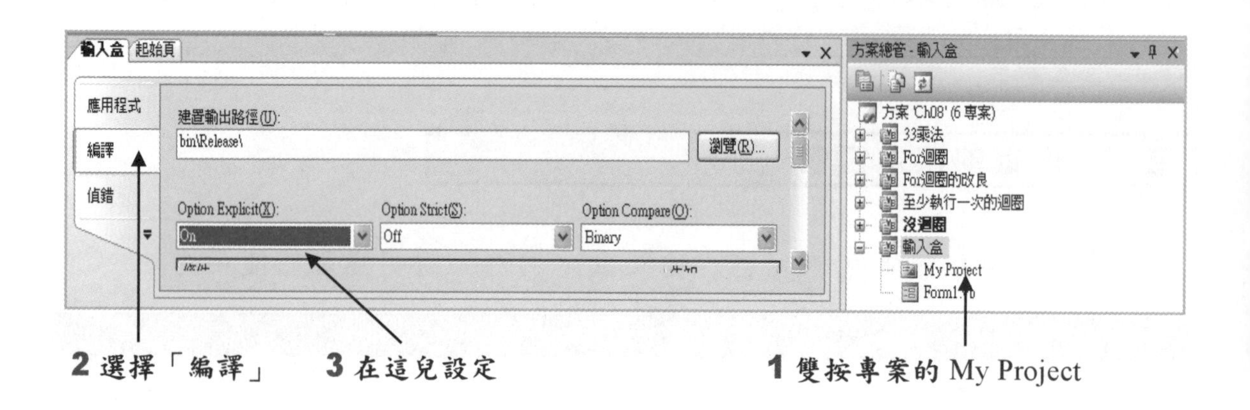

以上設定會影響專案的所有程式檔(.Vb)，我們也可以在單一程式模組中加入 Option Explicit 敘述，以指定該模組的變數使用方式，不過影響範圍僅止於該模組而已！

Form1.Vb

```
' 在 Form1.Vb 加入 Oprion Explicit 敘述，影響範圍只有 Form1.Vb
Option Explicit Off
Public Class Form1
…………..以下略過
```

使用 Option Explicit Off 雖然可以省略宣告變數的麻煩，但容易導致程式出錯而不自知(例如 Key In 錯誤的變數名稱)，所以還是保留預設值 Option Explicit On 比較安全。

4　宣告而未使用的變數

如果你宣告了某個變數，但卻未使用它，則 VS 2005(VB 2005 Express)會為該變數加上警告訊息，不過程式還是可以執行，VS 2005 的目的只是想提醒你、怕你不小心搞錯而已：

☯ 宣告而未使用的變數，底下會有波浪底線，指在上面會有訊息說明

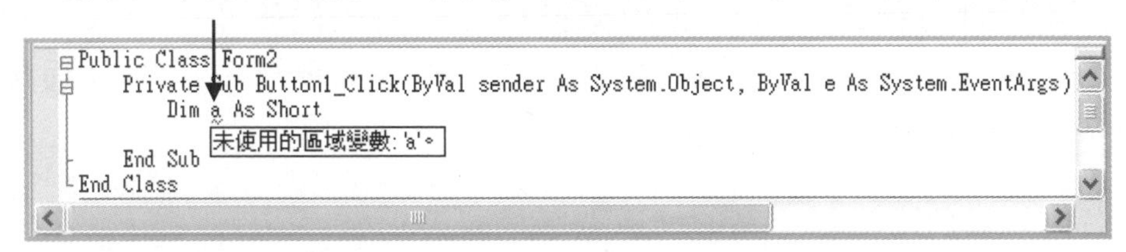

9-4　變數的名稱

1　VB 變數的命名規則

前面講過，使用變數前必須先宣告，目的是向編譯器申請一塊記憶體給變數使用，宣告變數時必須指定變數的名稱，變數名稱將被當成某一塊記憶體的識別依據。

```
Dim   x   As   String   ' 假設編譯器分配 0~1 等 2 個 Bytes 給變數 x
```

☯ 使用變數 x，可以存取 0~1 這一塊記憶體

變數名稱	RAM	位址編號
x		0 1
	....	3

每一套程式語言的變數(元件)名稱都有命名規則，下列是 VB 變數(元件)的命名規則：

1. **長度：** 最長可以到 255 個字元
2. **可用字元：** 中英文字元、數字、底線(_)
3. **其他限制：**

- 變數名稱的第一個字元不可使用數字(0~9)。
- 不可使用保留字當變數名稱：一般而言，舉凡 VB 各種敘述中的關鍵字(請參考 9-19)皆為保留字。

2 變數的命名習慣

為了讓不同的程式設計師能夠交換(閱讀、維護)彼此的程式，變數名稱的命名原則有必要統一，目前世界上最著名的變數命名原則是**匈牙利命名法**(Modified-Hungarian Notation)，其命名原則如下：

- 變數名稱的最前面冠以小寫的變數型別代號
- 型別代號之後接續變數內容的意義，可以由好幾個字(Word)組成，每個字的第一個字元(Character)大寫

舉個例子，下列敘述宣告了一個 Integer 型別、用來儲存某人年齡的變數 intAge：

```
' 一看到intAge，就知道這是integer型別、用來儲存Age的變數
Dim    intAge    As    Integer
```

然而現今程式語言(VB、VC#....等)的資料型別實在太多，而且每一位程式設計師對於型別代號的認定又不大相同，因為程式設計師可以自訂型別，每個人可能都各有一套型別及其縮寫的命名方式，於是匈牙利命名法在今日顯得有點不合時宜，在.NET 中(包含.NET 的所有語言)，微軟建議下列兩種變數命名法則(微軟比較建議 PascalCase)：

1. PascalCase：

   與匈牙利命名法一樣，但變數名稱之前不冠型別，如 Age。

2. camelCase：

   與 PascalCase 一樣，但變數名稱第 1 個字(Word)的第一個字元，用小寫表示，如 age，其他與 PascalCase 一樣。

3　元件的命名習慣

和變數名稱一樣，元件的命名也有必要遵循一致的規則，由於 VB 內建的常用元件並非很多(200 個左右吧！)，而且程式設計師自行設計元件的機率也比自訂型別低很多，因此微軟還是建議延用「匈牙利命名法」來命名元件，下列是幾種常用元件(本書有介紹的)的命名範例：

元件類別	類別簡寫	元件命名範例
Button	btn	btnAdd (用來新增資料的 Button)
ListBox	lst	lstData (用來顯示資料的 ListBox)
TextBox	txt	txtName (用來輸入姓名的 TextBox)
ComboBox	cbo	cboData (用來顯示資料的 ComboBox)
Label	lbl	lblName (用來顯示姓名的 Lable)
RadioButton	rdb	rdbMan (男性選擇鈕)
CheckBox	chk	chkChocolate (巧克力核取方塊)

9-5　變數的資料型別

第 6 章胡老師曾經講過，VB 的基本資料型別有字串、字元、數值、日期以及邏輯五種，而變數就是用來儲資料的記憶體，當變數要儲存某種型別的資料時，就必須宣告爲該資料型別，本書的後續章節將陸續介紹這五種基本型別變數。

9-6 數值型別變數

1 數值型別變數的功用及表示法

數值型別變數用來儲存數值型別資料，總共有下列幾種：

型別名稱	型別代號	資料儲存類型	資料表示(儲存)範圍	佔用空間	精確度
SByte	無	整數	-128~+127	1 Bytes	無
Short	S	整數	-32767~+32768	2 Bytes	無
integer	%	整數	-2147483648~+2147483647	4 Bytes	無
long	&	整數	-9,223,372,036,854,775,808 ~ +9,223,372,036,854,775,807	8 Bytes	無
Single	!	實數	負數：-3.402823E+38~-1.401298E-45 正數：1.401298E-45~3.402823E+38	4 Bytes	7
Double	#	實數	負數：-1.79769313486231E+308~-4.94065645841247E-324 正數：4.94065645841247E-324~1.79769313486231E+308	8 Bytes	15
Decimal	D	實數	負數：-79228162514264337593543950335 ~ -0.0000000000000000000000000001 正數：0.0000000000000000000000000001 ~ 79228162514264337593543950335	16 Bytes	29

表格 9-1 數值型別一覽表

2 實例：結帳

1. 功能及介面說明

本例為簡單的結帳程式，可以讓 User 輸入消費金額以及折扣，並算出應付金額：

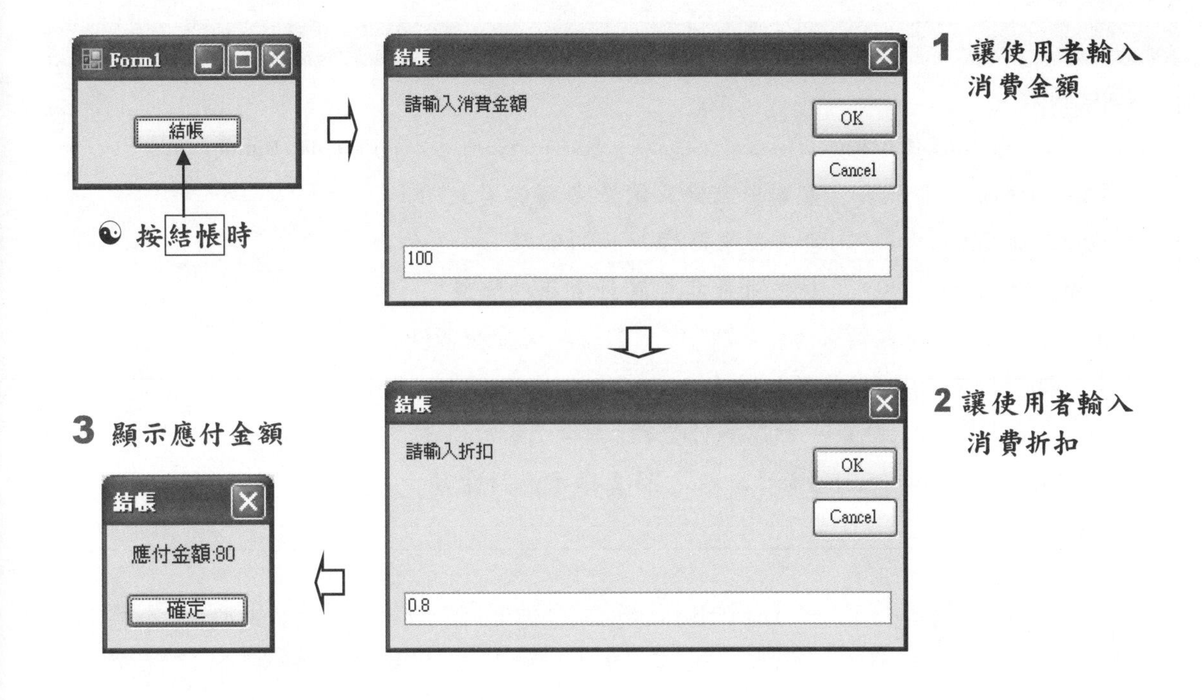

2. 建立專案

請建立一個 Windows 應用程式專案「結帳」。

3. 建立程式介面

請依「功能及介面說明」，在 Form1.vb 安裝一個 Button。

4. 建立程式功能

請開啓 Form1.vb、進入 Button1_Click 事件程序、輸入下列程式：

結帳：Form1.Vb

```
' 按結帳時
Private Sub Button1_Click(ByVal sender As System.Object, ByVal e As System.EventArgs) Handles Button1.Click
    Dim x As Short              ' 宣告用來儲存消費金額的變數
    Dim y As Single             ' 宣告用來儲存折扣的變數
    Dim z As Short              ' 宣告用來儲存應付金額的變數
    x = Val(InputBox("請輸入消費金額"))    ' 1.輸入消費金額(1~10000)
    y = Val(InputBox("請輸入折扣"))        ' 2.輸入折扣(0.1~0.95)
    z = x * y       ' 3-1.計算、暫存應付金額
    MessageBox.Show("應付金額:" & z)    ' 3-2.顯示應付金額
End Sub
```

值得注意的是，因爲 Inputbox 函式的傳回值乃字串，因此應該先轉換爲數值、再指定給數值變數 x 和 y，9-17 節「型別轉換」我們將會深入探討這個觀念。

5. 測試

請依「功能及介面說明」測試。

3 如何決定變數的資料型別

在「結帳」中我們將變數 y 宣告爲 Single，x、z 則宣告爲 Short，爲什麼要這樣宣告？該如何決定變數的型別呢？基本法則如下：

1. 要儲存那一種型別的資料，就宣告為該型別

假設折扣的形式爲 0.nn(即實數的形式，n 表示一個 10 進位數字)，那麼用來儲存折扣的變數 y 也必須是實數型別，然而 VB 的實數型別總共有 Single、Double 以及 Decimal 三種(請參考表格 9-1.數值型別一覽表(P9-9))，也就是說將 x 宣告爲三者其中之 1 都是可以的，但那一種比較好呢？

2. 變數型別的資料容納範圍，必須足夠容納欲儲存的資料範圍

假設折扣的範圍在 1 折(0.1)~95 折(0.95)之間，則折扣變數 y 就必須可以容納 0.1~0.95 間的資料，但符合條件的又有 Single、Double 以及 Decimal 三種，又該如何呢？

3. 選擇佔用空間最少的型別：

就佔用空間而言，Single 爲 4Bytes、Double 8Bytes、Decimal 則爲 16Bytes，我們當然是選擇佔用最少空間的，以節省記憶體，於是我們將 y 宣告爲 Single。

選擇變數型別時不見得一定要經過三個步驟，當符合某一個步驟的型別只有一個時我們可以立即決定。比如說範例「輸入盒」，需要一個用來儲存字串的變數，該變數的型別一定是 String，因爲字串型別只有 String 一個，我們就不需要再進行步驟 2、3 了：

```
Dim x As String ' 輸入密碼為字串，因此 x 必須宣告為 String
While True
    x = InputBox("請輸入結束密碼", "結束作業")
    If x = "over" Then End
End While
```

4 數值資料的溢位問題

1. 指定變數內容時的溢位

請同學再次執行「結帳」，然後按一下結帳，接著輸入消費金額「60000」，再按一下確定：

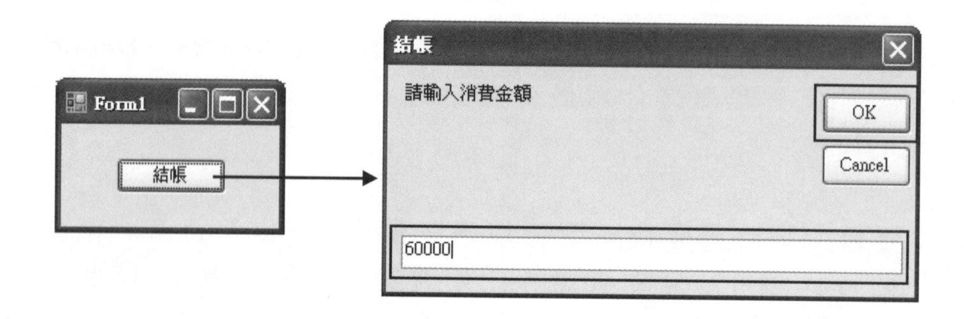

結果將發生錯誤：

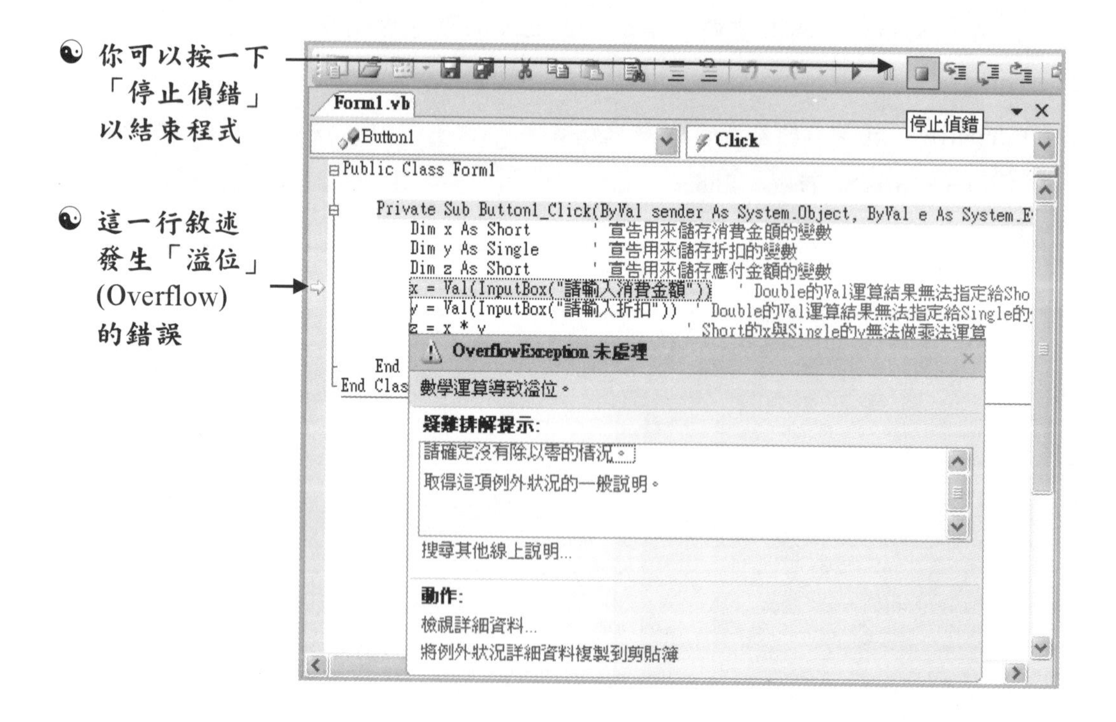

上列錯誤是因為數值資料**溢位**(OverFlow)，意思是「將超出範圍的數字指定給數值型別變數」，以本例而言，我們輸入 60,000 的消費金額，而變數 x 為 Short 型別，只能容納「-32768~+32767」，因此溢位。

如何處理溢位呢？有兩種方式：

1. 例外處理：

如果消費金額不可能會大到 60,000 的話，這表示是 User 不小心輸入錯誤，此時我們必須用例外機制做處理，不過「例外」胡老師準備在「VB Windows 程式設計入門」中介紹。

2. 調整 x 變數的型別：

如果消費金額真的可能會大到 60,000 的話，那麼我們必須將變數 x 的型別調整為 Integer，才容的下 60,000。

2. 數學運算的溢位

除了數值變數的指定運算可能會發生溢位之外，進行數學運算時也可能會發生溢位，請參考 9-17(型別轉換)。

5　同時宣告多個變數

在一個變數宣告敘述中，我們可以同時宣告 2 個以上的變數，語法為：

```
Dim <變數 1> As <型別 1>[,<變數 2> As <型別 2>,..... <變數 n> As <型別 n>]
```

比如說我們可以修改「結帳」，同時宣告 x、y、z 等 3 個變數：

```
' 同時宣告儲存消費金額、折扣以及應付金額等 3 個變數
Dim x As Short, y As Single, z As Short  ' 不容易加入註解，程式不容易閱讀
```

這樣做的好處是可以省略好幾個(2 個)Dim、節省程式的編輯時間，但代價是程式比較不容易閱讀(理解)：

```
' 分開宣告 3 個不同功用的變數，可以在宣告變數之後加入適當的註解，
' 以提高程式的可讀性
Dim x As Short   ' 用來儲存消費金額的變數
Dim y As Single  ' 用來儲存折扣的變數
Dim z As Short   ' 用來儲存應付金額的變數
```

因此一般很少同時宣告多個變數(但還是要看個人習慣)，只有在多個變數的功用、型別完全相同時，才會同時宣告它們：

```
' 同時宣告 3 個相同型別、功用的變數，用來儲存同一個班級的 3 位學生姓名
Dim stu1 As String, stu2 As String, stu3 As String
```

同時宣告多個型別相同的變數時，還可以省略前幾個變數的 As <型別>，只保留最後一個：

```
' 同時宣告 3 個相同型別的變數，可以省略前面兩個 As <型別>
Dim stu1, stu2 , stu3 As String
```

6 合併敘述

在 VB 中我們可以將多個功用類似的敘述合併在同一列，以縮小程式的視覺範圍、提高程式的可讀性，讓我們重新調整「結帳」中的程式看看：

結帳：Form1.Vb

```
' 按結帳時
Private Sub Button1_Click(ByVal sender As System.Object, ByVal e As System.EventArgs) Handles Button1.Click
    ' 同時宣告 3 個變數：x(消費金額)，y(折扣)，z(應付金額)
    Dim x As Short, y As Single, z As Short
    ' 使用:將兩個敘述合併在同一列：輸入消費金額(1~10000)、折扣(0.1~0.95)
    x = Val(InputBox("請輸入消費金額")) : y = Val(InputBox("請輸入折扣"))
    z = x * y        ' 計算應付金額
    MessageBox.Show("應付金額:" & z)    ' 顯示應付金額
End Sub
```

怎麼樣！在程式行數減少之後，是否變得比較容易閱讀(理解)呢？當然，這是見人見智的，一切操之在你。

9-7　實數型別的精確度

1　實數與整數型別的不同

實數型別與整數型別的不同在於：

- 實數型別可以儲存小數，而整數不可以。
- 實數型別有精確度的問題，而整數沒有。

所謂**精確度**指的是當資料超過精確度時、只能以近似值儲存。整數並沒有精確度的問題，只要資料在儲存範圍之內都能精確的儲存，底下是實數的精確度列表：

型別	精確度
Single	7 位
Double	15 位
Decimal	28~29 位

2　實例：實數型別的精確度

1. 功能及介面說明

讓我們用一個實例來測試、說明精確度，本例透過按鈕[精確度測試]，由 MessageBox 顯示不同情況的精確度：

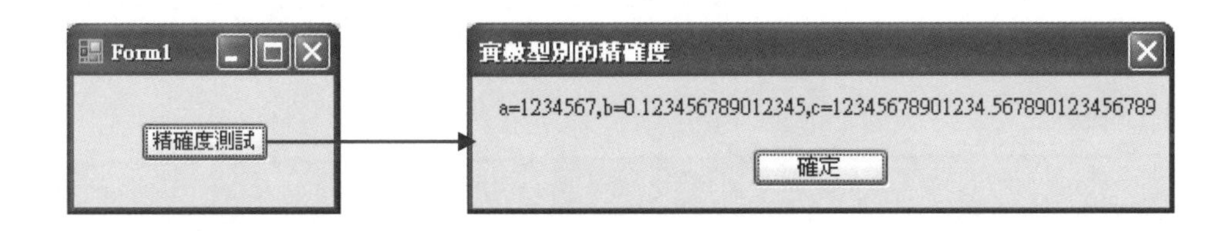

2. 建立專案

請建立一個 Windows 專案「實數型別的精確度」。

3. 建立程式介面

請依「功能及介面說明」，在 Form1.vb 安裝一個 Button。

4. 建立程式功能

請在 Form1.Vb 加入下列程式：

實數型別的精確度：Form1.vb

```
' 按精確度測試時
Private Sub Button1_Click(ByVal sender As System.Object, ByVal e As System.EventArgs) Handles Button1.Click
    Dim a As Single         ' Single 精確度為 7 位
    Dim b As Double         ' Double 精確度為 15 位
    Dim c As Decimal        ' Decimal 精確度為 28~29 位
    ' 未超過精確度時，資料可以精確的儲存
    a = 1234567   ' 7 位
    b = 0.123456789012345   ' 15 位
    c = 12345678901234.567890123456789D   ' 29 位：D 的意義請參考下一單元
    MessageBox.Show("a=" & a & ",b=" & b & ",c=" & c)
```

☯ 未超過精確度時，資料可以精確的儲存

```
' 超過精確度時，基本上(但不是絕對)會以四捨五入的原則儲存資料
    a = 1.2345678   ' 8 位
    b = 0.1234567890123445   ' 16 位
    c = 12345678901234.5678901234567891D   ' 30 位
    MessageBox.Show("a=" & a & ",b=" & b & ",c=" & c)
End Sub
```

☯ 超過精確度時，基本上會以四捨五入的原則儲存資料

> **胡老師的提醒**
>
> 為了讓程式說明更容易理解，Button1_Click()中的程式被圖解說明切割為兩個部份，請別誤以為是兩組不同的程式。

9-8　型別符號與精確度

1　VB 中數值資料的預設型別

在 VB 中以整數的形式表示資料時，預設將被視為 Integer，亦即以 4 Bytes 的整數格式儲存於電腦中。而實數形式的資料則內定為 Double(以 8 Bytes 儲存實數)，你可以將滑鼠指標指在資料上面來確認其型別：

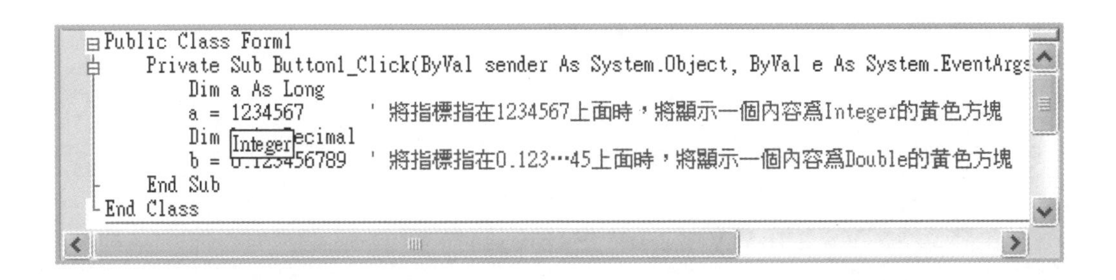

Public Class Form1
Private Sub Button1_Click(ByVal sender As System.Object, ByVal e As System.EventArgs
Dim a As Long
a = 1234567　' 將指標指在1234567上面時，將顯示一個內容為Integer的黃色方塊
Dim　ecimal
Integer
56789　' 將指標指在0.123…45上面時，將顯示一個內容為Double的黃色方塊
End Sub
End Class

不過當整數資料超過 Integer 所能容納的範圍時，將變成 Long(以 8 Bytes 儲存整數資料)：

```
dim c as long
c=12345678901    ' 將指標指在 12345678901 上面時，將顯示內容為 Long 的黃色方塊
```

2 VS 2005 的自動調整資料功能

VS 2005(VB 2005 Express)是一套智慧型的程式開發工具，當我們在 VS 2005 中使用 VB 開發程式時，VS 2005 會自動判斷資料的型別，並自動調整資料的內容，以便讓程式設計師在編輯程式時就能知道資料儲存在電腦內部時的正確內容。

舉個例子，比如說你輸入了下列敘述：

```
b = 0.1234567890123456
```

接著將游標移到下(上)一列，上列敘述將被自動調整爲：

```
b = 0.12345678901234559
```

這是因爲 Double 的精確度爲 15 位，超過 15 位只能以近似值儲存。

3 以型別符號來定義資料的型別

如果你希望程式中的整數不要儲存爲 Integer，或者實數不要儲存爲 Double，只要在資料的尾端加上型別符號即可。

舉個例子，當你輸入下列敘敘述時：

```
Dim c as Decimal
c = 12345678901234.56789012345678
```

你將發現被 VS 2005(VB 2005 Express)自動調整爲：

```
c = 12345678901234.568
```

這是因爲實數的預設型別爲 Double，而 Double 的精確度爲 15 位，因此 VS 2005 自動將超過 15 位的部份四捨五入，但 c 爲 Decimal 變數，應該可以儲存 29 位的精確實數，而且我們要儲存在 c 變數的就是「12345678901234.56789012345678」，怎麼辦呢？

很簡單，只要在資料尾端加上型別符號即可：

```
Dim c as Decimal
' 加上型別符號 D，請 VB 編譯器將資料儲存為 Decimal 型別
c = 12345678901234.56789012345678D
```

9-9　字串型別變數

1　字串型別變數的功用及表示法

字串型別變數用來儲存字串資料，下表爲其規格說明：

型別名稱	型別代號	儲存資料類型	資料表示範圍	佔用空間(Bytes)	精確度
String	$	字串	0~2 billion 個字元	字串長度加 1[1]	無

2　實例

在第 8 章的範例「輸入盒」中，我們定義了一個字串變數 x，用來儲存使用者輸入的密碼字串：

[1] 字串佔用空間會在「跟胡老師學程式」系列中說明

輸入盒：Form1.vb

```
' 按 結束作業 時
Private Sub Button1_Click(ByVal sender As System.Object, ByVal e As System.EventArgs) Handles Button1.Click
    Dim x As String    ' 定義字串變數 x，用來暫存輸入的密碼
    While <> "over"
        x = InputBox("請輸入結束密碼", "結束作業")    ' 將輸入的密碼記在 x 中
        If  x = "over"  Then  End    ' 以便在這兒由 x 取出密碼，加以判斷
    End  While
End Sub
```

9-10 資料的格式化

1 為什麼要格式化

在專案「結帳」中，我們使用右列訊息來顯示應付金額：

用最單純的數字(8000)來表示新台幣8000元，沒什麼不好，但還有更好的表示方式：

怎麼樣！是不是更能把數字(8000)所代表的**意義**(新台幣 8,000 元)凸顯出來呢？在數字中添加一些輔助符號，以明確的表達該數字所代表的意義，這種做法稱為「資料的格式化」。

在 VB 中、大部份的資料都能格式化，細節請參考 VS 2005 的線上說明(用「格式化<型別>」為索引查詢，型別的部份可以是任意資料型別，如「格式化字串」可以查詢格式化字串資料的相關資訊)。

2　實例：數值資料的格式化

1. 功能及介面說明

本例準備將「結帳」中應付金額的顯示格式，改為貨幣格式：

☯ 為應付金額加上 NT $ 以及,(千分位)，以表達金額的概念！

2. 建立專案

請建立專案「數值資料的格式化」。

3. 建立程式介面

請將專案「結帳」中的 Form1.vb 複製到本專案，取代原有的 Form1.vb。

4. 建立程式功能

請修改 Button1_Click()中的程式：

數值資料的格式化：Form1.vb

```
' 按 結帳 時：
Private Sub Button1_Click(ByVal sender As System.Object, ByVal e As System.EventArgs) Handles Button1.Click
    Dim x As Single        ' 宣告用來儲存消費金額的變數
    Dim y As Single        ' 宣告用來儲存折扣的變數
    Dim z As Short         ' 宣告用來儲存應付金額的變數
    y = Val(InputBox("請輸入消費金額"))    ' 輸入消費金額
    x = Val(InputBox("請輸入折扣"))        ' 輸入折扣
    z = y * x      ' 計算應付金額
```

```
' 以 String 類別的 Format 方法，將應付金額格式化爲"NT $ #,###"的形式、再顯示出來，
' Format 方法的第 1 個參數"{0:NT$ #,###}"用來指定 1 個資料的格式字串以及資料序號，
' 其中 0 表示本{}的套用對象爲"{}"之後的第 0(1)個資料(即下列敘述中的 z)，
' ：後面的 NT$ #,### 則用來指定資料的顯示格式，其中#代表 1 個數字。
    MessageBox.Show("應付金額:" & String.Format("{0:NT$ #,###}", z))
End Sub
```

☯ 將 z 以"NT $ #,###"的格式顯示

其中 String.Format 的基本用法爲：

```
String.Format("<格式字串>"，<被格式化的字串 0>
        [，<被格式化的字串 1>，....<被格式化的字串 n>])
```

詳細說明請參考線上說明(用「String.Format」爲關鍵字查詢)。

3 地區化格式設定

不同地區的資料格式往往不同，以貨幣格式而言，台灣的習慣爲：

```
NT$ 123,456,789.00
```

其中「NT$」代表新台幣、「,」代表千分位、「.」代表小數點，但中國大陸的習慣卻是：

```
￥123,456,789.00
```

其中「￥」代表人民幣，不同地區的不同資料格式所引發的問題是：

> **當你在程式中將資料格式化為某個地區的習慣格式之後，該程式(資料格式)可能不適用於其他地區。**

這……難道針對不同的地區必須開發不同版本的程式？

當然不用！功能超強、體貼入微的 VS 2005 提供「地區化格式設定」的功能，只要我們使用下列規則格式化資料，格式化的結果將以「控制台/地區及語言選項」中的設定值為基準：

```
String.Format("{0:<地區化格式字元>}", <資料 0>)
```

以本例而言，我們可以調整程式，讓資料格式套用「地區及語言選項」的設定值，以符合不同地區的需求：

地區化格式設定：Form1.vb

```
' 按 結帳 時
Private Sub Button1_Click(ByVal sender As System.Object, ByVal e As System.EventArgs) Handles Button1.Click
    Dim x As Single  :  Dim y, z As Short
    y = Val(InputBox("請輸入消費金額")) : x = Val(InputBox("請輸入折扣"))
    z = y * x
    ' 在格式字串中除了用{}指定資料格式之外，還可以加入一般字串(消費金額…等)，
    '{}則可以有兩個以上，用來指定多個資料的格式，
    ' n(一般數字)以及 c(貨幣)為地區化格式字元，將套用「地區及語言選項」的設定值，
    ' n0 中的 0 代表小數點位數為 0，即小數點以下不顯示。
    MessageBox.Show(String.Format("消費金額:{0:n0}折扣:{1:n}應付:{2:c}", x, y, z))
End Sub
```

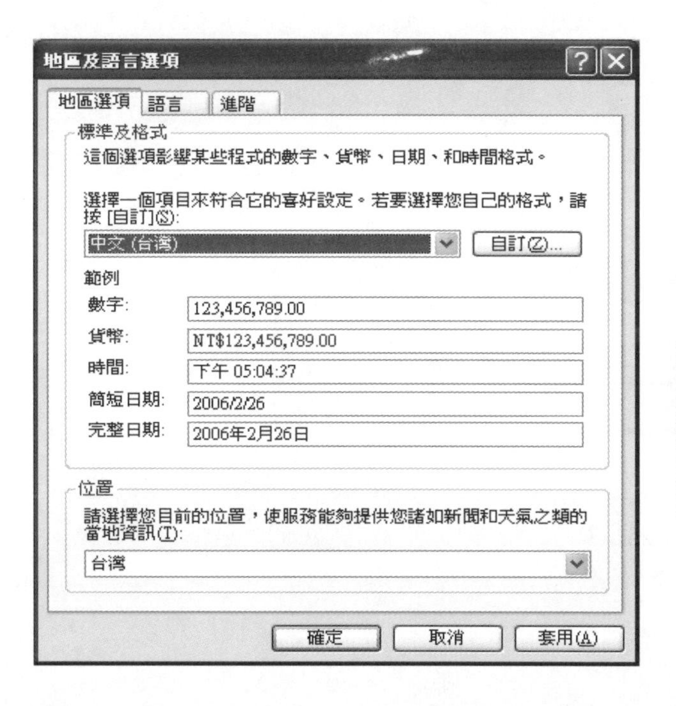

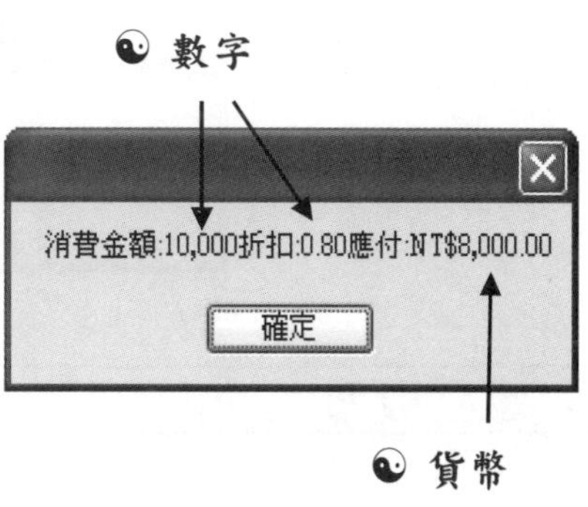

9-11 字元型別變數

1 字元型別資料

字元型別資料用來表示一個單一字元，其表達方式如下：

```
"<字元>"C
```

比如說"A"C 用來表示英文字元 A。

2 字元型別變數

字元型別變數用來儲存單一字元，其型別代號為 Char，型別符號則為 C，字元變數將會佔用 2 個 Bytes 的空間、以儲存一個字元的 Unicode，下列敘述會將字元資料 A 儲存到字元變數 C 中：

```
Dim c As Char
c ="A"C
```

3 實例：字元型別

1. 功能及介面說明

本例只是要說明字元資料以及字元變數如何使用而已，沒什麼特定用途：

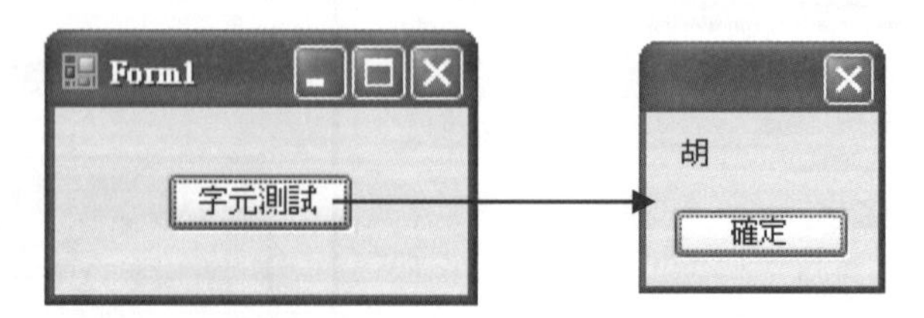

2. 建立專案

請先建立專案「字元型別」。

3. 建立程式介面

請依「功能及介面說明」，在 Form1.vb 安裝一個 Button。

4. 建立程式功能

請在 Form1.vb 加入下列程式：

字元型別：Form1.vb

```
' 按 字元型別 時
Private Sub Button1_Click(ByVal sender As System.Object, ByVal e As System.EventArgs) Handles Button1.Click
    Dim c As Char  ' 宣告一個字元變數 c
    ' 由於.NET 的預設編碼系統為 Unicode，因此任何符號字元均可儲存於字元變數中
    c = "B"c  ' 字元變數可以儲存英文字元
    c = "胡"c  ' 字元變數也可以儲存中文字元
    MessageBox.Show(c)    ' 顯示字元變數 c 的內容(胡)
End Sub
```

9-12 日期/時間型別變數

1　日期/時間型別變數的功用及表示法

日期/時間型別變數用來儲存日期/時間型別資料，下表爲其規格說明：

型別名稱	型別代號	儲存資料類型	資料表示範圍	佔用空間(Bytes)	精確度
Date/Datetime	無	日期/時間	無	8	無

值得注意的是日期/時間型別可以用 Date、也可以用 DateTime 來表示，DateTime 是 VB6.0 遺留下來的表示法，Date 是則.NET 的最新表示法。

2　實例：小時鐘

1. 程式功能與介面說明

本例是一個可以顯示目前日期與時間的小程式：

2. 建立專案

請建立一個 Windows 專案「小時鐘」。

3. 建立程式介面

請在 Form1.vb 安裝下列元件：

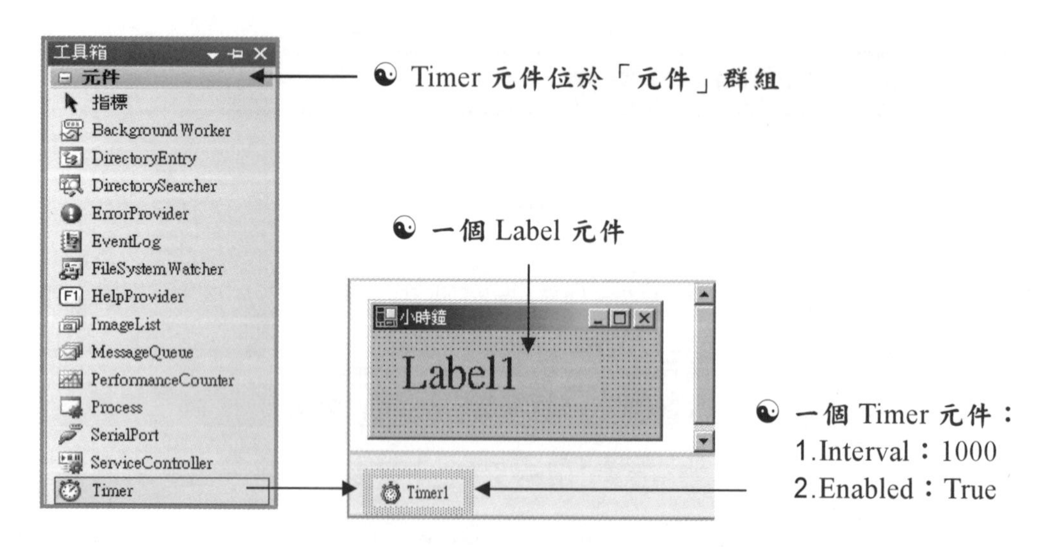

其中 Timer 元件專門用來計時，其最重要的屬性為 **Interval**，用來指定每隔多少時間要觸發 **Tick** 事件，單位為 1/1000 秒。本例我們將 Timer1 的 Interval 設為 1000，表示每隔一秒便會觸發 **Timer1_Tick()**一次，於是我們便可以在 Timer1_Tick()中更新目前時間，讓小時鐘每隔一秒鐘能更新時間一次。

Enabled 屬性則是幾乎所有的元件都有，用來啓動(設爲 True)或關閉(設爲 False)元件的功能，本例我們將 Timer1 的 Enabled 設爲 True，目的是啓動 Timer1 的計時功能。

4. 建立程式功能

請開啓 Form1.vb、進入 Timer1_Tick 事件程序(雙按 Timer1)，再輸入下列程式：

小時鐘：Form1.vb

```
' 每隔 1 秒鐘
Private Sub Timer1_Tick(ByVal sender As System.Object, ByVal e As System.EventArgs) Handles Timer1.Tick
    Dim D As Date      ' 宣告一個日期/時間型別變數，用來暫存當天日期
    D = Date.Now       ' 取得當天日期(現在時間)
    ' 以日期/時間型別的 ToLongDateString 方法，取得長日期格式的日期字串
    Text = D.ToLongDateString()
    ' 以日期/時間型別的 ToLongTimeString 方法，取得長時間格式的時間字串
    Label1.Text = D.ToLongTimeString()
End Sub
```

在程式中我們使用了 Date 類別的 Now 屬性，取得目前時間(日期)，然後使用 Date 物件(變數 D)的 ToLongDateString 方法取得長日期格式字串，並透過 Date 物件的 ToLongTimeString 方法取得長時間格式字串。

5. 測試程式

請執行程式，然後觀察：

1. **表單標題有沒有顯示當天日期**
2. **表單中的 Label1 有沒有每隔一秒更新時間**
3. **日期/時間格式與控制台中的日期/時間設定是否一致**

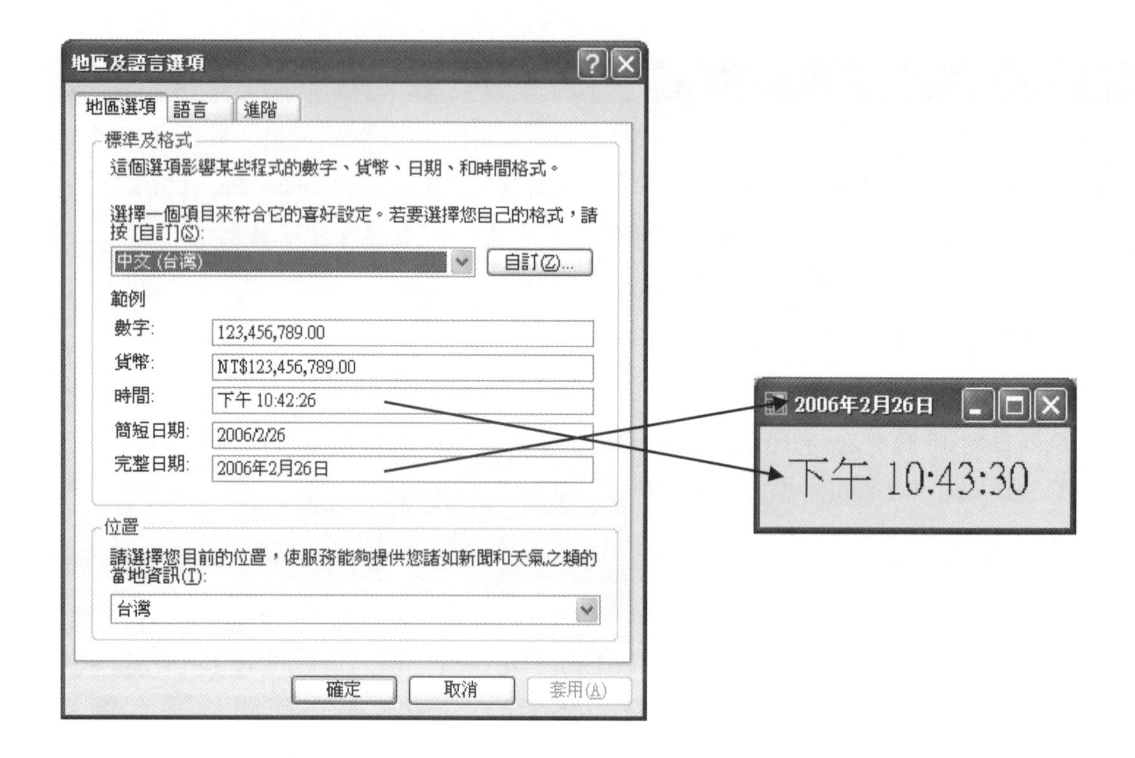

9-13 邏輯(布林)型別變數

1 邏輯(布林)型別變數的功用及表示法

邏輯(布林)型別變數用來儲存邏輯資料，下表爲其規格說明：

型別	型別代號	儲存資料類型	表示範圍	佔用空間	精確度
BooLean	無	邏輯	True、False	4 Bytes	無

2　實例：計時器

1. 功能及介面說明

本例是一個簡單的計時馬錶程式：

☯ 按開始時：
每隔 0.1 秒將 TextBox 的內容遞增 0.1，以顯示經歷的時間(即開始計時)

☯ 按停止時：停止計時

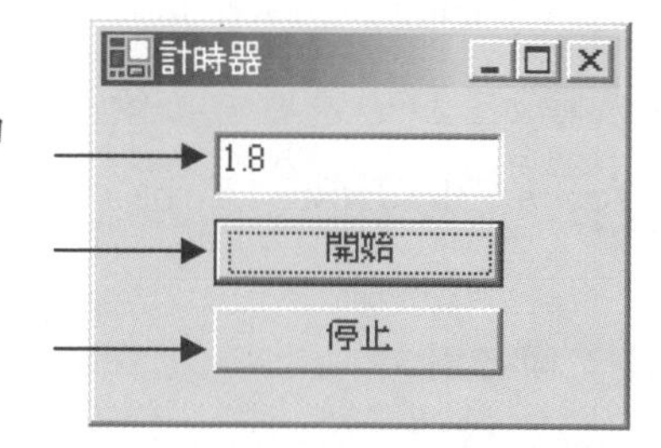

2. 建立專案

請建立一個 Windows 專案「計時器」。

3. 建立程式介面

請在 Form1.vb 安裝下列元件：

☯ 一個 TextBox，用來顯示計時時間

☯ 兩個 Button，用來啟動/關閉 計時功能

☯ 一個 Timer，用來計時
1.Interval：100
2.Enabled：False

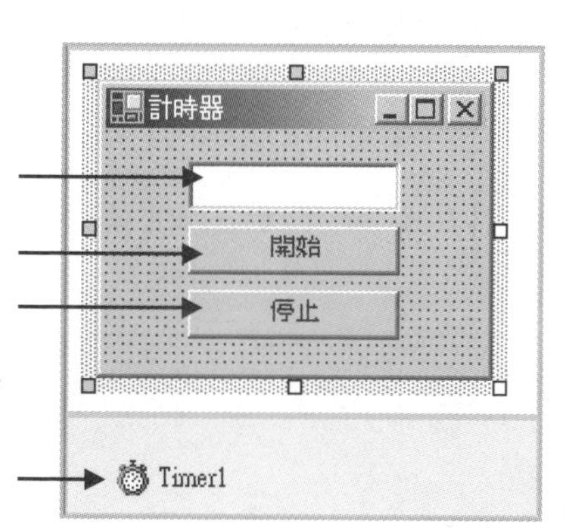

4. 建立程式功能

請在 Form1.vb 加入下列程式：

計時器：Form1.vb：事件程序的前後次序並不會影響程式的執行，只要程式放對事件程序即可

```
' 1.每隔 0.1 秒：將 Textbox1.Text 加 1
Private Sub Timer1_Tick(ByVal sender As System.Object, ByVal e As System.EventArgs) Handles Timer1.Tick
    ' 將時間遞增 0.1 秒，遞增前必須先將 Textbox1.Text 轉換為數值資料
    TextBox1.Text = Val(TextBox1.Text) + 0.1
End Sub
' 2.按 確定 時：開始計時
Private Sub Button1_Click(ByVal sender As System.Object, ByVal e As System.EventArgs) Handles Button1.Click
    Timer1.Enabled = True   ' 讓 Timer1 正常使用(開始計時)
End Sub
' 3.按 停止 時：停止計時
Private Sub Button2_Click(ByVal sender As System.Object, ByVal e As System.EventArgs) Handles Button2.Click
    Timer1.Enabled = False   ' 讓 Timer1 無法使用(停止計時)
End Sub
```

5. 測試程式

請執行程式，然後：

1. 按一下 開始：看看 TextBox1 是否每隔 0.1 秒遞增 0.1
2. 按一下 停止：看看 TextBox1 是否停止遞增

3　實例：計時器(邏輯)

1. 程式功能及介面說明

本例我們要修改

同一個按鈕，像這種單按鈕同時具備開/關功能的設計，在現實生活中隨處可見，比如說電燈開關、鬧鐘開關...等：

☯ 停止狀態時 Button1 顯示開始，按一下開始即進入計時狀態，TextBox 每隔 0.1 秒遞增 0.1

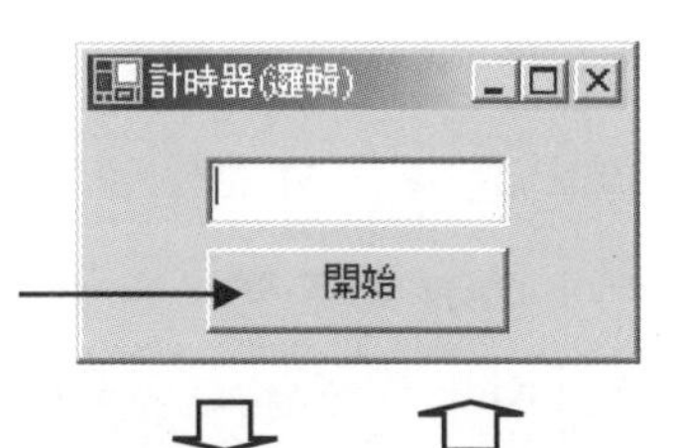

☯ 開始狀態時 Button1 顯示停止，按一下停止即進入停止狀態，TextBox 不再遞增

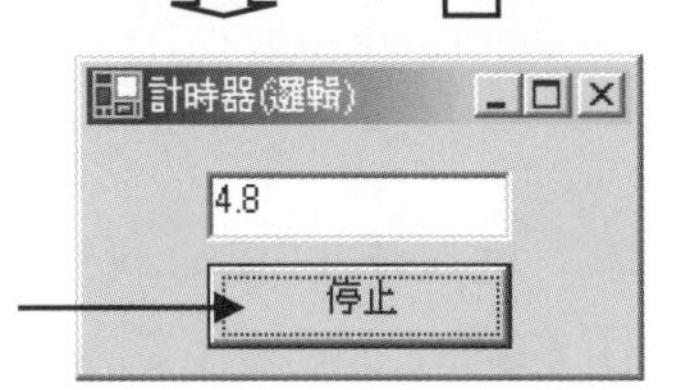

2. 建立專案

請建立專案「計時器(邏輯)」。

3. 建立程式介面

請參考「功能及介面說明」，在 Form1.vb 安裝下列元件：

元件類別	元件名稱	屬性	屬性值
TextBox	TextBox1	Text	空白
Button	Button1	Text	開始
Timer	Timer1	Enabled	False(一開始停止計時)
		Interval	100(每 0.1 秒)

4. 建立程式功能

由於目前只有一個 Button，但卻要將它當成兩個來用，因此必須使用一個變數來記載目前的**狀態**(State)：

計時器(邏輯)：Form1.vb

```
Public Class Form1
' 1.定義一個用來儲存計時狀態的變數 Start
'    因為 Form1 共有 2 個事件程序會用到 Start，因此必須定義在所有的事件程序之上，
'    這種變數稱為表單(模組)公用變數
Dim Start As Boolean  ' 共有 計時/停止 兩種(相反)狀態，因此定義為邏輯型別
' 2.Timer1_Tick()中的程式不變，和計時器一樣：每隔 0.1 秒將時間遞增 0.1
Private Sub Timer1_Tick(ByVal sender As System.Object, ByVal e As System.EventArgs) Handles Timer1.Tick
    TextBox1.Text = Val(TextBox1.Text) + 0.1
End Sub
' 3.按開始/停止時：進入停止/開始狀態
Private Sub Button1_Click(ByVal sender As System.Object, ByVal e As System.EventArgs) Handles Button1.Click
    If   Start = False   Then    ' 如果目前為停止狀態，表示要開始計時
        Start = True             ' 進入開始狀態
        Timer1.Enabled = True    ' 啟用 Timer1，以開始計時
        Button1.Text = "停止"    ' Button 文字設為"停止"，表示按下按鈕可以停止計時
    Else                         ' 如果目前為開始狀態，表示要停止計時
        Start = False            ' 進入停止狀態
        Timer1.Enabled = False   ' 停用 Timer1，以停止計時
        Button1.Text = "開始"    ' Button 文字設為"開始"，表示按下按鈕可以開始計時
    End If
End Sub
' 4.載入表單時：進入停止狀態
Private Sub Form1_Load(ByVal sender As System.Object, ByVal e As System.EventArgs) Handles MyBase.Load
    Start = False  ' 程式一開始執行時，計時狀態應為停止
End Sub
End Class
```

其中事件程序 Form_Load 會在程式剛執行、表單被載入到記憶體之後、顯示在螢幕之前被觸發，通常我們會在 Form_Load()指定變數、元件...的初值，至於本例的詳細說明，請參考 9-14~9-15 兩節。

5. 測試程式

請執行專案，然後：

1 一開始在停止狀態，按一下開始即開始計時，TextBox 每隔 0.1 秒增加 0.1

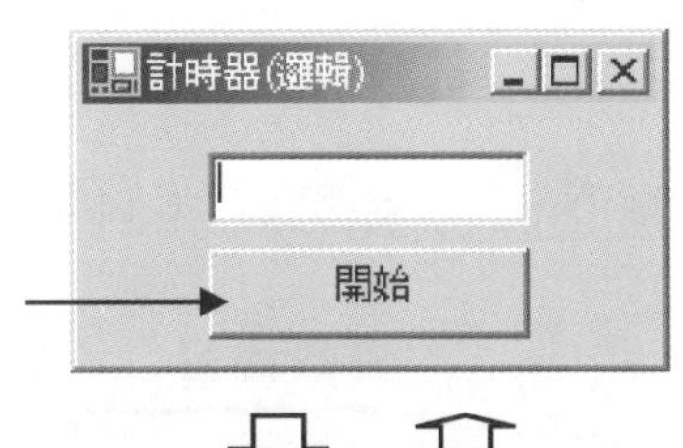

2 進入開始狀態之後，按一下停止即進入停止狀態，TextBox 不再遞增

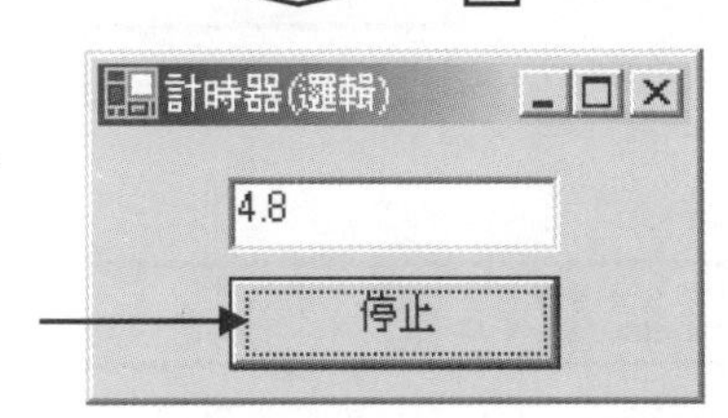

9-14　變數的初值

1　變數的預設初值

在程式中宣告變數的目的是向編譯器申請一塊適當大小的記憶體，以儲存適當型別的資料，一個變數空間基本上包括兩個部份：**位址編號**(Address Number)以及**內容(值，**Value)。

一個變數剛被宣告時，其位址由 VB 編譯器自動配置，內容也由 VB 編譯器以內建規則填入，此時變數的內容稱爲**初值**(Initialize Value)。

下表爲 VB 各種型別的**預設初值**(Default Value)：

變數型別	預設初值
數值(正整數、整數、實數)	0
字串	""/DBNull(在系列課程會深入探討)
日期/時間	0001 年 1 月 1 日　上午　12:00:00
邏輯	False
不定型(Object)	DBNull/Nothing(在系列課程會深入探討)

以下列敘述而言：

```
Dim a as Short
```

編譯器會在記憶體配置兩個 Bytes 給變數 a，並將內容設為 0：

變數內容	位址編號	變數名稱
0	100	a
0	101	

2　自訂變數初值

若變數的預設初值(Default Value)不符合我們的需求，或者想更加確定變數的初值時，我們可以自行指定變數的初值。指定初值的時機有兩種，但都必須在正式使用變數之前才有意義：

1. 宣告變數之後

以範例「計時器(邏輯)」而言，我們在 Form_Load()設定了 Start 的初值：

```
Start = False    'Start 的初值原本就是 False，我們只想更加確定而已(讓程式一定不會錯)
```

2. 宣告變數時：

我們也可以在宣告變數時一併指定初值，語法如下：

```
Dim <變數名稱> As <型別> = <資料>
```

比如說我們也可以在宣告 Start 時一併指定其初值：

```
Dim Start As Boolean = False
```

3　元件屬性的預設值

之前講過，屬性就是元件/物件的專用變數，一個屬性用來記載元件的一項特徵，既然屬性就是變數，因此也有**預設初值**(Default Value)。屬性的預設值是由元件設計者所定義，所以並沒有像變數一樣，有一個共通的預設值規則，每一個元件屬性的預設值規則都是獨一無二的，以 TextBox 元件的 Text 屬性而言，預設值和元件名稱(Name 屬性)一致：

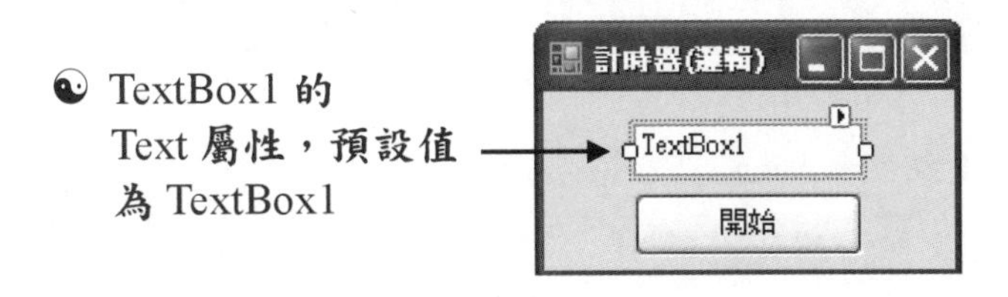

當元件屬性的預設值不符需求時，可以在設計視窗中改變，在「計時器(邏輯)」中，我們就改變了 TextBox1.Text 的預設值為空白：

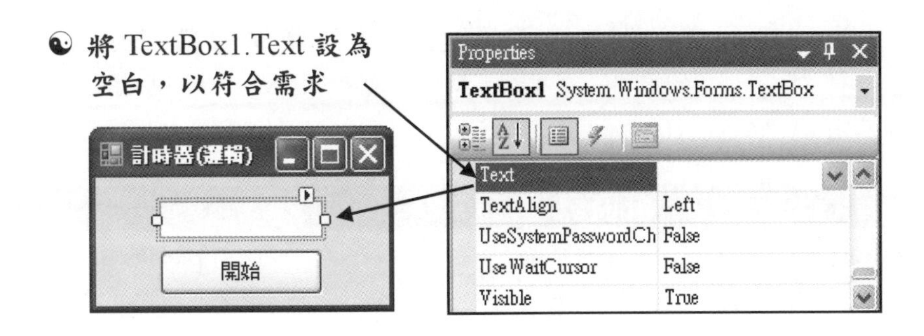

9-15 程式的狀態

1 以狀態來控制程式的執行流程

開發程式時，我們時常會「依據某個**狀態**(State)來判斷程式如何分支執行」，比如說在「計時器(邏輯)」中，當 User 按[開始]時，我們必須判斷目前的「計時狀態」是開始或是停止、以決定要開始或停止計時：

計時器(邏輯)：Form1.vb

```
Private Sub Button1_Click(ByVal sender As System.Object, ByVal e As System.EventArgs) Handles Button1.Click
    If   目前爲停止狀態   Then
        ' 進入開始狀態，開始計時
    Else  ' 目前為開始狀態
        ' 進入停止狀態，停止計時
    End If
End Sub
```

另外爲了記載目前的狀態，我們必須宣告**狀態變數**(State Variable)來儲存狀態，例如在「計時器(邏輯)」中，我們就使用變數 **Start** 來儲存計時狀態，只要取出 Start 的內容即可知道目前的計時狀態：

計時器(邏輯)：Form1.vb

```
Private Sub Button1_Click(ByVal sender As System.Object, ByVal e As System.EventArgs) Handles Button1.Click
    If  Start = 停止狀態   Then  ' 目前為停止狀態
        ' 進入開始狀態，開始計時
    Else  ' 目前為開始狀態
        ' 進入停止狀態，停止計時
    End If
End Sub
```

我們還必須爲不同的狀態定義不同的代表值，用來代表某種狀態的值(資料)稱爲**狀態值**(State Value)。在「計時器(邏輯)」中，我們用邏輯 True 代表開始狀態，邏輯 False 代表停止狀態，這是因爲計時狀態共有兩種(開始/停止)，而且兩者的意義相反，用邏輯資料最適合：

計時器(邏輯)：Form1.vb

```
Private Sub Button1_Click(ByVal sender As System.Object, ByVal e As System.EventArgs) Handles Button1.Click
    If  Start = False   Then  ' 停止狀態用 False 表示
        Start = True  ' 開始狀態用 True 表示
    Else  ' 目前為開始狀態
        ' 進入停止狀態，停止計時
    End If
End Sub
```

用那一種型別的資料表示狀態值並沒有一定的規則，我們也可以用數字 1 代表開始狀態，或是用字串"停止"代表停止狀態...，完全由程式設計師自行決定，但以本例而言，用邏輯資料表示計時狀態應該是最恰當的。

既然有狀態，意謂著程式的狀態隨時會改變(不然要狀態幹嘛？)，比如說在「計時器(邏輯)」中，之所以有計時狀態，是因爲程式有時候會處於開始狀態，有時候會處於停止狀態，因此我們必須在適當時機調整(計時)狀態，讓(計時)狀態隨時保持正確：

計時器(邏輯)：Form1.vb

```
Private Sub Button1_Click(ByVal sender As System.Object, ByVal e As System.EventArgs) Handles Button1.Click
    If  Start=False   Then  ' 目前為停止狀態(按[開始])
        Start = True  ' 進入開始狀態
        ' 開始計時
    Else  ' 目前為開始狀態(按[停止])
        Start = False  ' 進入停止狀態
        ' 停止計時
    End If
End Sub
```

我們還必須適當設定狀態變數的**初值**，以確定程式的初始狀態正確無誤。在「計時器(邏輯)」中，我們在 Form_Load()將計時狀態設定爲停止，因爲程式剛執行時，應該是在停止計時狀態：

計時器(邏輯)：Form1.vb

```
Private Sub Form1_Load(ByVal sender As System.Object, ByVal e As System.EventArgs) Handles MyBase.Load
    Start = False  ' 設定程式一開始執行時的狀態為停止計時
End Sub
```

2 變數與狀態

爲了記載狀態，狀態值必須儲存在變數中，透過變數值我們可以知道目前的程式狀態，也就是說變數值就是狀態值：

計時器(邏輯)：Form1.vb

```
' 載入表單時
Private Sub Form1_Load(ByVal sender As System.Object, ByVal e As System.EventArgs) Handles MyBase.Load
    Start = False  ' 將狀態值 False(停止狀態)儲存於狀態變數 Start 中
End Sub
' 按開始/停止時
Private Sub Button1_Click(ByVal sender As System.Object, ByVal e As System.EventArgs) Handles Button1.Click
    ' 取出 Start 變數的值，即可知道目前的計時狀態
    If  Start = False   Then  ' 變數 Start 的值代表目前的計時狀態(值)
        Start = True  ' 設定 Start 的值為 True，進入開始狀態
    Else
        Start = Fasle  ' 設定 Start 的值為 Fasle，進入停止狀態
    End If
End Sub
```

那是不是所有的變數都用來儲存狀態值，或者說所有變數的內容都是狀態值？可以這麼說！當我們將資料暫存於變數時，可以概括的說該變數儲存著某一項狀態。

以範例「結帳」而言，共有 x、y、z 三個變數，分別用來儲存消費金額、折扣以及應付金額 3 種狀態，之所以需要這三種狀態，是因爲要記住 User 輸入的消費金額、折扣，並計算、顯示應付金額：

結帳：Form1.vb

```
Private Sub Button1_Click(ByVal sender As System.Object, ByVal e As System.EventArgs) Handles Button1.Click
    Dim x As Short          ' 用來儲存狀態：消費金額
    Dim y As Single         ' 用來儲存狀態：折扣
    Dim z As Short          ' 用來儲存狀態：應付金額
    x = Val(InputBox("請輸入消費金額"))    ' 輸入消費金額(1~10000)
    y = Val(InputBox("請輸入折扣"))        ' 輸入折扣(0.1~0.95)
    z = x * y      ' 計算、暫存應付金額
    MessageBox.Show("應付金額:" & z)   ' 顯示應付金額
End Sub
```

我們也可以不要將所有的變數值一併概括為狀態值，而是將狀態限定為「程式必須依據狀態來判斷如何分支執行」這種情況。就這種情況而言，狀態變數只會儲存某幾種特定的狀態值，而一般變數儲存的資料範圍是不限定[2]的。

所以說「計時器(邏輯)」中的 Start 才算是狀態變數(只能儲存 True/False 兩種狀態)，至於結帳中的 x、y、z 只能說是一般用來暫存資料的變數而已(消費金額、折扣、應付金額的範圍並沒有限定值)，並不具備狀態的功用。

總而言之，變數就是用來暫存資料的一塊記憶體，這塊記憶體儲存的就是資料，我們也可以用資料來泛指狀態，而狀態這個名詞只是為了要和一般的資料區別開來，以專指「程式必須依據狀態來判斷如何分支執行」這種狀況，因為這種狀況有一個特別的邏輯思惟流程，和一般變數不大一樣，下表即為狀態的整個邏輯思惟(運作)過程：

[2] 當然，必須受到資料型別的先天限制

為何要使用狀態	共有那些狀態(值)	要儲存在那兒	調整狀態值	狀態的初值
因為程式必須依據狀態來判斷如何分支執行。	每一種狀態都必須用某一種資料來表示。	必須記載目前的狀態，程式才能加以判斷、分支。	程式必須在適當時機調整狀態值，以維護程式的正確狀態。	程式剛執行時，必須設定適當的狀態(變數)值，以確立程式的啓始狀態。
ex.程式要依計時狀態來決定開始或停止計時。	**ex.** 開始計時用 True 表示，停止計時用 False 表示。	**ex.** 將計時狀態記載於 Start 變數，才可以透過 Start 了解計時狀態。	**ex.** 按開始必須進入開始狀態(Start=True)，按停止則要進入停止狀態(Start=False)。	**ex.**在 Form_Load 中將 Start 設定為 False，以確定一開始為停止計時狀態。

3 屬性與狀態

屬性就是元件(物件)內部的專用變數，一個屬性用來儲存與元件(物件)有關的一項資料，屬性中儲存的資料也可以像變數一樣，區分為**一般資料**(範圍沒有限制)以及**狀態值**(範圍限定為某幾種資料)兩種。

比如說 TextBox 的 Text 屬性，用來儲存 User 輸入的資料，而輸入的資料是沒有範圍限定的，Text 屬性扮演的角色是讓程式知道 User 輸入的資料為何，但很少有程式必須依據 Text 的值來決定如何分支執行，所以 Text 屬性是用來儲存一般資料的。

RadioButton 的 Checked 屬性則為狀態屬性，Checked 屬性用來儲存 RadioButton 是否被選取，其值只有 True 與 False 兩種，一般的程式時常會依據 RadioButton.Checked 的值，來判斷如何分支執行，以下是第 7 章範例「電子購物系統」的部份程式：

電子購物系統：Form1.vb

```
' 依據 RaBtnMember.Checked 的值來判斷是否為會員，以決定程式如何分支執行
If  RaBtnMember.Checked = True  Then
    TextBox1.Text = "男性會員"
Else
    TextBox1.Text = "男性非會員"
End  If
```

然而我們也可以不用將屬性分類爲一般屬性(儲存一般資料)和狀態屬性(儲存狀態值)，而是概括的將所有的屬性認定爲「用來儲存元件相關資料的變數」，重點在於那一種認定，可以讓你將屬性定位清楚。

9-16 不定型別變數

先前介紹的各種型別變數，都只能儲存某一種特定型別的資料，**不定型別變數**則可以儲存任意型別的資料，使用上比較方便而不受限制，但佔用比較多的記憶空間而且不容易管理掌控、效能也比較差。實務上可以不用就盡量不要用，但某些場合卻非用不可，胡老師打算在「物件導向程式設計入門」中再深入介紹不定型別變數，下表是不定型別的規格：

型別名稱	型別代號	資料類型	資料表示範圍	佔用空間	精確度
Object	無	任意型別	視儲存資料而定	視儲存資料而定	視儲存資料而定

9-17 型別轉換

1　暗地轉換(Implicit Casting)

1. 暗地轉換的時機

在電腦內部(CPU)不同型別的資料是無法一起運算的，道理很簡單，以 Short 與 Single 而言，一個以兩個 Bytes 儲存，另一個儲存爲 4 個 Bytes，在資料長度不同的情況下根本無法做加、減、乘、除….等運算，因爲電腦是用兩個資料對應的 bit 來做運算。

就算兩種資料的長度一致也無法一起做運算，因爲資料儲存的格式並不一樣。比如說 Integer 與 Single 雖同樣佔 4 個 Bytes，但其資料格式卻不相同，以 96 而言，儲存爲 Integer 與 Single 的格式完全不同：

$$96 = 64+32 = 96*10^1$$

☯ 整數(Integer)儲存的是：與10 進位對應的 2 進位數字

Byte 3	Byte 2	Byte 1	Byte 0
00000000	00000000	00000000	01100000

☯ 實數(Single)的格式則為：假數*10 指數

Byte 3	Byte 2	Byte 1	Byte 0
00000000	00000000	01100000	00000001

☯ Byte3~Byte1 總共 24bits 表示假數(96)

☯ Byte0 表示指數(1)

然而只要基本型別相同(比如說兩者都是數字)，在 VB 中還是可以放在一起運算，不過運算式最終會交由 CPU 處理，CPU 並無法運算兩個不同型別的資料，因此 VB 會暗地裏將資料做適當的型別轉換，稱為**暗地轉換**(Implicit Casting)。

2. 暗地轉換規則

VB 進行暗地轉換的原則為：

整數轉為實數，空間小的轉為空間大的

以「結帳」中的下列敘述而言，VB 會先將 x 轉為 Single，再將 x 與 y 做乘法運算，最後將運算結果(Single)轉為 Short、再指定給 z：

結帳：Form1.vb：只列出重點程式而已

```
Dim x As Short        ' 用來儲存狀態：消費金額
Dim y As Single       ' 用來儲存狀態：折扣
Dim z As Short        ' 用來儲存狀態：應付金額
z = x * y   ' 1.x 轉為 Single 2.x 與 y 相乘  3.結果(Single)轉為 Short 4.結果(Short)指定給 z
```

2 數學運算的溢位

之前講過，進行數學運算時也有可能發生溢位(Overflow)，這種情形的溢位，由於牽涉到型別的暗地轉換，因此在本節討論，請將「結帳」中的程式修改如下：

算術作業的溢位：Form1.vb

```
Private Sub Button1_Click(ByVal sender As System.Object, ByVal e As System.EventArgs) Handles Button1.Click
    Dim x As Short          ' 單價(原程式中的金額)
    Dim y As Short          ' 數量(原程式中的折扣)：型別調整為 Short
    Dim z As Integer        ' 應付金額：型別調整為 Integer
    x = Val(InputBox("請輸入單價"))   ' 輸入單價
    y = Val(InputBox("請輸入數量"))   ' 輸入數量
    z = x * y      ' 計算應付金額
    MessageBox.Show("應付金額:" & z)   ' 顯示應付金額
End Sub
```

接著執行程式、按下結帳，然後輸入單價(1000)與數量(1000)，結果將發生溢位：

☯ 數學運算時發生溢位：z = x * y

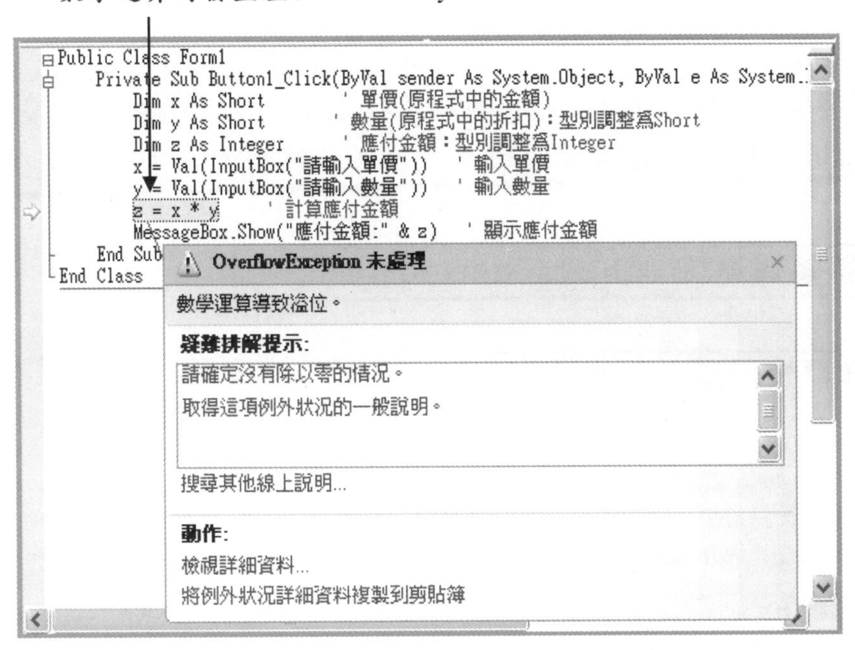

這一次溢位的原因並非 z 的型別不對，因爲 Integer 型別的 z 具備儲存 1,000,000(1000*1000)的能力，真正造成溢位的是「x*y」這個運算式！

稍早胡老師講過，在進行運算之前，VB 會視情況將參與運算的兩個運算元轉換爲相同型別之後再加以運算，此外爲了儲存運算結果，編譯器還會產生一個用來暫存運算結果的空間(此空間的型別必須與轉換型別後的兩個運算元相同)，以本例(x*y)而言，整個運算過程爲：

1. **產生一個 Short 型別的暫存空間(x*y)：**用來儲存 x*y 的運算結果(x、y 兩者都是 Short，不用做任何先期轉換作業)
2. **開始運算：**得到運算結果 1,000,000
3. **將運算結果 1,000,000 儲存到運算結果暫存空間(x*y)：**但由於該空間(x*y)為 Short，無法儲存 1,000,000，因此發生溢位

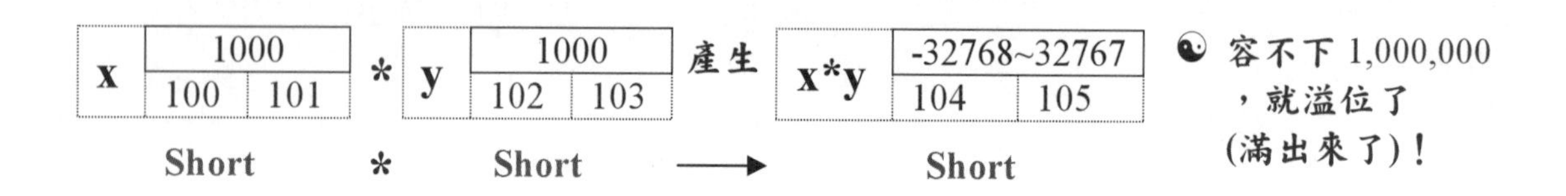

數學運算所產生的溢位，只要將參與運算的兩個變數其中之一，宣告爲可以容納運算結果的型別即可解決。以本例而言，只要將 x 或 y 宣告爲 Integer 即可，數學運算溢位是功力不夠者時常出的錯，一定要小心！

3 明確轉換(Explicit Casting)

1. 明確轉換以產生你要的資料

讓我們來探討一個問題，假設在「結帳」中輸入的消費金額以及折扣分別是 3555 以及 0.85(結果是 3021.75)，而顯示應付金額時，我們希望看到的是無條件去小數(即 3021)，而不是預設的四捨五入(3022)，該怎麼辦呢？可以使用 Fix 函式：

```
z = Fix(x*y)    ' 將 x*y 的結果去小數之後，再指定給 z
```

Fix 函式用來將(x*y)的結果(Single 資料 3021.75)轉換爲整數，Fix 的作法是不管三七二十一，直接將實數的小數部份去除、只留整數部份。

本單元(9-17-3-1)所要闡述的是：當某個資料經暗地轉換之後，若型別無法符合我們的需求，可以使用 VB 提供的型別轉換函式，將資料**明確(強制)轉換**(Explicit Casting)為我們需要的型別。

2. 明確轉換型別以進行你想要的運算

在第 6 章的範例「加法器」中，我們曾經使用下列敘述，將 TextBox 的內容轉換為數字，目的是將兩個 TextBox 中的資料做數學加法運算，因為數學運算的語法規則是兩個運算元都必須是數值資料：

```
TextBox3.Text = Val(TextBox1.Text) + Val(TextBox2.Text)
```

這是必須進行明確轉換型別的第 2 種時機：當資料型別無法滿足運算需求時，我們可以使用 VB 提供的函式，將資料強制轉換為符合需求之型別，以利運算之進行。

4　Option Strict

1. 認識 Option Strict

Option Strict 用來設定資料型別是否需要明確的轉換，預設值為 Off，此時 VB 會自動幫我們做暗地型別轉換，若設為 On 則所有的型別轉換都要由我們自行完成，VB 並不會幫我們暗地轉換型別，編輯程式時，若 VB 發現程式中有不同型別的資料一起做運算，將發出錯誤訊息。

2. 設定 Option Strict

如果你想更改 Option Strict 的設定值，可以依下列步驟進行：

2 選擇「編譯」　　**3** 設定 Option Strict　　**1** 雙按專案的 My Project

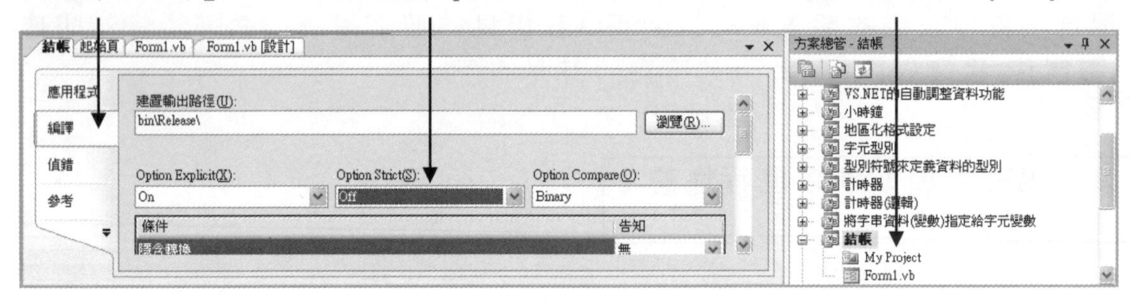

我們也可以在單一程式檔中加入 **Option Strict**，以指定該模組的型別轉換方式，不過影響範圍僅止於該模組：

```
Option Strict On    ' 在 Form1.vb 加入 Option Strict 敘述，只影響 Form1.vb 而已
Public Class Form1
…………..以下略過
```

3．Option Strict 設為 On 時

請將「結帳」的 **Option Strict** 設爲 **On**，再觀察 Button1_Click 中的程式：

結帳：Form1.vb

```
' 所有暗地轉換的敘述都變為不合法(敘述之下會出現藍色波浪底線)
Private Sub Button1_Click(ByVal sender As System.Object, ByVal e As System.EventArgs) Handles Button1.Click
    Dim x As Short : Dim y As Single : Dim z As Short
    x = Val(InputBox("請輸入消費金額"))    ' Val 的運算結果(Double)無法指定給 Short 的 x
    y = Val(InputBox("請輸入折扣"))    ' Val 的運算結果(Double)無法指定給 Single 的 y
    z = x * y    ' Short 的 x 與 Single 的 y 無法做乘法運算
    MessageBox.Show("應付金額:" & z)
End Sub
```

你必須爲「應該執行型別轉換」的程式，加入明確轉換型別敘述，才可以正常運作：

Option Strict 設為 On 時：Form1.vb

```
Private Sub Button1_Click(ByVal sender As System.Object, ByVal e As System.EventArgs) Handles Button1.Click
    Dim x As Short : Dim y As Single : Dim z As Integer
    ' 將 String 型別的 InputBox 運算結果轉換為 Short(Int16)、再指定給 Short 型別的 x
    x = Convert.ToInt16(InputBox("請輸入消費金額"))
    ' 將 Inputbox 運算結果明確的轉為 Single、再指定給 Single 型別的 y
    y = Convert.ToSingle(InputBox("請輸入折扣"))
    ' 將 Short 型別的 x 明確的轉換為 Single、再與 Single 型別的 y 做乘法運算，
    ' 然後將 Single 型別的運算結果轉換為 Integer(Int32)、再指定給 Integer 型別的 z
    z = Convert.ToInt32(Convert.ToSingle(x) * y)
    MessageBox.Show("應付金額:" & z)
End Sub
```

其中 Convert[3]是 VB 提供的型別轉換類別，我們可以透過 Convert 的相關方法進行型別的轉換！

值得一提的是，當程式語法有誤時，你也可以使用 VS 2005(VB 2005 Express)的**錯誤更正建議**，來調整程式內容(請看下頁)：

[3] 關於 Int16、Int32... 會在「跟胡老師學程式」系列課程中介紹

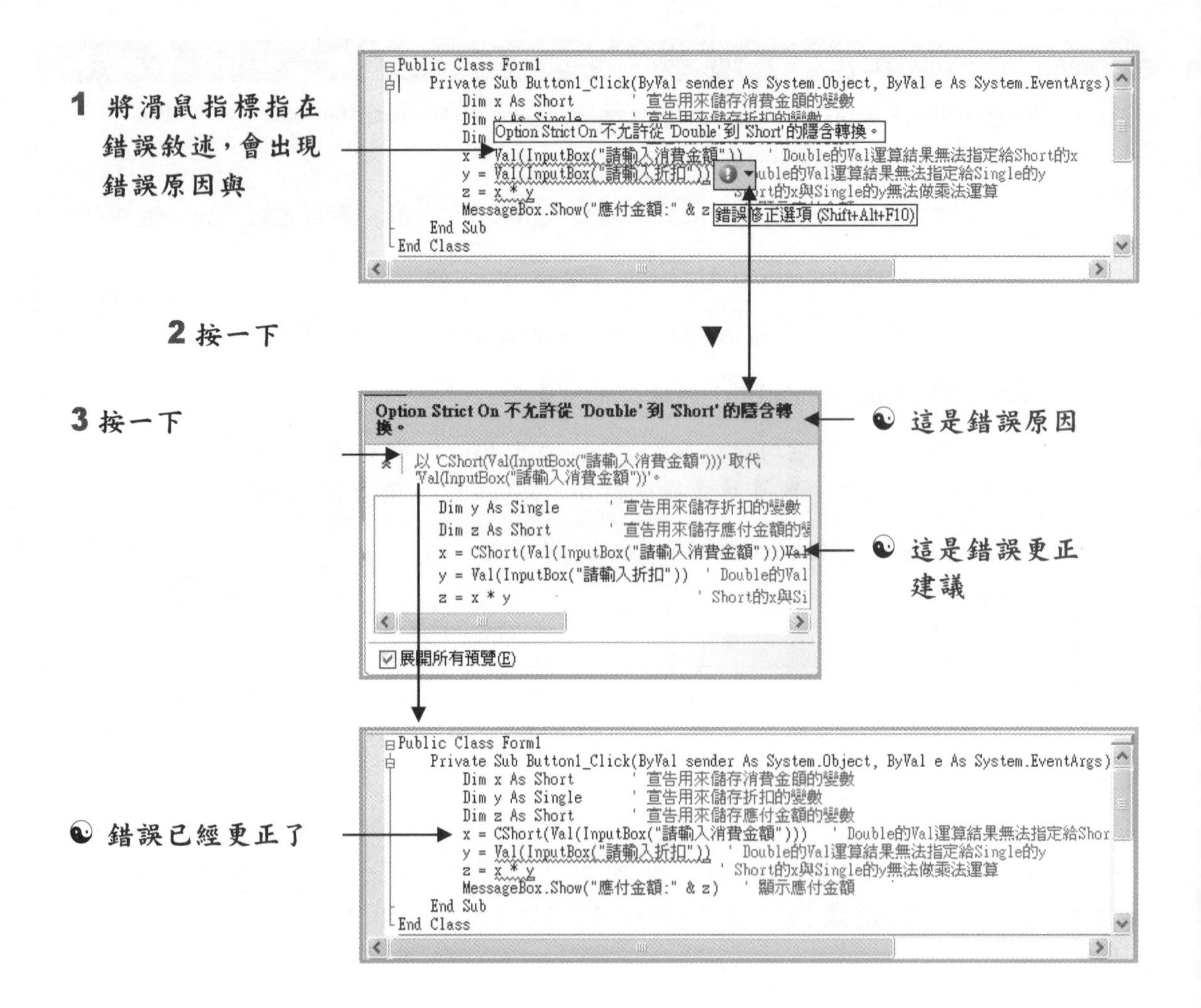

其中 CShort 是 Short 型別的轉換函式，其語法爲：

```
CShort(<資料>)    ' 將資料轉換為 Short 型別
```

4. 縮小轉換與擴展轉換

縮小轉換指的是由範圍比較大的型別轉換爲範圍比較小的型別，縮小轉換可能會引起執行時期錯誤(溢位)，請看下例：

縮小轉換與擴展轉換(StrictOff)：Form1.vb

```
Private Sub Button1_Click(ByVal sender As System.Object, ByVal e As System.EventArgs) Handles Button1.Click
    Dim a As Short
    Dim b As Integer = 50000
    ' 將 b(Integer)轉換為 Short 時，因 50000 超出 Short 的範圍，因此出錯(溢位)
    a = Convert.ToInt16(b)
    MessageBox.Show(Convert.ToString(a))
End Sub
```

如果轉換後未超過範圍，則不會有問題：

```
Dim a As Short : Dim b As Integer = 5000
'5000 未超出 Short(Int16)的範圍，因此不會出錯(溢位)
a = Convert.ToInt16(b)
```

值得注意的是，不管 Option Strict 設爲 On 或 Off，縮小轉換都可能會引起執行時期錯誤(溢位)，差別在於，Option Strict 設爲 On 時，VB 會在編輯時對暗地縮小轉換提出錯誤警告，而且程式無法執行：

擴展轉換指的是由範圍比較小的型別轉換爲範圍比較大的型別，擴展轉換基本上不會造成任何資料的流失(溢位)，請看下例：

縮小轉換與擴展轉換(StrictOff)：Form1.vb

```
Private Sub Button4_Click(ByVal sender As System.Object, ByVal e As System.EventArgs) Handles Button4.Click
    Dim a As Short = 30000   :   Dim b As Integer
    'Integer 一定可以容納 Short 資料，轉換一定會成功
    b = Convert.ToInt32(a)
    MessageBox.Show(Convert.ToString(b))
End Sub
```

值得一提的是由整數至實數的轉換也算是擴展轉換，這種轉換雖然不會造成資料流失(溢位)，但卻可能會喪失資料的精確度：

縮小轉換與擴展轉換(StrictOff)：Form1.vb

```
Private Sub Button6_Click(ByVal sender As System.Object, ByVal e As System.EventArgs) Handles Button6.Click
    Dim a As Single : Dim b As Integer = 123456789
    ' 執行 Integer->Single 的擴展轉換，資料不會流失，但會喪失精確度(Single 只有 7 位)
    a = Convert.ToSingle(b)
    MessageBox.Show(Convert.ToString(a))
    ' 執行 Single->Integer 的縮小轉換，因為不會超出 Integer 的範圍，所以可以成功轉換
    b = Convert.ToInt32(a)
    MessageBox.Show(Convert.ToString(b))
End Sub
```

☯ Integer->Single 的擴展轉換，結果已失真

☯ 回轉後(Single-> Integer)的資料，已經不是原始資料(123456789)了

本單元(縮小轉換與擴展轉換)的重點在於：

- 進行型別轉換時，就算使用明確轉換也有可能會出問題
- 進行明確縮小轉換時，若轉換結果超出型別範圍將發生溢位，當轉換結果未超出範圍時才能夠成功轉換
- 進行明確擴展轉換時，一定可以成功轉換，但執行整數->實數的擴展轉換時，有可能會喪失資料的精確度

值得一提的是當 Option Strict 設爲 On 時，我們可以將較小範圍型別變數(資料)直接指定給較大範圍型別變數，不需任何明確的型別轉換：

```
Dim a As Short = 10   :   Dim b As Long
b = a   '將較小範圍的a(Short、2Bytes)指定給較大範圍的b(Long、8Bytes)，不需明確轉換
```

也就是說在 Option Strict 設爲 On 的情形下，VB 不允許任何「可能會引起資料流失」的暗地型別轉換：

```
Dim a As Sbyte   :   Dim b As Long = 100
a = b   'No！因為b的範圍比a大，在暗地轉換過程中可能會流失資料(雖然本例不會)
```

```
Dim a As Sbyte   :   Dim b As Long=300
a=b   'No！因為b的範圍比a大，在暗地轉換過程中可能會流失資料(本例會流失資料)
```

```
Dim a As SByte = 200   'No！因為200超過Byte的範圍
```

5. 我應該將 Option Strict 設為 On 嗎？

將 Option Strict 設爲 On 將導致程式的開發時間變長，因爲每個型別轉換都必須由程式設計師自行著手，但這也是唯一的缺點，其優點則有：

1. 加強執行效能：

因爲執行時不需再對所有的型別一一的檢核是否需要做轉換。

2. 提高程式的可讀性：

藉由明確型別轉換敘述，程式的執行流程和結果將變得明確許多。

3. 加強程式的正確性、減少程式臭蟲：

當 Option Strict 設為 On 時，不安全的型別轉換將被標示錯誤訊息，這些錯誤將可以在編輯程式時就處理掉，於是程式的穩定性將提高，程式執行時也比較不容易出錯。

6. 不定型別(Object)與 Option Strict

Option Strict 設為 On 時，宣告變數一定要指定型別，下列形式的變數宣告將會失敗：

```
Dim   <變數名稱>     'NO，未指定型別
```

但我們還是可以將變數宣告為 Object 型別，來達到儲存任意型別資料的目的：

```
Dim   a   as   Object
```

5 字串與字元間的型別轉換

1. 字串與字元的不同

字串與字元的不同在於：

- 字串用來表示一個以上的字元，字元則用來表示單一字元。
- 儲存字串時會在最後一個字元之後多一個「字串結束字元」。

舉個例子：

```
Dim ch As Char="a"C    '"a"將被儲存為字元
Dim str As String="a"   '"a"將被儲存為字串
```

- 字串結束時，會多存一個結束字元("\0"C)，字元則沒有

ch	"a"C
	100

str	"a"C	"\0"C
	101	102

2. 將字串資料(變數)指定給字元變數

我們可以將字元資料(變數)指定給字串變數，而且不會 Lost 任何資料，因爲字串可以包含字元。相反的、若將字串資料(變數)指定給字元變數則可能會 Lost 資料，因爲字元變數只能儲存字串中的單一字元，底下用一個實例來說明：

將字串資料(變數)指定給字元變數：Form1.vb

```
Private Sub Button1_Click(ByVal sender As System.Object, ByVal e As System.EventArgs) Handles Button1.Click
    ' 將字元資料指定給字串變數時，完全沒問題
    Dim s As String = "胡"c
    ' 將字串指定給字元變數時，會先暗地轉換為字元，轉換後只剩字串的第 1 個字元
    Dim c As Char = "C"
    c = "AC"
    MessageBox.Show("s=" & s)        ' s="胡"
    MessageBox.Show("c=" & c)        ' c="A"C
End Sub
```

3. 當 Option Strict 設為 On 時

當 Option Strict 設爲 On 時，將字串資料(變數)指定給字元變數時將產生錯誤，因爲字串的範圍比字元大，暗地轉換時可能會有字元流失，就算是只包含一個字元的字串，也必須使用字元表示法才行(請看下頁)：

當 Option Strict 設爲 On 時：Form1.Vb

```
Private Sub Button1_Click(ByVal sender As System.Object, ByVal e As System.EventArgs) Handles Button1.Click
    Dim s As String = "胡"c
    ' Option Strict 設為 On 時，單一字元一定要以字元形式表示，才可以指定給字元變數
    Dim c As Char = "C"c
    ' No Way！Char 變數 c 只能儲存一個字元，而且要用字元形式表示
    'c = "A"    ' 包含 1 個字元的字串，No！
    'c = "AC"   ' 包含 2 個字元的字串，No！
    'c = "AC"c  ' 錯誤的字元表示法，No！
    MessageBox.Show("s=" & s)   ' s="胡"
    MessageBox.Show("c=" & c)   ' c="C"c
End Sub
```

6 自 VB6.0 延用的型別轉換函式

除了.NET 的 Convert 類別之外，我們還可以使用下列函式進行型別轉換，這些函式在 VB6.0 時代就有，存在的目的主要是爲了相容於 VB6.0，讓 VB6.0 程式設計師升級到 VB 時能順利些：

CBool()	CByte()	CChar()	CDate()	CDbl()	CDec()
CInt()	CLng()	CObj()	CShort()	CSng()	CStr()

不過 Convert 類別還是有一些問題，比如說：

1. 無法轉換""：下列敘述將出現執行時期錯誤

```
Convert.ToInt16("")
```

如果希望將""轉換爲 0，必須使用 Val 函式：

```
VAL("")   ' 結果為 0
```

2. 無法執行特殊轉換：比如說將實數無條件去小數，就一定得用 Fix 才行

```
Fix(3021.75)   ' 結果為 3021
```

9-18 複合運算子

開發程式時，我們時常會撰寫下列類型的程式：

```
X = X <運算> <資料>
```

其中 X 代表某個變數(屬性)名稱，例如：

```
X = X + 2    或    X = X * Y
```

這種類型的運算式將變數(屬性)指定爲變數(屬性)本身、與另一個資料做運算的結果，我們可以使用 VB 的複合運算子簡化這種運算式：

```
<變數> <運算子>= <資料>
```

請看下例：

```
X += 2    'X = X + 2
X *= Y    'X = X * Y
```

9-19 VB的保留字

保留字(Reserved Word)指的是不能做爲變數或元件名稱的英文單字，因爲這些英文單字已經被 VB 保留爲內部的敘述指令名稱。

關鍵字(Key Word)指的是程式敘述中不能更動的最關鍵部份，例如 While 迴圈中的 While、End 以及 While：

```
While   <條件式>    ' 在 VS 2005 中編輯程式時，關鍵字會以藍色字體顯示
    <欲重覆的敘述群>
End  While
```

基本上保留字等於關鍵字，亦即我們不可以將關鍵字當成變數(元件)名稱，否則將發生錯誤：

☯ end 是關鍵字，不能當變數名稱

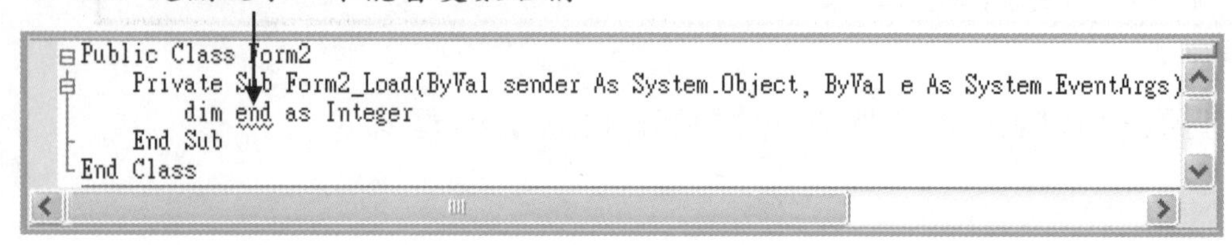

不過有部份關鍵字並未被保留，比如說 Text(標題文字屬性)，但 Microsoft 建議我們最好還是不要使用這些關鍵字，因爲可能會降低程式的可讀性，也容易讓程式暗藏 Bug(臭蟲)！

如果要進一步的了解 VB 的保留字與關鍵字，請用「保留字, Visual Basic 關鍵字」爲索引，來查詢線上說明。

9-20 本章摘要

變數(Variable)就是**記憶體**(RAM)，在程式中宣告變數的目的在於向編譯器申請一塊合法、無人使用的記憶空間，以暫存程式執行過程所產生的資料。

宣告變數時必須指定**變數名稱**(Variable Name)，用來識別變數對應的那一塊記憶體，當程式要存取某一塊記憶體時，必須以變數名稱做爲識別依據。

宣告變數時還必須指定變數的**資料型別**(Data Type)，目的是定義記憶空間的大小(Bytes 數)，以及儲存資料的種類和範圍。將變數宣告爲某種型別之後，就限定變數只能儲存該型別的資料，不能儲存其他型別的資料，然而**不定型別變數(物件變數** Object)卻可以儲存任意型別的資料。

變數的型別基本上與第 6 章「資料的處理」所介紹的資料型別相對應，VB 最基本的變數型別有下列幾種：

- 字串變數：用來儲存字串資料
- 數值變數：用來儲存數值資料
- 日期/時間變數：用來儲存日期/時間資料
- 字元變數：用來儲存字元資料
- 邏輯變數：用來儲存邏輯資料

數值型別又分為實數型別與整數型別兩種，兩者的不同在於：

- 實數型別可以儲存小數，而整數不可以
- 實數型別有精確度的問題，而整數沒有

所謂**精確度**指的是當資料超過精確度時，該資料只能以近似值儲存，只有當資料未超過精確度時才能完全精確的儲存

我們可以將多個功用相似的敘述合併在同一列，以減少程式行數、提高程式的可讀性，方法是在敘述間加入:運算子：

```
' 輸入消費金額(1~10000)、折扣(0.1~0.95)
x = Val(InputBox("請輸入消費金額")) : y = Val(InputBox("請輸入折扣"))
```

某一種型別(類別)的資料(變數)可以透過該類別的相關屬性、方法，或是 String 類別的 Format 方法加以格式化，目的是為資料加入適當的輔助符號、讓 User 容易理解資料的意義。而不同地區格式化資料的規則並不一致，為避免資料格式的地區性差異造成開發程式的負擔，我們可以在 String.Format 中使用**地區化的格式字元**來指定資料格式。此時 String.Format 將參照 User 電腦中的「控制台/地區及語言選項」來格式化資料。

剛宣告變數時，該變數空間儲存的資料稱為變數的**初值**(Initialize Value)，VB 會自動為不同型別的變數指定**預設初值**(Default Value)，如果你不滿意 VB 的預設初值，可以在宣告變數時自行為變數指定適當的初值。

狀態(State)是開發程式時大量被應用的一項技巧(觀念)，我們可以依據狀態來判斷程式如何分支執行。**狀態值**(State Value)就是用來表示某個程式狀態的資料，**狀態變數**(State Variable)則用來儲存最新的狀態值，以便讓程式知道目前的狀態(Current State)。

元件(物件)的**屬性**(Property)就是元件(物件)內部的變數，用來儲存元件本身的狀態以及元件的相關資料。屬性既然是變數，也就有資料型別的機制，每一個屬性都有特定的型別，也都只能儲存該型別的資料。

不同型別的資料(變數、屬性)並不能放在同一個運算式一起運算，當編譯器發現程式中有不同型別的資料放在同一個運算式，會暗地(Implicit)(自動)調整資料的型別、再進行運算。

如果**暗地轉換**(Implicit Casting)所產生的運算結果不符合我們的需求，我們可以透過 VB 提供的**型別轉換物件/函式**、明確的將資料轉換爲我們需要的型別。我們也可以透過型別轉換物件/函式、將資料先行**強制轉換**(Explicit Casting)爲適當的型別，再進行我們想要進行的運算。

我們可以將專案的 Option Strict 屬性設爲 On，以便強制資料型別一定要自行撰寫程式進行轉換，這樣做的好處有：

- 加強程式效能
- 提高程式的可讀性
- 加強程式的正確性、減少程式臭蟲

縮小轉換指的是由範圍較大的型別轉換爲範圍較小的型別，縮小轉換可能會引起資料的流失(溢位)，不過當轉換後的資料未超過型別範圍時則不會流失任何資料。

擴展轉換則是由範圍較小的型別轉換爲範圍較大的型別，擴展轉換基本上不會造成任何資料的流失(溢位)。由整數轉換至實數也算是擴展轉換，這種轉換雖然不會造成資料流失(溢位)，卻可能會喪失資料的精確度。

複合運算子可以簡化某些運算式的內容，語法為：

<變數> <運算子>= <資料>　**等於**　<變數> = <變數> <運算子> <資料>

如下列敘述：

```
X += 2   'X = X + 2
X *= Y   'X = X * Y
```

關鍵字(Key Word)指的是程式敘述中不能更動的最關鍵部份，例如 While 迴圈中的 While、End....等。關鍵字一般又稱**保留字**(Reserved Word)，因為大多數關鍵字已經被 VB 所保留、當做內部的敘述指令名稱，因此程式設計師不能用關鍵字做為變數、元件...等自訂物件的名稱。

除了字串、數值、日期、邏輯以及字元等基本資料型別之外，VB 還提供了更複雜的資料型別，讓我們處理更複雜的資料。請繼續參與下一階段課程「VB 2005 資料結構入門」，待會兒見囉！

9-21 本章新增之元件與敘述

1 元件

物件類別	功用	重要屬性	重要方法
Timer	定時觸發某一群程式	1.Interval：指定 Timer_Tick() 事件的觸發間隔時間(單位爲 1/1000 秒)。 2.Enabled：啓用 Timer(讓 Timer 可以計時)。	

2 物件

物件類別	功用	重要屬性	重要方法
String	操控字串資料(物件)。	與 Textbox 類別的 Text 屬性差不多，因爲 Text 屬性也是 String 類別物件。	1.String.Format("{<格式字串>}",<資料>))：將資料格式化。
Date	操控日期/時間資料(物件)。	1.Now：取得現在時間(包含當天日期)。 2.Year：取得日期資料的年(數字)。 3.Month：取得日期資料的月(數字)。 4.Day：取得日期資料的日(數字)。 5.Hour：取得時間資料的時(數字)。 6.Minute：取得時間資料的分(數字)。 7.Second：取得時間資料的秒(數字)。	1.ToLongDateString()：取得日期資料的長日期格式字串。 2.ToLongTimeString()：取得時間資料的長時間格式字串。
Convert	轉換型別		1.To<型別>(<資料>)：將<資料>轉換爲<型別>。 如 ToInt32(<資料>)：將<資料>轉換爲 Integer 型別。

3　事件

事件名稱	觸發時機	重要參數
Timer_Tick()	每隔一段時間觸發一次，間隔時間由 Timer 元件的 InterVal 屬性值決定，其單位爲 0.001 秒。	
Form_Load()	載入表單至 RAM 之後、將表單顯示出來之前被觸發。 適合用來初始化元件屬性以及變數的初值。	

4　敘述

敘述名稱	功用	語法
指定運算式	指定變數或屬性值	<變數(屬性)名稱> = <資料>
取值運算式	取出變數或屬性值	<變數(屬性)名稱>

5　函式

函式名稱	功用	語法	傳回值(運算結果)
Fix	去除實數資料的小數部份	Fix(<實數資料>)	不含小數的實數： 如 Fix(3.123)=3
CInt …….. CByte	將資料轉換爲某種型別	CInt(<資料>)	Integer 資料： 如 CInt("23")=23

9-22 習題

1 變數(1)

請說明：

1. 什麼是變數(Variable)？
2. 什麼時候要使用變數？
3. 如何使用變數？

2 變數名稱(1)

請問下列變數名稱合法嗎？若不合法請說明為什麼？

```
_aBc
Stu123
123Stu
Michael-Jordan
```

3 變數的命名習慣(1)

你比較喜歡那一種變數的命名慣例，Why？

4 Option Explicit(2)

你覺得應該將 Option Explicit 設為 On 或者是 Off 呢？Why？

5 預設資料型別(1)

請問 VB 中資料的預設型別為何？

6　如何決定變數的資料型別(2)

宣告變數時，如何決定變數的資料型別，請舉例說明？

7　型別符號(2)

請說明：

1. **什麼是型別符號？**
2. **為什麼要使用型別符號？**
3. **如何使用型別符號？**

8　合併敘述(1)

請說明

1. **什麼是合併敘述？**
2. **為什麼要合併敘述？**
3. **如何合併敘述？**

9　溢位(1)

請說明？

1. **什麼是溢位(OverFlow)?**
2. **如何處理溢位?**

10　同時宣告多個變數(1)

在 VB 中，可以在同一個敘述中宣告兩個以上的變數嗎？可以的話怎麼做，請舉例說明？

11 結帳(3)

請修改範例「結帳」，讓應付金額無條件去小數，如：

```
消費金額 3555、折扣 0.85 時，應付金額爲 3021(計算結果 3021.75 去小數)
```

PS.本題不得使用 Fix

12 小時鐘一(2)

請修改本章範例「小時鐘」，將日期格式調整爲中華民國曆：

☯ 日期格式為
「民國 yy 年 m 月 d 日」

民國95年2月28日

16:50:46

13 小時鐘二(3)

請改良習題 9-12「小時鐘」：

1. 將時間的格式改為：

```
時:分:n.p 秒    Am/Pm
```

其中時爲 12 小時制，n 爲秒數、p 爲 1/10 秒數。

2. 每 0.1 秒更新一次時間

14 小時鐘與視窗狀態(2)

表單 (Form) 元件有一個用來記載目前視窗狀態的屬性叫 WindowState，其值共有下列幾種：

1. 0(Normal)：一般視窗狀態，亦即目前視窗未放大也未縮小
2. 1(Minimized)：縮小狀態
3. 2(Maximized)：放大狀態

我們可以依據 WindowState 來動態設定表單在不同狀態時的標題內容，以範例「小時鐘」而言，表單放大時應該在標題顯示日期、工作區顯示時間，但表單縮小時就應該在標題顯示時間，這樣才可以無時無刻看到小時鐘的時間，小時鐘也才夠資格叫小時鐘。

請利用 WindowState，調整小時鐘的功能：

1. **在一般以及放大狀態時**：表單標題顯示日期、工作區顯示時間
2. **在縮小狀態時**：在表單標題顯示時間

下午 07:45:21

15　小鬧鐘(2)

請修改範例「小時鐘」，加入鬧鐘功能：

1 按設定時間時：輸入鬧鐘時間

2 當時間到時，將視窗放大

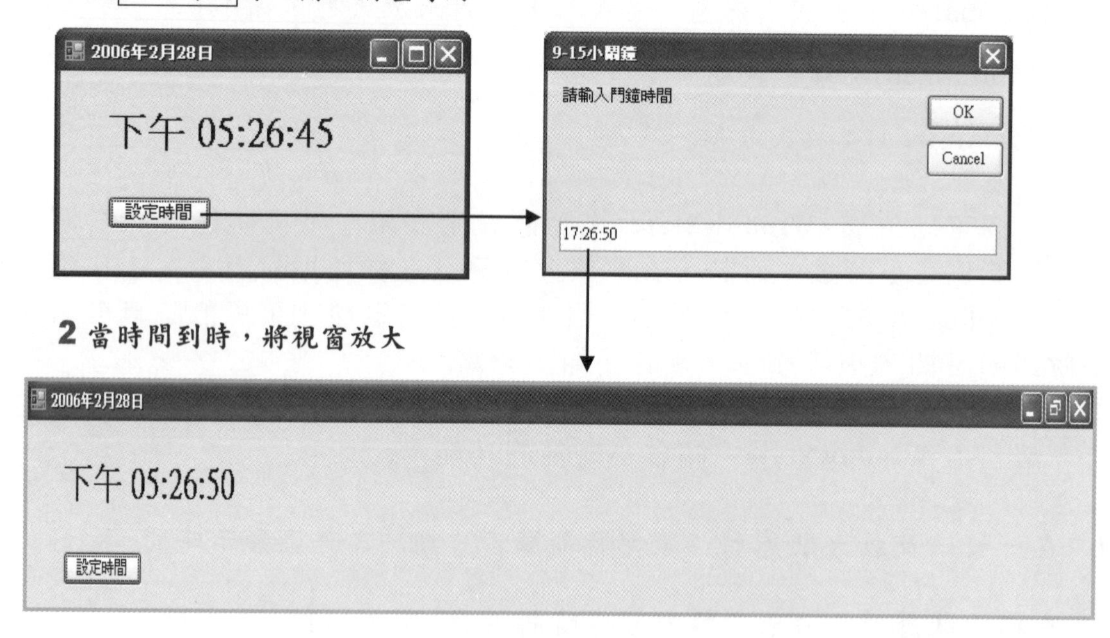

16　小鬧鐘—(3)

請修改習題 9-15「小鬧鐘」，加入鬧鐘的開關功能，只有在開關狀態爲"開"時，才具有鬧鐘功能：

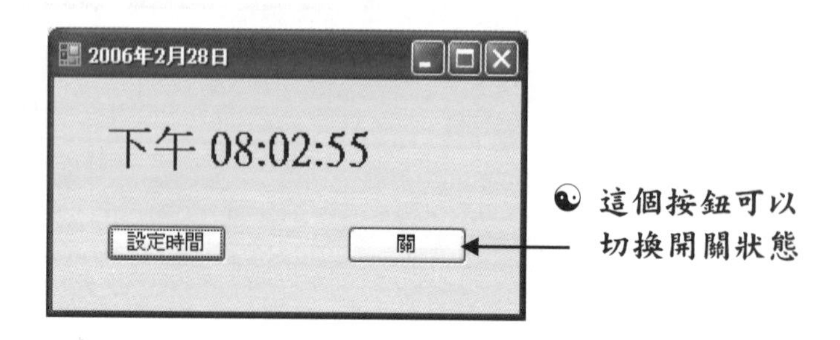

17　計時器(邏輯)(2)

在本章範例

敘述判斷目前的計時狀態：

```
Private Sub Button1_Click(ByVal sender As System.Object, ByVal e As System.EventArgs) Handles Button1.Click
    If    Start = False   Then          ' 如果目前為停止狀態則
        '.......進入開始狀態
    Else                                ' 如果目前為開始狀態則
        '.......進入停止狀態
    End If
End Sub
```

請問 **Start=False** 這個條件式可不可以簡化？如何簡化？

18　計時器(邏輯)的改良(3)

在本章範例

```
Private Sub Button1_Click(ByVal sender As System.Object, ByVal e As System.EventArgs) Handles Button1.Click
    If    Start = False   Then          ' 如果目前為停止狀態則
        '.......進入開始狀態
        Start = True
    Else                                ' 如果目前為開始狀態則
        '.......進入停止狀態
        Start = False
    End If
End Sub
```

除了使用狀態變數 Start 來判斷程式如何分支執行之外，還有沒有其他方法呢？有的話請將程式寫出來。

19 ListBox的多選轉移(3)

請修改習題 6-3(資料轉移)，讓 User 可以選擇 ListBox1 中的多個項目，按[清除]時將所有選項全部轉移至 ListBox2。

20 實數型別與整數型別(1)

請說明實數型別與整數型別有何不同？

21 資料格式(2)

在範例「地區化格式設定」中，是以下列訊息顯示消費金額、折扣以及應付金額：

但將消費金額、折扣以及應付金額顯示在同一列並不利 User 閱讀，請修改程式，將資料分列顯示：

22　地區化的資料格式設計(3)

假設胡老師在海峽兩岸皆有事業，並使用本章範例「結帳」來處理公司的收銀業務，但海峽兩岸的貨幣格式並不一致，因此「結帳」並不適合在大陸使用，如果想讓「結帳」的貨幣格式符合海峽兩岸的不同需求，該怎麼辦？

23　字元與字串(1)

請說明"胡"與"胡"C 有何不同？

24　模組公用變數(1)

兩個以上的事件程序共用的變數要如何宣告？

25　變數的初值(1)

請說明：

1. 什麼是變數的初值(Initialize Value)？
2. 什麼是變數的預設初值(Default Value)？

26 變數的初值一(2)

在範例「計時器(邏輯)」中，我們爲了讓計時狀態的啓始值爲「停止狀態」，因此在 Form_Load()中加入下列敘述：

```
Private Sub Form1_Load(ByVal sender As System.Object, ByVal e As System.EventArgs) Handles MyBase.Load
    Start = False  ' 程式一開始執行時，計時狀態應為停止
End Sub
```

請問一定要加入這個敘述嗎？如果你的回答是不一定，請說明不加入時的處理方式，並比較之間的差異、優劣？

27 狀態(2)

請說明：

1. **什麼是狀態(State)？**
2. **什麼是狀態變數(State Variable)？**
3. **什麼是狀態值(State Value)？**
4. **如何以狀態來控制程式的執行流程(請舉例說明)？**

28 不定型別變數(1)

請說明：

1. **什麼是不定型別變數？**
2. **為何要使用不定型別變數？**
3. **如何使用不定型別變數？**

29 型別暗地轉換(1)

VB 編譯器爲何要自動執行資料(變數)的暗地型別轉換，而暗地型別轉換的規則爲何？

30　型別明確轉換(1)

什麼時候應該進行資料的明確型別轉換？

31　Option Explicit(2)

你覺得應該將專案的 **Option Explicit** 設爲 On 或是 Off，Why？

32　型別轉換(2)

下列程式可以正常執行嗎？Why？

```
Dim a as Sbyte   :   Dim b as long=300   :   a=Convert.ToByte(b)
```

33　保留字(1)

請說明：

1. 什麼是保留字(Reserved Word)？

2. 什麼是關鍵字(Key Word)？

34　變數的初值(2)

在第 8 章範例「輸入盒」中，我們使用下列程式重覆輸入、判斷密碼：

輸入盒：Form1.Vb

```
Private Sub Button1_Click(ByVal sEnder As System.Object, ByVal e As System.EventArgs) Handles Button1.Click
    Dim x As String          ' 宣告一個用來儲存密碼的變數 x
    While x <> "over"   ' 當密碼不正確時，再輸入一次
        x = InputBox("請輸入結束密碼", "結束作業")  ' 輸入密碼，並暫存於變數 x
        If   x = "over"   Then   End  ' 判斷密碼，如果正確,結束程式
    End While
End Sub
```

請問上列 While 迴圈可以至少執行一次嗎？Why？

35 屬性與變數(1)

請說明元件的**屬性**(Property)與**變數**(Variable)有何不同？

36 流程圖(2)

請繪製範例「計時器(邏輯)」的程式流程圖。

37 VB 的敘述(1)

截至目前爲止，你學了那些 **VB** 敘述呢？請列出這些敘述的名稱、功用、語法。

38 VB 的元件(1)

截至目前爲止，你學了那些 **VB** 元件呢？請列出這些元件的名稱、功用、常用屬性與方法。

39 VB 的物件(1)

截至目前爲止，你學了那些 **VB** 物件呢？請列出這些物件的名稱、功用、常用屬性與方法。

40 VB 的函式(1)

截至目前爲止，你學了那些 **VB** 函式呢？請列出這些函式的名稱、功用以及參數。

——— 二十三劃 ———

Visual Basic 2005 初學入門

作　　者／胡啓明
發 行 者／弘智文化事業有限公司
登記證：局版台業字第 6263 號
地址：台北市大同區民權西路 118 巷 15 弄 3 號 7 樓
E-mail:hurngchi@ms39.hinet.net
郵政劃撥：19467647　戶名：馮玉蘭
電話：886-2-2557-5685　0921-121-621　0932-321-711
傳真：886-2-2557-5383
網站：www.honz-book.com.tw
發 行 人／邱一文
經 銷 商／旭昇圖書有限公司
地址：台北縣中和市中山路二段 352 號 2 樓
電話：（02）22451480　傳真：（02）22451479
製　　版／信利印製有限公司
版　　次／95 年 6 月初版一刷
定　　價／550 元
ISBN ／986-7451-12-0

國家圖書館出版品預行編目資料

Visual Basic 2005 初學入門 / 胡啓明著. --
初版. -- 臺北市 : 弘智文化, 民95
面 ; 公分

ISBN 986-7451-12-0(平裝)

1. BASIC(電腦程式語言)

312.932B3 95010267